국방개혁

북핵에 대응한 국방개혁

1판 1쇄 인쇄 | 2017. 3. 22

펴낸이 한반도선진화재단
등록 2007년 5월 23일 제2007-000088호
전화 (02) 2275-8391-2
팩스 (02) 2266-2795
홈페이지 www.hansun.org

값은 표지에 있습니다.
ISBN 978-89-93093-22-3　93390

북핵에 대응한 국방개혁

박휘락 조영기 이주호 편

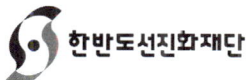
한반도선진화재단

머리말

국방은 외적(外敵)의 침입으로부터 국민의 생명과 재산을 지키는 국가의 핵심영역이다. 그래서 동서고금을 막론하고 모든 국가의 지도자는 국민의 편안함(安民)과 국가의 번영(富國)을 위해 국방에 심혈을 기우려 왔다. 왜냐하면 국방에 성공하는 것이 국민안녕과 국가번영의 초석이 된다고 인식했기 때문이다. 평화를 원하거든 전쟁을 준비하라는 경구(警句)는 시대와 무관하게 유효하다. 이런 역사적 경험이 현 세대에게 주는 교훈은 국민안녕과 국가번영을 위해서는 국방력 강화에 소홀하지 말아야 한다는 점이다.

국방·안보전략의 핵심은 자강(自强)과 동맹(同盟), 그리고 균세(均勢)이다. 이중 자강 전략이 가장 근본적인 전략임은 자명하다. 1904년 러일전쟁 당시 미국 26대 대통령 테어도어 루스벨트(Theodore Roosevelt)는 자강의 중요성을 다음과 같이 지적했다. "우리는 조선(한국)인들을 위해 일본에 간섭할 수 없다. 조선인들은 자신들을 위해 주먹 한 번 휘두르지 못했다. 조선인들이 자신을 위해서도 스스로 하지 못한 일을 자기 나라에 아무런 이익이 되지 않음에도 조선인들을 위해 나서겠다고 나설 국가가 있으리라고 생각하는 것은 불가능하다"고 자강의 중요성을 강조했다. 그의 말은 국방의 1차적 책임은 개별 국가이며 자강이 없으면 동맹도 없다는 점을 함축하고 있다. 사실 동맹은 자강의 부족을 보완하는 것이지 동맹에만 의존하는 것은 국방을 포기한 것과 같은 의미다. 그러나 광복 이후 지난 70년 동안 한국은 '자강에 바탕을 둔 동맹'보다는 '동맹에 바탕을 둔 자강'에 의존해 온 측면이 적지 않다는 점은 반성하지 않을 수 없다.

최근 한국의 국방·안보환경은 대내외적으로 매우 위급한 도전에 직면하고 있다. 무엇보다, 북한의 핵무기와 미사일이 우리를 위협하고 있다. 북한은 2006년부터 5차례의 핵실험과 다수의 미사일 시험발사를 실시하였고, 그 결과 핵무기의 개발은 물론이고, 이를 미사일에 탑재할 정도로 소형화·경량화 하였으며, 핵탄두를 표준화·규격화하였다. 수소폭탄의 개발에도 노력하고 있는 것으로 평가되고 있다. 북핵은 이제 사실상의 위협으로 전환되었다. 철저하게 대비하지 않을 경우 끔찍한 재앙이 바로 닥칠 수 있다는 경고등이 켜진 것이다. 북한은 핵무기를 발사할 수 있는 2천 여발의 다양한 탄도미사일을 보유하고 있고, 이중 85%는 한국을 겨냥한 것으로 알려지고 있다. 북한은 대륙간탄도탄과 잠수함발사 탄도미사일을 개발하여 미국을 공격할 능력을 구비함으로써 미국이 한국 지원 시 미국 본토를 공격하겠다고 위협할 능력을 구비하고자 노력하고 있다. 그렇게 되면 북한은 미국을 위협하여 북미평화협정체결과 주한미군철수를 받아들이도록 강요할 것이다. 이를 통하여 북한은 '핵을 앞세운 흡수통일'의 대전략을 완성하고자 한다. 북한은 무력에 의한 흡수통일전략은 단 한 번도 포기한 적이 없다.

상황이 이와 같이 심각함에도 한국은 '대화와 협상을 통한 평화'의 덫에 갇혀 스스로를 강화하려는 자강(自强)노력을 제대로 다하지 못하였다. 자강은 '적어도 한국에 대한 공격이 이익보다 손실이 많다는 점을 확실히 알릴 정도의 국방능력을 구비하는 것'이다. 자강을 소홀히 한 대가는 강대국의 속국으로 전락하거나 식민 지배를 받을 수밖에 없었다는 것이 역사의 교훈이다. 더욱이 북핵의 위협이 날로 커지고 있음에도 한국이 제대로 된 대비전략을 수립하지 않고 있다는 것은 참으로 안타까운 일이다.

더구나 한반도 주변정세도 위기가 고조되고 있다. 군사부문에서 중국의 대국굴기는 한국에게는 중대한 위협 요인이다. 특히 중국은 한국의 국방력 강화에는 적대적 태도를 보이면서 북한에 대해서는 우호적이고 유화적 태도로 일관해 왔다. 북한의 핵실험과 미사일 발사, 천안함 폭침과 연평도 포격에 대하여 중국이 북한에 보여준 유화적 태도는, 최근 한국의 고고도미사일 방어체계인 사드(THAAD)배치를 저지시키기 위하여 중국이 한국에 보인 강압적 태도와는 180도 상반된 것이다. 중국은 한국의 사드배치가 북핵문제에 대응하기 위한 조치라는 사실을 알고 있고, 또한 중국은 한반도 전역을 감시할 수 있는 위성감시망과 레이더망을 구축해 놓고 있다. 예를 들면 헤이룽장(黑龍江)성 쐉야산(雙鴨山)에 탐지거리 5천500㎞의 신형 위상배열 레이더 망(중국의 미사일 방어시스템을 구성하는 X-밴드 레이드의 일종) 등을 구축해 놓았다. 그리고 시베리아 이르쿠츠크에 배치된 탐지거리 6천㎞의 '러시아판 사드'에 대해서는 침묵하고 있다. 중국이 주변국가의 국방·안보정책에 이중적 태도를 취하고 있다는 것을 명확히 인식하여야 한다.

이렇게 대내외적으로 위협받는 한국의 국방·안보를 강화하기 위해서 지금부터라도 자강의 전략을 중심으로 국방개혁에 박차를 가하여야 한다. 물론, 그 동안 국방개혁을 어렵게 하여왔던 많은 요인들이 있다. 우선 저출산 고령화로 인한 인구절벽은 당장 군 인력 충원을 어렵게 만드는 요인이다. 이는 기존의 인력충원 방식이 수명을 다했다는 것을 의미한다. 인구절벽의 상황에서 최적의 인력충원구조의 방안을 찾고, 전투력을 극대화할 수 있는 방안도 마련해야 한다. 또한 저성장 기조가 정착되면서 국방예산을 증액하기가 곤란하여 필요한 전력의 증강도 위협받고 있다. 복지에 대한 요구가 높아지면서 군 전력 현대화를 위한 국방예산이 뒷전으로 밀려나고 있는 현실도 문제이다. 이제는 안보마저 정치지도자의 인기영합의 수단으로 악용되고 있다. 또한 한국의 산업은 중후장대(重厚長大) 산업에서 전인미답의 제4차 산업혁명으로의 이행이라는 구조적 변화의 와중에 있다. 제4차 산업혁명의 큰 파도는 기존의 군 인력충원, 군 장비 도입, 국방 연구개발 모형에도 많은 변화를 요구하고 있다. 전장의 환경도 심리전, 사이버전을 포함해 비대칭·비정규 전력에 초점을 맞춘 제4세대 전쟁으로 변모하고 있다.

한반도선진화재단은 2016년 한편으로는 대내외적으로 국방·안보의 위기가 고조되고 또 다른 한편으로는 국방개혁이 어려워지는 여건이 조성되는 상황에서 국방·안보분야 전문가를 중심으로 자강의 국방전략을 제시하기 위한 연구와 논의를 위하여 국방개혁포럼을 운영해 왔다. 민간인 중심으로 연구진을 구성하고 국방개혁안 도출하기 위해 군 및 관련분야 전문가의 의견을 청취하고 토론하며 이를 연구내용에 수렴하였다. 특히 기득권을 혁파하고 미래를 준비하는 국방개혁 방안들을 마련하기 위하여 노력했다.

이 책은 3부 7장으로 구성했다. 제1부는 국방개혁의 방향이다.

제1장에서는 홍규덕 교수(숙명여대)와 김성한 교수(고려대)가 국방개혁의 청사진을 제시하였다. 개혁의 청사진은 북핵 위기를 국방개혁 재가동의 계기로 삼고 확장억제수단을 확대해 우리 스스로 문제를 해결할 수 있는 주도적 역량을 키워나가는 것에 초점을 두는 한편, 복합적 전장환경에서 효율적 군사력 운용을 위한 합동성 강화의 필요성을 제시하였다.

제2장은 박휘락 교수(국민대)가 핵위협 시대 국방개혁의 기본방향을 제시하였다. 개혁의 기본방향은 한국군이 자체적인 핵억제 및 방어전략을 수립하는 것이어야 한다는 문제의식을 바탕으로, 군의 제반조직들을 북핵 위협대응에 부합되도록 정비하고, 무기 및 장비의 증강도 북핵 대응 중심으로 전환해야 할 것을 주문하고 있으며, 미국과의 분업체계를 효과적으로 활용하여 핵대비태세의 강화를 주문하고 있다.

제2부는 국방 획득, 연구개발, 인사관리이다.

제3장은 김종하 교수(한남대)가 한국군의 국방획득체계 선진화 방안을 제시하였다. 선진화 방안은 효율성과 책임성이라고 전제하고 총수명주기체계관리(TLCSM)의 도입을 주장하고, 이를 위해 무기체계 및 장비의 전 과정을 통제관리할 수 있는 조직의 설립, 장비유지비를 방위력 개선비로 전환, 육해공 및 각 군 산하에 무기체계 및 전력지원 체계업무지원을 위한 기술지원센터 설립 등을 주장하고 있다.

제4장은 하태정 박사(STEPI)와 이주호 정책위원장(한반도선진화재단)이 대내외 국방환경 변화에 대응하기 위해 기존의 획득위주 추격형 연구개발체제에서 새로운 선도형 국방연구개발체제로 전환의 필요성을 제시하고, 이를 위해 국방과학기술분야의 투자확대를 통한 역량 확보, 연구개발 수행주체의 쌍방향적 기획과정으로의 전환과 한국형 DARPA의 설립, 민수분야에서의 급속한 과학기술 발전성과의 적극적 도입·활용 등을 포함한 국방연구개발의 혁신과 개방을 제안하고 있다.

제5장은 김현준 교수(고려대), 심동철 교수(고려대), 박현희 교수(국민대)가 우수부사관 확보와 유지를 위한 전략적 인사관리에 대한 연구이다. 전략적 인적자원관리의 관점에서 부사관 확보, 교육, 평가, 전역에 대한 이슈와 문제점을 검토하고, 인적자원의 개발과 관리를 총괄하는 거버넌스 체계의 구축, 부사관의 정예화를 위한 평가시스템의 확립, 군인의 보편적 역량강화

를 위한 법령마련, 제대군인을 위한 법률적 사회적 지원의 확충 등을 제안하였다.

그리고 제3부는 제4차 산업혁명과 국방이다.

제6장은 김승주 교수(고려대)에 의한 제4차 산업혁명시대의 사이버안보정책이다. 한국군의 사이버안보 태세는 매우 부족한 실정이라고 전제하고 4차 산업혁명시대의 핵심기술을 군에 접목하기 위해 정보보호의 패러다임 전환, 군 망분리 정책의 개선, 고품질 사이버무기 도입 등을 제안하고 있다.

제7장은 조영기 교수(고려대)에 의한 제4차 산업혁명시대의 대북통일정책에 대한 연구이다. 북한을 전체주의로 규정하고, 전체주의를 해체시키기 위해 북한에 정보환류체계를 구축하는 것이 필요하며, 정보유입은 계층별, 지역별, 세대별로 차별화하여 정보화를 극대화하며, 정보극대화를 위한 정책을 제안하고 있다.

한반도선진화재단이 발간한 이 책자는 최종 종착지가 아니라 출발선이다. 더 많은 토론과 공론화의 과정이 필요하며 더 나은 개혁의 결과물로 거듭나기를 기대한다. 이 책에서 제안한 내용들이 더 충분한 토론과 더 활발한 공론화의 과정을 거쳐 국방개혁에 조금이라도 보탬이 되었으면 한다. 이

책자는 많은 분들의 노고의 산물이다. 우선 국방·안보전략에서 자강, 동맹, 균세라는 큰 화두를 제시해주시고 별세하신 고 박세일 명예이사장님께 머리 숙여 감사드린다. 특히 북한의 위협이 더 극심해지고 있는 지금의 상황에서 '자강'의 화두를 제시하신 박세일 명예이사장님의 혜안에 머리를 숙이지 않을 수 없다.

그리고 이 책을 위하여 연구에 참여해주신 집필진들에게 감사드린다. 그리고 국방개혁포럼에 참여해주신 토론자분들에게도 감사드린다. 또한 어려운 재정 환경에서도 국방개혁포럼을 적극 지지 후원해주신 한반도선진화재단의 박재완 이사장님, 이용환 총장님에게 감사드린다. 국방개혁포럼의 행정업무, 출판행정과 교정 등 세세한 업무에 묵묵히 지원해준 한반도선진화재단의 이미정 사무처장님, 문동욱 팀장님, 민지영 연구원과 진은선 연구원에게도 진심으로 고마움을 전한다.

2017년 3월 11일
박휘락, 조영기, 이주호 배상

차례

머리말 박휘락, 조영기, 이주호 **04**

01 국방개혁의 청사진 15

서론 18 | 국방개혁 추진 성과 24 | 국방개혁의 도전과 목표 37
국방개혁의 청사진 49 | 결론 59

02 핵위협 시대 국방개혁 기본방향 63

서론 66 | 북한의 핵위협 평가와 국방분야에 대한 요구 68
한국군의 북핵 대비태세 평가 79 | 북핵 대응을 위한 국방개혁 방향 91
결론 110

03 한국군의 국방획득체계 선진화 방안 115

서론 118 | 국방획득체계의 이상형 모델 122
선진국의 국방획득체계 운영실태 126
현 한국군의 국방획득체계 운영과정상의 문제점 분석 130
국방획득체계의 효율성과 책임성 강화를 위한 정책방안 141
결론 152

04 국방 연구개발 체제 혁신방안 157

서론 160 | 국방 연구개발 현황과 문제점 162
국방 연구개발의 혁신과 개방 방안 177 | 결론 186

05 우수 부사관 확보와 유지를 위한 전략적 인적자원관리 191

서론 194 | 전략적 군 인적자원관리 198
부사관 인적자원관리 현황과 문제점 203
부사관 관리에 대한 정책적 제언 221 | 결론 231

06 제4차 산업혁명 시대의 사이버안보 정책 235

제4차 산업혁명이란? 238 | 사이버안보의 정의 243
제4차 산업혁명 시대에서의 우리 군의 사이버안보 정책 방향 246
결론 271

07 제4차 산업혁명 시대의 통일대북정책 273

전체주의체제의 본질과 북한의 전체주의성 276
북한체제의 지속가능성과 체제전환 조건 288
남북한의 정보 환류체계 구축 294
북한의 정보 환류체계 구축을 위한 대북정책 방안 307

CHAPTER 1

국방개혁의 청사진

홍규덕 (숙명여자대학교 정치외교학과 교수)
김성한 (고려대학교 국제대학원 교수)

要
—
約

　국방개혁은 한국의 안보 목표 달성을 위한 수단이다. 북한의 위협에 대비하면서 비핵화를 이뤄내고 주변국을 포함한 국제사회와의 협력을 증대시켜 통일역량을 축적하는 것이 한국의 안보 목표다. 따라서 당면한 북핵 위기를 국방개혁 재가동의 계기로 삼아야 한다. 우리는 북한의 핵 위협을 반드시 종결 짓는다는 자세로 보다 공세적인 역량을 확보해야 한다. 이를 예산으로 뒷받침 해주는 국민적 합의가 필요하다. 확장억제 수단을 확대해 나가도록 미국과 협의하되, 우리 스스로 문제를 해결할 수 있는 주도적 역량을 함께 키워나가야 한다. 북한의 도발을 막기 위해 '억지(deterrence)-선제타격(preemption)-방어(defense) 간 균형'에 입각한 군사적 대비태세를 견지해야 한다.

　이를 위해 형식적 국방개혁이 아니라 실현 가능한 목표들을 엄선해 대통령 임기 내에 달성 가능한 개혁과제를 집중적으로 추진해야 한다. 가칭 대통령 직속 '국방개혁위원회'가 실질적인 권한을 갖고 정기적으로 대통령과 만나 군 개혁 방향을 제시해야 한다. 위원회에는 실무지원인력이 배치되고, 위원장은 청와대와 국방부·군·국회를 잘 연결할 수 있는 능력과 인품을 겸비한 인사가 임명되어야 한다.

　복합적 전장(戰場) 환경 하에서 신속하고 효율적인 군사력 운용을 위해선 합동성을 강화할 필요가 있다. 합참과 각 군 본부가 작전중심구조로 전환하여 작전기획 및 지휘능력을 제고해야 한다. 따라서 상부 지휘구조를 합동성을 강화하는 방향으로 개편해야 한다. 그리고 국방개혁은 통상적인 군 현대화 계획과는 구분되어야 한다. 군을 혁신하기 위해서는 군 구조의 개편과 지휘계선의 단축, 병력 감축, 교육 및 훈련과정의 개편, 싸우는 전법의 최적화, 군사 독트린의 변화와 전문성 및 효율성 강화 등 많은 부분에 대한 체계적 변화가 필요하다. 따라서 국방개혁은 최대한 집중력을 갖고 추진되어야 하며 단합된 국민의지가 뒷받침 되어야 한다.

북한의 항시적 전쟁 위협 하에서 자칫 국방개혁으로 인한 혼란 발생에 대한 우려가 있다. 그러나 점진적 접근법에 입각한 기존 방식으로는 절대 개혁의 효과를 기대하기 어렵다. 북한의 핵 능력에 대한 확고한 억제를 목표로 군은 과감한 변화를 선택해야 한다. 고가의 장비와 예산에만 의존하기 보다는 작전 변화와 강한 훈련, 정신력으로 무장해야 하며, 북한 내 어디든지 타격이 가능한 국방태세를 갖추는 것이 국방개혁의 실질적 목표가 되어야 한다. 새로 들어선 우리 정부가 어려운 경제상황을 핑계로 국방개혁을 미룬다면 결국 경제성장의 과실을 비효율적인 국방이 낭비하는 결과를 초래할 것이다. 효율적인 국방에 기초한 튼튼한 안보야 말로 견실한 경제성장의 주춧돌이다.

서론

국방개혁은 군을 혁신(革新)하기 위한 계획과 이에 따른 이행과정을 말한다. 군 구조의 개편과 지휘계선의 단축, 군 병력 감축, 교육 및 훈련과정의 개편, 싸우는 전법과 군사 독트린의 변화, 전문성과 효율성의 강화 등을 포함하는 포괄적 개념이기 때문에 통상적인 군 현대화 계획과는 구분된다. 많은 국가들이 미래 전장(戰場)에 적합한 새로운 군을 만들기 위해 국방개혁에 높은 우선순위를 두고 여러 방안을 추진하고 있다.

전쟁의 역사는 인류의 생성과 함께 지속되어 왔으며 과학기술의 발달에 따라 전쟁의 양태도 제1세대 전쟁, 제2세대 전쟁, 제3세대 전쟁으로 진화하고 있다. 동서고금을 막론하고 기술적 우위의 확보는 전장의 승패를 좌우하는 매우 중요한 조건이다. 또한 급격한 전략 환경의 변화와 위협의 증가도 국방개혁의 동인(動因)으로 작용한다.[1]

역사상 많은 국가들이 군 개혁을 시도했지만 성공한 사례는 많지 않으며, 성공을 했더라도 그 효과가 지속가능하지 않았다. 미국 역시 1차

---

1) Peter Paret, Makers of Modern Strategy (Oxford: Oxford University Press, 1986) p. 64.; Michael O'Hanlon, Technological Change and the Future of Warfare (Washington, D.C.: Brookings Institution, 2000), pp. 7-31.

대전이후 대대적인 군 개혁을 시도했지만 세계에서 가장 혼대화 된 군이라는 평가에도 불구하고 한국전과 베트남전에서 고전을 면치 못했다.[2] 따라서 미국은 베트남전 이후 대대적인 변화를 시도했지만 이란 인질사태의 실패나 그레나다 침공 시 경험한 새로운 문제점들이 속출했고, 보다 근원적인 개혁의 필요성에 직면했다. 미국의 군사 혁신은 이라크 전을 계기로 본격화 됐고 첨단 기술을 활용한 네트워크 중심전(network centric warfare)에 익숙한 군으로의 전환을 시도했으며, 이러한 추세는 전 세계 많은 국가들에게 자극이 됐다.[3]

러시아 역시 아프가니스탄 전 이후 군 개혁의 필요성을 모색해왔지만 방만한 군을 현대화한 군으로 전환시키는 일은 생각만큼 쉽지 않았고 그 성과도 기대만큼 나타나지 않았다.[4] 오늘날 군 개혁을 가장 성공적으로 추진하는 국가는 바로 중국이다. 시진핑 주석은 과거 국방부장 비서로 근무한 개인적 경험을 바탕으로 '강군몽(强軍夢)'을 실현시키기 위해 대대적인 군 개혁 작업에 착수했다. 시주석은 중국군의 전투력이 현대전을 수행할 수 있는 수준에 미치지 못한다는 판단 하에 현대화, 정보화, 합동화한 전역급(戰役級) 전투력을 갖춘 군을 만들기 위해 지휘체계를 단순화하고 30만 명의 감군과 함께 지역 군벌 중심의 7대 군구를 5개 전구(war fighting command)로 만들면서 양적 우세에 입각한 지상군 중심에

---

2) Douglas A. MacGregor, 도응조 역, 『비난 속의 변혁』(Transformation Under Fire) (서울: 연경문화사, 2009), pp. 32-56.

3) 손태종, 노훈 외 14인 공저 『네트워크 중심전』(서울: KIDA Press, 2009)

4) Zoltan Barany, "The Politics of Russia's Elusive Defense Reform," Political Science Quarterly 121:4 Winter 2006-07: pp. 597-627.

서 입체적인 합동작전이 가능한 군으로의 전환을 시도하고 있다.[5] 특히 육, 해, 공 및 로켓군과 함께 사이버 영역 등 모든 영역에서 미국의 우위에 도전할 수 있는 토대를 만들기 위해 고심하고 있다.

성공한 국방 개혁의 특징은 정치 리더십의 장기적 비전과 이에 따른 과감한 집중력과 재정적 투자에 있다. 거대한 조직을 갖는 군의 개혁은 필히 오랜 시간을 요구한다. 그러나 점진적인 변화만으로는 결코 목표를 달성할 수 없기 때문에 시간과의 싸움이 중요하다. 정해진 기간 내 빠른 정책결정과 과감한 집행, 이를 뒷받침할 수 있는 제도적 뒷받침이 요구된다. 국방개혁을 성사시키기 위해서는 각 군 및 방산업체들, 해당 지역 주민들과 정치인 등의 이해관계에 반하는 결정을 내려야하기에 이를 강행할 수 있는 강력한 리더십과 시대적 요구, 명분, 재정적 지원이 수반되어야 가능하다.

미래지향적인 첨단기술군으로의 도약은 모든 국가가 꿈꾸는 목표이다. 많은 나라가 경쟁적으로 혁신을 시도하지만 군을 개조한다는 것은 정치와 군의 오랜 역사와 관련된 일이며, 해당국의 민군관계(民軍關係)의 근본적 변화를 요구한다. 정치지도자들의 합의와 최고결정권자의 확고한 결심, 기득권 포기에 따른 군 내부로부터의 반발을 극복해야 하는 어려운 도전 과제이다.[6] 또한 기술적 우위로만 해결할 수 없는 부분도 많

---

5) 김태호, 차이나 인사이트: "중국 군사력, 미국 추월 못해도 이미 큰 도전이자 문제"「중앙일보」(2017. 1. 18), p. 26.

6) 국방개혁이 성공하기 어려운 이유에 대한 설명은 Kyudok Hong, "Explaining the Long-Delayed Defense Reforms in South Korea," The Korean Journal of Defense Analysis 28:3 (September 2016) pp. 335-350.

다. 독일의 경우 전통적으로 장교단의 자질과 판단력에 기초한 '임무형 지휘체계'를 강조해왔다. 어떤 상황 속에서도 문제를 스스로 해결할 수 있는 고도의 군인정신과 책임감을 키우는 교육을 강조했다.

그리고 제4세대 전쟁의 도래는 새로운 도전을 제기한다. 지구상에서 가장 현대화된 미군조차 '회색지대갈등(grey zone conflicts)'의 위협 속에서 당혹감을 감추지 못하고 있다.[7] 전선이 확실히 존재하지 않는 새로운 형태의 분쟁에서 적과 아군을 구분하기 어렵고, 기술의 우위가 반드시 승리를 보장하지만은 않는 상황이 대두되고 있기 때문이다.

사이버전쟁(cyber warfare)과 같은 비대칭적 전쟁은 이제까지의 하드 파워(hard power)의 우위와 무관하며 효과적인 대응책 마련도 쉽지 않다.[8] 최근에는 인공지능(AI), 드론, 로봇, 무인기 등이 전투원을 대신하게 될 가능성이 점차 높아지고 있다. 그러나 이러한 과학 기술의 발달에 따른 첨단무기의 등장은 윤리적 측면에서 많은 비판을 받고 있다. 현재 제네바 군축회의에서 많은 비정부 단체들과 과학자들이 과학기술의 윤리성에 관한 문제를 심각하게 제기하고 있다. 일부 비정부단체는 DMZ를 중심으로 우리 정부가 개발 검토 중인 무인감시체계에 대해서조차 의구심을 갖고 있다.

대한민국은 현재 다표적인 저출산 국가이며, 이미 초고령화 사회에

---

7) Michael Mazzar의 Gray Zone Conflict 개념은 홍규덕 "국제정세의 변화는 군의 적극적 역할을 요구한다" 월간 「자유」 통권 517호 (September 2016) pp. 4-9 참조. 90년대 소말리아 전쟁, 러시아의 크림반도 점령사태, IS의 준동에 따른 군사적 개입처럼 전통적 형태의 국가 간 전면전이 아닌 전쟁을 의미한다.

8) 조지 프리드먼, 데르디스 프리드먼 (공저) 권재상 옮김 「전쟁의 미래」 (서울: 자작, 2001) p. 20.

진입했다. 2020년 초면 군의 병력 조달에 심각한 부담이 발생하게 되어 지금과 같은 부대구조를 유지하기조차 어렵게 될 것이다. 병력 감축 문제가 피할 수 없는 대세라면 어떻게 부족한 인력을 메우고 부족한 병력으로 기존 임무들을 소화하기 위한 대체수단과 방법을 모색하지 않을 수 없다. 따라서 국방 혁신은 차기 정부에서 매우 높은 정책적 우선순위를 가지고 추진되어야 한다. 임기응변식 접근이 되지 않기 위해서는 장기적인 청사진을 갖고, 국방목표를 재설정한 후 이에 맞는 정책을 적극 찾아내야 한다.

군의 혁신은 많은 예산과 노력을 필요로 한다. 특히 장기화 하고 있는 세계 경기 침체와 저성장 구조 속에서 막대한 비용이 초래되는 군 개편 사업을 적극 추진하기란 결코 쉽지 않다. 경제가 어려울수록 '총과 빵' 중 어느 쪽에 예산을 더 배분할 것인가와 연관된 딜레마가 발생할 가능성이 크기 때문이다. 복지, 취업, 교육에 대한 예산 소요는 더욱 확대되는 가운데 국방비를 늘려야 한다면 국민들로부터 충분한 지지와 협조를 얻기가 쉽지 않기 때문이다.

특히 북한의 도발이 끊임없이 지속되는 가운데 군을 개혁한다는 것은 매우 조심스럽고 위험한 도전이 될 수 있다. 군 조직의 감축에 따른 장교단의 축소는 군의 반발은 물론 군 장교집단의 사기 저하를 초래할 수 있기 때문이다. 또한 군의 변혁은 반드시 다양한 이해당사자들(stakeholders)에게 영향을 미치게 되며, 새로운 변화로 인해 손실을 입게 되는 기득권층의 반발에 직면하게 될 수밖에 없다.

그럼에도 불구하고 급변하는 국제환경과 어려운 국내 정치여건에도 불구하고, 미래전(未來戰)에 부응하는 강력한 군을 만드는 일은 결코 중단하거나 뒤로 미룰 수 없다. 따라서 국방개혁을 어떻게 효율적으로 추진해 나갈 지에 관한 청사진을 그리는 작업이 중요하다.

국방개혁 추진 경과

 노무현 정부 이전

역대 국방개혁의 추진과정을 살펴보면 박정희 대통령 시대로 거슬러 올라간다. 박정희 대통령이 1974년부터 추진한 율곡사업은 자주 국방을 강조하며 우리 스스로의 힘으로 제한된 군사력을 강화하는 전력사업을 전개했다는 점에서 큰 의미를 부여할 수 있다. 특히 장기적인 계획을 수립하고 무기의 현대화를 시도했다는 점에서 매우 체계적인 출발이었지만 군을 통합군으로 만들고자 시도한 지휘구조의 변경은 유신정국의 도래와 함께 국내정치의 반발에 따른 부담으로 인해 계획대로 추진되지 못했다.

최초의 군 구조의 변화는 노태우 대통령 시기에 구체화 했다. 1988년 소위 '8.18 계획'(대통령이 지시한 날짜를 계획 명으로 삼게 되었음)이라는 명칭 하에 합참의 기능을 강화하기 위해 상부구조의 변화를 검토했다는 점에서 그 의미를 찾을 수 있다. 당시 정부는 1990년 10월 1일부로 합참을 개편했고, 그 결과 합참의장은 지휘관으로서 작전부대에 대한 지휘권을 행사할 뿐 만 아니라 각 군에서 제기된 전력증강 소요를 종합하는 권한을 갖게 됐다.

김영삼 정부 시기에는 인적 청산에 초점을 맞추면서 국방의 전반에 걸쳐 과거와의 단절을 시도하였다. 김영삼 대통령은 취임과 동시에 '하나회'라는 군내 사조직을 척결하였고, 1994년 1월 '국방제도개선위원회'를 발족하여 국방태세의 전면적 개혁, 미래지향적 국방정책 발전, 국방업무의 투명성과 공정성 및 합리성 보장, 병무행정의 지속적 개혁, 생활개혁 등의 과제를 적극적으로 추진하였다. 무기 체계의 현대화에서 벗어나 군 구조의 변화는 물론 제도나 관행의 개혁을 추구하고 상향식 의견 수렴의 필요성을 강조했다는 점에서 합리적인 국방개혁의 시초였다고 볼 수 있다.

김대중 정부에서는 1998년 4월부터 예비역 4성 장군을 책임자로 하는 '국방개혁추진위원회'를 설치하여 포괄적이면서도 야심적인 국방개혁 청사진을 마련하고자 하였다. 육군을 35만 명으로 감축하는 등 2015년까지 전체 군 규모를 40만-50만으로 감축하는 목표를 세웠고, 1군 사령부와 3군 사령부를 통합하여 지상군사령부로 만드는 계획을 논의했고, 2군 사령부를 후방작전사령부로 개편하면서 일부 군단을 통폐합한다는 방향을 설정하였다. 그러나 1997년부터 시작된 경제위기로 인해 이 계획을 시행하지 못했다.

노무현 정부

노무현 대통령 취임이후 국방개혁에 대한 새로운 관심이 고조되었다. 노무현 정부의 국방개혁의 설계자들은 탈냉전 이후 한국의 국방은 밖으로 과학기술의 두 가지 충격을 흡수하고 안으로는 세 가지 취약점을 극복해야 할 과제를 안고 있다고 판단했다.[9] 우선, 군사과학기술의 발전이 준 충격의 하나는 주변 강대국들이 눈부신 속도로 발전을 보이고 있는 과학기술을 군사적으로 이용하여 21세기형 군사혁신을 경쟁적으로 추진하고 있다는 점이었다. 이 결과 전쟁의 수단인 군사력의 중심축이 아날로그 체계에서 디지털 체계로 바뀌고 플랫폼 위주의 체계가 네트워크 위주로 전환되고 있었다. 지상, 해양, 항공 3차원의 전력체계에 우주와 사이버 공간이 추가된 5차원의 전력체계로 빠르게 전환되고 있다는 점에서 우리 정부는 위기의식을 느끼고 있었다.[10]

전쟁수단이 변함에 따라 전쟁수행방식도 변할 수밖에 없었다. 1990년대 초반 걸프전으로부터 코소보 전, 아프가니스탄 전, 그리고 이라크 전을 거치며 당시 안보전문가들은 적을 보지 않고 원거리에서 핵심표적을 비선형 공격으로 파괴하는 전쟁양상에 주목했다. 적의 군사 표적을 실시간으로 감시, 정찰하여 전쟁지휘부가 각 군의 타격체계를 동시에 통합하여 운용하는 이른바 그물망 위주의 전쟁으로 바뀌고 있다는 점에 충격을 받았다. 이들은 물리적 파괴 위주의 소모전 양상으로부터 효과 위주의 마비전 양상으로 변화고 있으며, 적의 중심을 순차적으로 공격, 파괴, 지배하는 전쟁 방식으로부터 적의 전략, 작전, 전술적 모든 중심을 동시에 병행적으로 공격하며 파괴하고 지배하는 양상으로 변하고 있음을 확인했다.

한국군은 지난 50여년을 자주, 선진 국방을 구현하려는 노력을 지속

---

9) 황병무, "통일한국 대비한 국방개혁" 「한겨레」 (2005. 9. 21)
10) 황병무, "국방개혁 무엇을 해야 하나" 「서울대학교 정치외교학과 동창회보」 (2005. 6. 1)

했으나 국방태세, 군사력건설, 국방운영체계 등 여러 가지 면에서 취약성을 안고 있었다. 따라서 노무현 정부는 3가지 점에서 변화를 추구했다. 첫 번째 취약성은 의존적인 국방태세이며, 둘째는 병력위주의 양적 군사력 건설과 유지, 셋째는 국방운영체제의 낙후성이다. 참여정부는 한국 국방발전의 방향을 '협력적 자주국방'으로 설정하고, 한미동맹의 미래지향적 발전, 자주적 정예군사력 건설 및 군 구조 개편과 국방개혁을 중점과제로 삼았다.

노무현 대통령은 개혁마인드를 갖춘 장관을 물색한 끝에 육군 출신 조영길 장관을 첫 국방장관으로 선임하여 1년 정도 개혁 초안을 만들게 했고, 2004년 7월 대통령 국방보좌관으로 재직 중인 윤광웅 예비역 해군 중장을 파격적으로 장관에 발탁했다. 국방중기계획 보고 석상에서 노대통령은 보다 강도 높은 군 감축계획을 주문했고, 이에 따라 군 구조 개혁에 초점을 맞춘 국방개혁 초안이 2005년 9월 국방부에 의해 완성됐다. 한편 2005년 4월 황병무 교수를 위원장으로 16명의 대통령 직속 '국방발전자문위원회'를 만들어 대통령을 자문하면서 국방부가 만든 개혁안을 검증하여 국민적 합의를 도출하도록 했다. 노대통령은 이 자리에서 국방개혁은 군만 하는 게 아니라, 정부가 하는 국정과제이기 때문에 국회를 포함 국민의 동의를 받아야 하며 2020년까지 앞으로 3개 정부에 걸쳐 추진해야 하는 장기과제라고 강조하면서 2020년을 달성목표로 정해 놓고 법제화하라는 지침을 내렸다.[11] 노무현 정부는 김대중 대통령 시

---

11) 황병무 "참여정부 안보 및 국방정책을 말하다" 「신동아」 2008년 7월 인터뷰 기사 『국방개혁과 안보외교』 (서울: 오름, 2009), pp. 83-112. 재인용

기에 검토된 내용을 바탕으로 '국방개혁 2020'이라는 계획을 최종적으로 만들었고, 2006년 12월 '국방개혁에 관한 법률'을 제정해 법제화함으로써 명실 공히 지속적인 국방개혁이 가능하게 되었다.

　노무현 정부의 개혁은 이벤트성이거나 반짝형 미봉책이 아니라 15년이라는 장기 계획을 만들었다는 점에서 그 특징을 찾을 수 있다. '개혁추진 본격화-개혁 심화-개혁 완성'이라는 3단계 접근을 선택했으며, 점진적이지만 꾸준한 변화를 지향했다. 특히 3년 단위로 안보환경의 변화와 추진 상황을 고려, 기본 계획을 보완해 나간다는 계획을 마련했다. 반면에 지나치게 포괄적이라는 지적을 받았고, 특히 진보정권의 특성에 맞는 새로운 변화를 추구하다보니 군의 관행과 정체성에 대한 충격을 주기 위한 의도가 숨어 있는 것이 아닌지 의심을 받았다. 육군 출신이 아닌 해군 출신의 윤광웅 제독을 장관으로 기용하면서 개혁의 초점을 육군 중심의 기득권 타파와 3군 간의 균형에 맞추었다.

　이는 신선한 변화로 평가할 수 있지만 정치적 효과에 치중하는 문제점을 낳기도 했다. 전투영역 간 시너지효과(cross domain synergy)를 발휘할 수 있는 원활한 합동 전력의 구사를 목표로 합동개념서를 발간하고, 합동전장운영체계를 만들어 한국적 네트워크 중심 작전환경(NCOE)을 만들기 위해 노력했으며, 이를 위한 조직의 보강과 개편 노력을 가시화 했다. 합참의 각 군 인력의 균형편성 및 순환보직의 제도적 정착을 우선순위로 판단하고 합동인사관리체계를 정립하며 합참의장에게 최소한의 인사권을 부여하며 합동군사교육체계의 개발과 발전에 힘쓰도록 만들고 합동수행실험 능력도 향상될 수 있도록 노력했다.

　이러한 좋은 의도에도 불구하고 현실 정치에서는 육군 위주의 독주를 차단하고 합동참모본부 내 필수직위나 공통직위에 군별 균형을 맞추는 문제에 더 비중을 두기 한 측면도 있다. 합참은 합동작전 지원 분야의 원활한 협의를 비롯한 합동전투발전, 무기 및 비무기체계의 상호운용성 제고에 힘썼다. 또한 합동군사교육 체계의 개발과 발전에 관한 사항이 관료적 타성에 빠지지 않도록 합참과 국방부, 각 군 본부 간에 조율을 강조하고 합리적 의사결정 체제를 구축하겠다는 목표를 갖고 노력했지만 '효과 중심의 동시 통합작전'을 기대만큼 발전시키기에는 시간적 여유가 충분하지 못했다.[12]

무엇보다도 노무현 정부가 자주국방을 강조하면서 한미 간에 2012년 4월 17일을 기해 전시작전통제권을 한국 측으로 전환하기로 미측과 합의한 점과 화해와 협력이라는 대북정책의 기조는 2006년 10월 9일 북한의 핵 실험으로 인해 큰 비판을 받게 됐다. 정부는 군심을 잡기 위해 육군 4성 장군 출신 김장수 전 육군참모총장을 장관으로 임명하고 군 지휘부를 전면 교체했지만 신뢰를 회복하기에는 미흡했다. 북핵 실험은 3개월 전인 2006년 7월 4일 북한의 무더기 미사일 발사에 대한 소극적 태도와 안이한 대북 정보 판단에 대한 문제점을 제기했고, 이는 노무현 정부가 추진하는 국방개혁의 성과에 대한 평가에도 부정적인 영향을 미쳤다.

2007년 2월에 6자 회담에서 나온 '2.13 합의'의 내용과 이를 바탕으로 노무현 정부가 추진한 2차 남북정상회담에 대한 적극 추진이 결정되면

---

12) 노무현 정부 국방개혁의 합동성 강조 배경은 황병무, "국방개혁 2020과 합동성 강화방향," 『국방개혁과 안보외교』 (서울: 오름, 2009), pp. 60-64.

서 군 내부 및 보수층으로부터 심각한 반발을 초래했다. 이러한 대북 접근 태도는 미측의 강력한 반발을 가져왔고, 한미동맹에 대한 신뢰 부족으로 이어질 것에 대한 보수층 내 우려가 확대되면서 노무현 정부의 국방개혁에 대한 군내 불만도 점차 표면화하기 시작했다.

당시 정부는 군에게 국방예산의 대폭증강과 무기체계의 현대화를 약속함으로써 군 감축 등 국방개혁의 추동력을 유지하고자 했다. 그러나 실현 가능하다는 소요재원 확보계획이 사실상 국방 전문가들과 국민들을 충분히 설득하기 어려웠다. 2006년부터 2020년 까지 15년간 연평균 실질 경제성장률을 4.8%로 전망했다. 같은 기간 연평균 물가 상승률이 2.3%로 볼 때 둘을 합한 경상성장률이 7.1 %가 나왔다. 이 기간 중 정부 재정 증가율은 7.1%로 같은 기간 중 국방비 증가율 6.2 %를 상회하기 때문에 충분히 부담할 수 있다고 판단했다.[13] 이러한 낙관적 전망에도 불구하고 군 지휘부나 예비역 출신 안보전문가들은 재정여건이 충분치 않다면 국방개혁을 당연히 중단하거나 순연시킬 수밖에 없다는 입장을 갖고 있었다.

또한 정부와 집권당은 비리 척결을 위해 무기체계 획득과정의 투명성, 효율성, 전문성을 높인다는 취지하에 '방위사업청'을 신설하게 됐다. 그럼에도 불구하고 획득체계를 개선하기 위한 새로운 노력이 방산비리를 막아주거나 국민들의 신뢰를 충분히 획득하기에는 여전히 미흡한 측면이 있었다.

---

13) 황병무와 차두현의 국방일보 좌담회 (2005.11.24.) 황병무, 『국방개혁과 안보외교』(서울: 오름, 2009) p. 53.

종합적으로 평가할 때, 노무현 정부의 국방개혁은 문민화와 합동성에 초점을 둔 채 방위사업 제도 개선, 병영문화 혁신, 군 사법제도, 군 구조 개선, 병력 감축 등 그야말로 다양한 분야에서 획기적인 성과를 거두기 위한 야심찬 계획이었다. 그러나 포괄적인 변화를 한꺼번에 시도하다 보니 필요한 시도임에도 불구하고 군 내부의 반발을 극복하기 어려웠다. 특히 북한의 핵실험 강행에도 불구하고, 남북 정상회담을 추진하는 등 유화적 대북정책으로 인해 국민의 공감대를 얻어내는데도 어려움이 있었다. 무엇보다도 2009년, 2011년 2차례에 걸쳐 발생한 국제 금융 및 재정위기는 「국방개혁 기본계획 06-20」이 약속한 연 9% 내외의 국방예산 증가를 거의 불가능하게 만들었다. 군은 조건이 충족되지 않은 상황에서 법령에 입각한 군 구조개편을 계획대로 진행해야 하는 것을 모순으로 봤다. 차기정부 역시 국방개혁 목표의 실현 가능성에 강한 의구심을 갖게 됐다.

🎖 이명박 정부

보수적 색채의 이명박 정부가 들어서면서 이대통령 자신은 노무현 정부가 만든 국방개혁 기본계획에 대해 신뢰하지 않았지만, 특별한 대안이 없는 상황에서 법률의 틀 안에서 잘못된 부분을 대폭 수정보완을 하여 '국방개혁 기본계획 09-20'에 담아내기로 결정했다. 이명박 대통령은 지엽적인 개선이 아닌 보다 근원적인 강도 높은 개혁을 주문했지만 어떻게 개혁하는 것이 나은 것인지에 대해서는 확고한 믿음을 갖지 못했다.

보다 효율적인 개혁안을 모색하기 위해 2009년 12월 말 국방부에 17명 규모의 '국방선진화 추진위원회'를 설치했으며, 민간인 출신을 국방부 국방개혁실장으로 보임해 위원회와 군 간의 연결역할을 부여하며 새로운 변화를 모색했다. 국방선진화추진위원회는 2010년 6월 까지는 국방부 장관 직속으로 7월 이후는 대통령 직속으로 소속을 변경해가며 위협평가, 군구조/군사력, 획득, 운영/예산 등 4개 소위를 구성하여 전체회의 17회, 브리핑 49회, 의견청취 24회, 부대 시찰 12회를 진행하는 등 약 11개월 동안 총 102회의 모임을 통해 62개 과제를 작성 2010년 11월 22일 안보수석실을 경유 대통령께 전달했다.[14]

이와 더불어 천안함 폭침이후 대통령 지침으로 '국가안보 총괄점검회의'가 창설됐다. 학자 출신 위원장을 중심으로 예비역 군 지휘관을 역임한 인사들을 합류시켜 2010년 5월부터 7월까지 집중적으로 국가안보 대비태세를 점검하는 것이 목표였다. 이들은 국방 전반을 검토한 내용을

---

14) 이 중 8개 분야의 주요사항을 정리하면 다음과 같다. 첫째, 군사력 건설분야에서는 (1) 능동적 억제전략하 3축 체제의 구축, (2) 통합적 지휘통제감시정찰(C4ISR) 체계 구축, (3) 신개념 동원예비군 제도 도입, (4) 신속대응군으로서의 해병대 활용확대 등 총 4개를 건의했다. 둘째, 군구조 개편을 통한 합동성 및 효율성 분야에서는 (1) 합동군사령부 창설 및 자문형 합참의장제 도입, (2) 각 군 본부-작전사 통폐합 및 각 군 사령부 창설, (3) 군일체화를 위한 수뇌부 의사결정구조 개선, (4) 군일체화를 위한 3군 사관학교 부분통합 등 4개 항목을 건의했다. 셋째, 국방인력의 정예화 부분에서는 (1) 군 복무기간 환원 및 가산점 부활, (2) 국방무형전력 강화, (3) 정원감축 및 장군계급하향조정, (4) 국방부 민간인 활용확대 등을 건의했다. 넷째, 국방획득체계의 선진화 분야에서는 (1) 국방부-방사청 획득업무 조정, (2) 과학적, 객관적 소요 분석검증 체계 정립, (3) 선진형 국방 R & D체제 정립, (4) 방산수출 지원체계 강화 등을 건의했다. 다섯째, 국방운영체계의 효율화 분야에서는 (1) 민간자원의 활용확대, (2) 고효율 통합물류체계 구축, (3) 유사기능 수행부대 통폐합 및 슬림화 재검토 등 3개를 건의했다. 여섯째, 미래 선진장병 복지시스템 구축 분야에서는 병 봉급 현실화 조속시행을, 일곱째, 글로벌 코리아 분야에서는 (1) 개도국 군사지원센터(KODICA)설립, (2) 국가급 평화활동센터 창설을 건의했다. 마지막으로 국방비전 분야에서는 국방개혁 2020을 국방비전 2030으로 변경, 개혁 목표시한을 10년 더 연장할 것을 건의했다.

대통령께 보고했으며 이들이 발표한 내용 중 국방선진화 추진위와 중복되지 않는 건의 내용은 ⑴ 정보역량 통합과 확충, ⑵ 국제공조체제 강화, ⑶ 국민안보의식 제고, ⑷ 국가위기관리 및 전시 대비체제 확립, ⑸ 국방위기관리체제 확립, ⑹ 전작권 전환이후 한미 연합방위체제 발전, ⑺ 군 간부 복지개선을 위한 직업성 보장 등이었다.

국방부는 국방선진화 추진위원회의 대통령 보고서 핵심내용과 국가안보 총괄점검회의의 자문 내용들을 종합해 실행 가능한 구체적인 계획으로 입안하기로 했으며, '국방개혁 307 계획'이란 이름으로 대통령께 2011년 3월 7일 보고하고 이튿날 일반에 공개했다. 국방부에서는 이를 다시 정리하고, 군무회의 등 법적 절차를 거쳐 '국방개혁 기본계획 12-30'을 연말에 발표했다.

〈도표 1〉에서 보듯 최초 노무현 정부에서 만든 '국방개혁 기본계획'이 미래의 잠재적 위협에 중점을 두면서 북한의 위협이 크게 확대되지 않을 것으로 판단한 반면, 이명박 정부에 들어와서는 북한의 위협은 상수로 전혀 줄어들지 않았다는 판단 하에 수정 보완을 했고, 천안 연평 도발 이후 작성된 '국방개혁 307계획'과 이를 바탕으로 최종적으로 보완된 '국방개혁 기본계획 12-30'은 북한의 직접적인 군사적 도발을 차단하는데 우선순위를 부여했다는 점에서 그 특징을 찾을 수 있다.

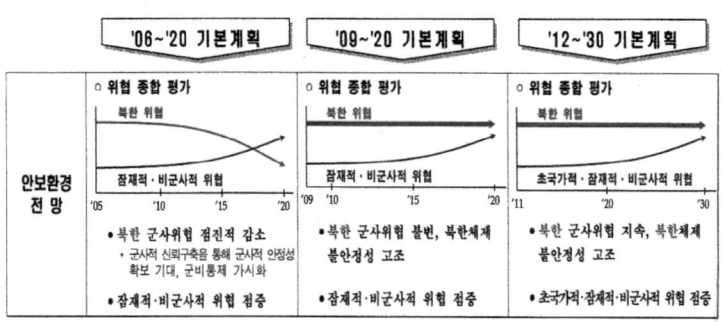

<도표 1> 국방환경 평가 및 전망

'국방개혁 307 계획'은 적극적 억제(proactive deterrence) 전략을 핵심개념으로 제시하였고, 이는 우리 군의 지휘체계, 작전역량, 무기체계, 정신전력을 쇄신하여 북의 도발의지를 원천적으로 차단한다는 데 목표를 두면서 추가도발에 대해 강력히 응징한다는 목표를 갖고 추진하였다. 특히 2010년 12월 김관진 장관 부임이후 북한의 천안함 폭침 및 연평도 사태 발생 당시 초기 보고, 전투지휘, 전략적 대응, 사후 대책수립 과정에서 드러난 문제점을 개선하기 위해 상부지휘구조를 가볍게 줄여줌으로써 전술제대 보강을 통한 전투력을 극대화에 초점을 맞추고 추진했다. 그러나 군 지휘구조의 개편은 끝내 성공하지 못했고, 예비역들의 반발과 국회의 비협조, 여당 지도부의 결집력 부족 등으로 인해 18대 국회와 19대 국회에서 각각 법안 통과에 실패하고 말았다.[15]

미국 발 세계금융위기 속에 출범한 이명박 정부는 노무현 정부에서

---

15) 홍규덕 "국방개혁 이대로 좋은가?" 「국가전략」(2016)

합의한 전시작전통제권 전환 시일을 2015년 12월 1일로 연기하면서 연장된 준비기간 내에 한국군의 지휘 능력을 대폭 향상시키는 방향으로 미측과 수차례 장군단 회의를 거쳐 가며 합의에 이르렀다. 미측은 국방개혁을 미국과의 '전략동맹 2015'의 중요한 구성요소로 이해하고, 한측이 전작권 전환을 준비하고, 전구작전 주도능력을 향상시키겠다는 의지를 확인하는 척도로 간주했다.

당시 국방부에서도 국방개혁의 목표인 지휘구조의 단일화가 미래 한반도 전구작전을 수행하는 데 있어서 미측에도 유리하다는 점을 강조했고 우리 군이 한반도 전구작전을 가장 효과적으로 수행할 수 있도록 만드는 것이 국방개혁의 목표이자 역할이라는 점에 대해 미측의 전폭적인 지지를 획득하였다. 따라서 국방부와 합참은 이원화된 군정과 군령을 통합, 합참의장에게 군수지시권 등 일부 군정권을 부여하고, 각 군 총장들이 작전임무를 직접 수행하도록 개정된 법률안을 만들어 국회에 제출하였다.

이명박 대통령은 비대한 상부구조를 개편하여 장군 숫자를 줄이고 (444명에서 380여명 수준으로 약 15% 이상 감축한다는 계획), 육군의 1군과 3군을 통합해 지상군작전사령부로 개편한다는 내용에 적극 찬성했고, 팔다리에 비해 머리가 큰 비정상적인 지휘구조를 변경해 인원이 부족한 전술제대를 튼튼하게 보강한다는 점을 지지하였다. 그러나 이러한 계획은 당시 여야 국방위 위원들의 반대에 직면했고, 박근혜정부가 출범한 이후 상당부분 중단되거나 의미가 퇴색되고 말았다.

박근혜 정부

박근혜 정부는 역대 정부 중에서 국방개혁에 관해 가장 소극적이었다는 평가를 면하기 힘들다. 대통령 자신이 공식적으로 국방개혁의 필요성을 언급한 적이 없고, 개혁의지를 드러낸 적이 없다. 국방부는 국방개혁에 관한 법률이 정한대로 '국방개혁 기본계획 14-30'을 만들어 새로운 방향을 제시하고 기존 계획안을 수정 및 보완하는데 그쳤다.[16] 이명박 정부 당시 핵심 쟁점이었던 상부구조 개편과 같은 지휘구조의 통합이나 장군단의 규모를 줄이는 문제는 논의에서 배제하였다. 지상군작전사령부 창설을 위한 1군과 3군의 통합 계획은 연기했으며, 전작권 전환계획에 따른 한미 양국 간의 3단계 준비과정도 북한의 3차 핵실험이후 양국 정상 간에 전작권 전환을 '조건에 의한 전환'으로 변경하기로 합의하면서 자연히 연기됐다.

박근혜 정부는 대북 '능동적 억제'라는 근간은 유지하고 과거 이명박 시절 능동적 억제라는 표현을 적극적이라는 단어로 교체했지만 영어로 표현할 때는 'proactive deterrence'라는 단어 그대로 사용함으로써 큰 차이를 두지 않았다. 박근혜 정부에서는 킬체인(Kill-Chain)과 한국형미사일방어체제(KAMD)를 통한 억지능력을 극대화하고 필요시 선제공격이 가능한 역량을 확보하는데 초점을 맞췄다. 2016년 9월 9일 북한이 5차 핵실험을 강행한 이후 합참을 통해 '대량응징보복(KMPR)'이라는 새로운 공세적 전략을 첨부하여 이를 킬체인, KAMD와 함께 한국형 3축 체제란 이름으로 공개하여 북한의 도발에 강력 대응하고 있다.

---

16) 국방부, 『국방개혁 기본계획 2014-2030』 (서울: 국방부, 2014)

국방개혁의 도전과 목표

 도전 과제

정부와 정치권의 결집력 부족

1993년에 문민정부가 들어선 이후 국방개혁의 추진 과정을 살펴보면 알 수 있듯이 개혁에 가장 큰 걸림돌은 정부와 정치권의 결집력 부족이다. 국방개혁의 정책결정과정에 영향을 미치는 주요 행위자들(국회의원, 국방부 장관과 각 군 총장들, 성우회와 재향군인회, 공군전우회 등 예비역 단체, 평통사 등 주요 NGO들과 학계 및 언론 등 여론주도기관들)이 각자의 이해관계에 따라 목소리를 내고 한 데 힘을 모으지 못한다. 따라서 이들을 한 방향으로 결집시키는 강력한 리더십이 필요하다. 국방개혁의 성공을 위해서는 미래 안보에 관한 대통령의 비전과 철학이 뒷받침이 되어야 한다. 이를 구현하기 위한 강력한 개혁의지와 명확한 개혁 목표에 관한 지침이 제시되어야 한다.[17]

---

17) 민주주의를 평생 연구해온 미국의 래리 다이아몬드(Larry Diamond) 교수는 개혁의 성공을 보장하는 가장 핵심요소는 정치리더십의 장기적인 비전과 이에 따른 강력한 추진의지라고 주장한다. Larry Diamond, Developing Democracy (Baltimore, MD: Johns Hopkins University Press, 1999), p. 113.

그리고 국방개혁 컨트롤 타워인 대통령과 국방장관, 합참의장 및 육해공군 참모총장의 전략적 마인드와 적극적 추진의지가 필수적이다. 미국이 국방개혁을 성공적으로 추진할 수 있었던 것은 국방개혁에 대한 대통령의 지대한 관심과 리더십, 국방장관의 강력한 추진의지와 이를 직접 보좌하는 장관실 조직, 그리고 국방에 대한 국민의 신뢰였다는 사실을 상기할 필요가 있다.

예산 제약

우리나라는 예산의결주의를 갖는 대표적인 국가이다. 국방개혁에 관한 법률로도 예산규정이 불가능함에 따라 지난 2006년 이후 예산부족 현상이 가속화 했다. 이명박 정부에서 상부지휘구조 개편이 좌절되면서 국방개혁 전체의 추진력 저하로 이어져, 결국 예산확보에 부정적 영향을 미쳤다. 또한 국방부는 불용예산을 해결하기 위해 마지막 순간에 사업을 무리하게 진행하다보니 국민적 신뢰를 받지 못하는 경우가 많아 재정당국으로부터의 추가지원을 획득하기도 어려운 입장이다.

특히 국방개혁 범위가 국방부 일반 업무를 포괄함에 따라 국방개혁의 특징을 찾기 어렵게 되면서 개혁의 초점이 점차 흐려지고 있다. 또한 국방개혁 기본계획의 빈번한 변경으로 인해 이에 따른 소요예산도 변경될 수밖에 없게 됐다. 이는 궁극적으로 소요 예산의 신뢰성 저하로 연결되었다. 결국 국방개혁의 일관성 부족은 개혁주체의 적극성 약화로 이어졌고, 이러한 현상이 다시 예산소요 창출 및 확보 활동에 대한 소극성을 촉발시키는 악순환이 나타난 것이다.

대외적으로는 미국 변수가 있다. 미 트럼프 행정부의 방위비 분담금

증액을 넘어 '역할 분담과 증대'까지 요구될 경우 예산상의 부담이 증가할 수밖에 없다.[18] 특히 2017년 세계경제의 저성장과 미국의 금리인상 등에 따라 국내경제가 더욱 어려운 상황에 봉착하게 되면 군 부대구조 개편이나 전력증강 사업도 예정대로 추진하기 어려울 수 있다. 따라서 우선순위의 설정과 중복투자를 줄이는 등의 노력이 필요하다.

추진 주체와 체계 구축 문제

국방개혁을 위한 새로운 법안이 통과되는 것을 원치 않는 그룹이 존재하고 집단적 이해관계가 상충하는 상황에서 이들의 반대를 극복할 수 있는 특별한 노력이 필요하다. 결국 대통령이 국방개혁에 관한 핵심 목표들을 선택하여 장관, 의장, 총장들에게 제시하고 이를 대통령 재임 중에 달성할 수 있도록 구체적인 지침을 주고 이를 확인해 가야 한다.

엘리자베스 스탠리(Elizabeth Stanley)는 한반도 종전과 관련된 연구를 통해 전쟁을 종료하기가 얼마나 어려운 지를 설명하면서 6·25 전쟁 초기에 매우 역동적이던 전쟁이 1951년 이후 왜 2년간이나 38선을 중심으로 교착상태로 지구전의 양상에 들어갔는지에 대한 의문을 갖고 연구를 진행했다. 스탠리 교수는 국내정치 그룹 중 전쟁 종료를 원치 않는 그룹들의 '선호장애'(preference obstacle)가 전쟁 종결을 어렵게 하는 핵심 원인이라 주장하고 있다. 이는 국방개혁에 대한 조직적 반대 현상을 분석하는 데도 적용이 가능하다. 따라서 대통령이 이들 반대 그룹들을 어떻게 설득하고, 이들

---

18) 김성한, "미국 대선과 한반도" 「전략연구」, 23권 3호, (2016. 11), pp.69-89.

과 미래비전을 공유하는가가 국방개혁 성공의 관건이다.[19]

실제로 국방개혁의 새로운 법안이 통과되는 것을 원치 않는 그룹이나 조합이 적극적으로 작동하는 상황에서 일반 국민들이나 대통령은 이를 저지하기가 힘들 수 있다. 국민들의 입장에서 국방개혁을 안 한다고 눈에 보이는 손실이 발생하진 않는다. 대통령 역시 정권 말기에 국방개혁에 대한 반대를 극복할 직접적 동기를 찾기 힘들 수 있기 때문이다.

국방개혁 활성화를 위한 조건

대전략 수립

국방개혁이 제대로 이루어지려면 한국이 어떠한 안보전략 목표를 가지고 어느 방향으로 나아가고 있는지가 명확해야 한다. 국방개혁은 이러한 전략적 목표를 달성하기 위한 수단이기 때문이다. 결국 한국의 안보목표는 북한의 위협에 대비하면서 비핵화를 이뤄내고 주변국을 포함한 국제사회와의 협력을 증대시켜 통일역량을 축적하는 것이다. 이를 위해서는 한미동맹을 바탕으로 북한의 위협에 대처할 국방력을 제고해야 하며, 유사 시 전쟁을 승리로 이끌 수 있는 능력과 더불어 북한의 급변사태를 통일의 기회로 포착할 수 있는 준비가 되어있어야 한다.

---

19) Elizabeth A. Stanley, "Ending the Korean War: The Role of Domestic Coalition Shifts in Overcoming Obstacles to Peace," International Security 34:1 (Summer 2009), pp.42-82.

따라서 북한의 위협을 비롯해 주변 4국 관계에서 파생되는 도전을 극복할 수 있는 대전략(grand strategy)이 필요하다. 분야에 있어서도 외교, 안보, 통일 영역을 포괄하는 전략이 수립되어야 한다. 그래야만 국방개혁도 목표와 방향성을 가질 수 있다. 국방개혁이 우리의 대북억지와 방위를 넘어 통일 대비, 주변 4국에 대한 협력 확보, 주변 국가 간의 경쟁관계에서 파생되는 도전 극복, 통일외교 등을 염두에 두면서 구체적인 방안을 마련할 수 있게 된다.

중국은 이미 1964년 핵을 보유한 이후부터 한반도 문제를 미·중 경쟁구도라는 차원에서 접근해왔다. 북핵문제 해결을 위해 중국이 적극적인 역할을 하지 않는 이유는 북한을 미·중 대결의 완충지대(buffer zone)로 보고, 대북압박으로 인해 북한 정권이 붕괴하여 완충지대가 '소멸'되는 것을 방지하려고 했기 때문이다.[20] 중국이 한⋅미양국의 사드(THAAD) 배치 결정에 반대하는 것은 (북한의 핵미사일을 방어하기 위한 것이라는 주장에는 관심이 없고) 한국이 미국의 대중국 포위망 속으로 본격적으로 들어간다고 생각하기 때문이다. 중국 입장에서는 한국이 미국, 일본 등과 함께 MD 체계 속으로 편입될 경우 북한이라는 완충지대의 의미는 반감될 수밖에 없다. 중국이 이런 식으로 접근한다면 우리 입장에서 북핵문제 해결은 더욱 힘들게 된다. 중국이 사드를 핑계로 한국을 압박할 것이 아

---

20) 완충국가(buffer state)의 개념과 역할에 관해서는 Tornike Turmanidze, Buffer States: Power Policies, Foreign Policies and Concepts (New York, NY: Nova Science Publishers, Inc.) 2009; Thomas Ross, "Buffer States: A Geographer's Perspective" in John Chay & Thomas E. Ross, Eds. Buffer States in World Politics (Boulder: Westview Press, 1986); John Chay & Thomas E. Ross Eds. Buffer States in World Politics (Boulder: Westview Press, 1986) 참조.

니라 사드 배치의 원인이 북핵 해결을 위해 적극적 역할을 하도록 하는 것이 급선무다.

우리는 이러한 전략적 구도와 우선순위를 이해하지 못하고 사드(THAAD)라는 특정 무기체제 도입의 찬반 문제에 천착한 나머지 미시적으로 접근하며 국론 분열에 따른 파행을 보이고 있다. 북한이 핵무기들을 전술 배치하는 단계에 거의 도달했지만 군사적 대비태세 역시 아직 기존 관행을 크게 벗어나지 못하고 있다. 핵을 가진 북한과의 대결에서 대전략이 없이 매 상황마다 임기응변으로 대처해서는 결코 어려운 상황을 극복할 수 없다.

군사전략의 공세적 전환

김정은은 2017년 신년사를 통해 올해 내 핵을 완성하겠다는 계획과 각오를 밝혔다. 따라서 북한 핵에 대한 대처를 위한 보다 공세적 전략이 필요하다. 당면한 북핵 위기를 국방개혁을 재가동시킬 수 있는 기회로 적극 활용해야 한다. 미·중 갈등의 확대 속에서 우리 군이 앞으로 어떤 군사적 역할을 담당할 것인지에 대한 보다 적극적이고 구체적인 방향을 설정하고 이를 달성하기 위한 실천 계획을 마련해야 한다. 유사시 우리 군이 언제든지 출동 가능해야 하고, 다양한 임무를 완벽하게 수행할 수 있는 전략, 전술, 작전능력, 작전지원능력을 확보해야 하며, 국방개혁은 이러한 목표들을 구현할 수 있도록 재조정 되어야 한다.

아울러 미국과 '확장억제(extended deterrence)'에 대한 수단과 조건들을 더울 세밀하게 검토하고 보완해 나가야 한다. 특히 미국의 확장억제 개념이 사이버 전력, 재래식 전략무기, 우주전략자산과 함께 핵우산을 포괄하는 다층적 억제(multiple domain deterrence)가 가능한 방향으로 발전되어야 한다. 우리의 국방개혁도 이러한 방향에 맞게 개선되어야 한다. 그리고 우리의 현존 전력으로도 북한 수뇌부를 압박하고 타격을 줄 수 있도록 창의적 대안들을 모색해야 한다. 과거와 같은 계획을 위한 형식적 국방개혁이 아니라 실현 가능한 목표들을 엄선하고 대통령 임기 내 달성 가능한 목표들을 집중적으로 추진하는 방식으로 바뀌어야 한다. 북한이 핵 공격을 가해 올 수 있는 엄중한 안보 현실 속에서 국가 위기 상황에 맞는 전략과 독트린, 싸우는 방식(how to fight)에 있어서 획기적인 변화를 창출해야 한다.

적의 중심부를 선제 타격할 수 있는 다양한 공격 수단과 함께 우리의 부대가 적진 깊숙이 들어가 작전을 지속할 수 있는 능력을 시급히 확보해야 한다. 이를 위해 우리 특전부대와 해병이 적의 전략 요충지들을 확보할 수 있는 운송수단과 작전 지속능력을 확보해야 한다. 우리 정부가 킬체인(Kill-Chain)과 KAMD의 완성시기를 2023년에서 2020-21년까지 앞당긴다고 발표했지만 완성의 의미가 정확히 무엇인지, 과연 지휘통제자동화(C4ISR) 자산의 추가 확보 없이 가능한 것인지도 살펴보아야 한다. 특히 군이 최근 공개한 '대량보복 및 응징전략(KMPR)' 개념도 이를 뒷받침 해줄 신규예산 편성이 가능한지부터 살펴봐야 한다. 국방력 강화를 위해서는 국방부와 군을 넘어 재정당국은 물론 전 국민적 지원이 함께 가야 한다. 북한 김정은 집단에게 공포를 심어 줄 수 있는 군사적 역량과 의지가 선행되어야 진정한 대화가 가능해진다는 '대화의 역설'을 결코 잊어서는 안 된다.

국방개혁에 관한 법률 개정과 시스템 구축

군 개혁을 법률로 명기한 '국방개혁에 관한 법률'은 새로 들어선 정부가 예외 없이 국방개혁을 따르도록 하는 효과가 있다. 물론 연속성을 부여한다는 차원에서 장점을 찾을 수 있으나, 개혁을 항상 계획 수준에 머물게 하며 완성시기를 뒤로 순연하고 있다는 점에서 문제점도 있다. 따라서 불합리한 부분에 대한 법률의 개정도 검토해야 하며, 무엇보다도 변화하는 환경에 맞는 전략적 우선순위를 새로운 정부가 스스로 판단하고 방향을 바꿔 나갈 수 있도록 융통성을 부여해야 한다.

대통령, 장관, 군 수뇌부가 국방개혁 추진을 독려하고 점검할 수 있는 별도의 시스템이 필요하다. 과거 정부의 국방발전자문위원회나 국방선진화추진위원회나 안보총괄점검위원회 등은 대통령에 대한 자문활동은 했지만 한시적 활동에 그쳤고 그들의 역할은 단순한 정책 건의에 지나지 않았다. 따라서 이들의 활동 근거를 확보해주고 구체적인 모니터링 역할을 부여하는 것이 필요하다. 특히 박근혜 대통령이 구성한 대통령 국방안보자문위원회는 구체적 활동을 전개한 일이 없어 요식행위에 그치고 말았다는 비판을 면하기 어렵다.

새로운 개혁위원회가 정기적으로 대통령과 만나 국방개혁의 방향성을 제시하게 하며, 위원회에는 실무지원인력이 배치되고, 위원장은 청와대와 국방부, 군, 국회를 잘 연결할 수 있는 능력과 인품을 겸비한 인사가 보임되어야 하며, 대통령 임기 내 완성 가능한 목표들을 설정하고 이를 추진하며 개혁전반을 모니터링하는 역할을 구체적으로 부여해야 한다. 가칭 대통령 직속 '국방개혁위원회'가 실질적인 권한을 갖고 개혁업무를 추진할 수 있도록 해야 한다. 국방개혁을 국방부에게만 맡겨서 제대로 된 개혁이 이루어지긴 힘든 것이 현실이다. 그리고 현재와 같이 모든 영역에서 통상적인 군 발전업무와 개혁업무가 구분이 되지 않는 점도 반드시 개선되어야 한다. 개혁 아젠다를 선별하고 이에 대한 우선순위를 부여해 정치적 의지를 갖고 신속히 추진하는 것이 중요하다.

국방개혁의 목표

북한 위협 대처와 통일 대비

국방개혁의 최우선적 목표는 북한의 핵 및 재래식 위협에 효과적으로 대처하는 국방 시스템을 구축하는 것이다. 아울러 북한 급변사태로 인한 안정화 작전, WMD 제거, 통일 후 안보환경 대처 등 통일을 대비한 내용들이 포함되어야 한다. 통일을 염두에 둔 우리의 국방개혁은 북한의 급변사태에 대한 위기관리 능력과 안정화 소요를 판단해야 하며, 제3국 개입의 구실을 주지 않기 위해 북한에 대한 공세적 능력을 넘어 통일을 준비하는 외교역량에도 관심을 집중해야 한다.[21] 북한 지역에 대한 안전을 담보하고 관리할 수 있는 능력을 확보하고 이를 주변국으로부터 인정받는 것이 매우 중요하다. 따라서 군사력 건설의 비용이 공세적인 무기체계 확보에 그쳐서는 안 된다. 군사 혁신과 국방개혁의 초점을 북한의 도발방지와 억제로부터 통일준비로 과감하게 전환해 나가야 국민들

---

21) Sung-han Kim, "The Day After: ROK-U.S. Cooperation for Korean Unification," The Washington Quarterly, Vol.38 NO.3, Fall 2015, pp.37-58.

의 지지와 성원을 받을 수 있고 또 주변국에게 당위성을 설득력 있게 설명할 수 있다.

한반도 통일은 현재의 대한민국의 가치 체계인 자유민주주의와 시장경제를 한반도 전체로 확대시키는 역사적 계기가 될 것이고, 통일 과정에서 직간접적으로 역할을 한 주변국과 협력을 유지·확대해 새로운 '동북아 시대'를 열게 될 것이다. 대한민국은 그동안 한반도 분단과 고립된 북한으로 인해 유라시아 대륙과 유리(遊離)되어 외로운 섬나라와 같은 운명을 감내해 왔다. 한반도가 통일될 경우, 대한민국이 유라시아 대륙과 연결되고, 그 동안 대한민국이 긴밀한 관계를 유지해 왔던 미국, 일본 등과 같은 해양세력과의 협력이 더해질 경우, 동북아는 지금보다 훨씬 활기차고 협력지향적인 모습을 띠게 될 것이다. 통일 직후 상당기간 동안은 한반도 북쪽 지역에 대한 경제적 재건작업으로 인해 통일한국이 국제사회에 기여할 수 있는 여지가 제한될 것이다. 그러나 남북한 통합과 재건을 통해 통일한국이 완성 단계에 접어들면, 국제사회의 평화와 번영에 기여하는 통일한국으로 거듭날 수 있을 것이다.

지역 안보 위협에 대한 대비

우리에게 숙명처럼 다가온 전략적 도전 중의 하나가 미·중 경쟁이다. 특히 미·중 간 불신은 정치전통, 가치체계 및 문화의 차이에 일차적으로 기인한다고 할 수 있으며, 여기에 상대방의 정책결정과정 및 내부 역학구도에 대한 이해 부족이 일조를 하고 있고, 보다 구조적인 측면에서는 미·중 간 국력 격차가 점차 축소되고 있는 추세가 양국 간 전략적 불신을 가중시키고 있다. 시간이 흐를수록 정책결정과정이나 내부 역학구도에 대한 이해도는 높아지겠지만, 국력의 격차가 점차 좁혀질 경우 (통일한국의 등장 여부에 관계 없이) 불신의 폭과 깊이는 오히려 늘어날 가능성이 크다.

특히 미·중 간의 제해권(制海權) 경쟁은 단기간에 해결될 사안이 아니다. 남중국해의 해양질서를 재편하기 위한 중국의 해군력이 아직 갖추어지지 못한 상황에서 2016년 7월 12일 발표된 헤이그 상설중재재판소(PCA)의 결정은 중국의 구단선(九段線)에 대한 국제법적 근거를 인정하지 않았다. 현재 중국은 상설중재재판소의 판결을 인정하지 않고 있는 반면, 미국을 중심으로 일본, 호주 등은 이번 판결이 국제법적 권위와 구속력을 갖고 있다고 주장하는 상황이므로 미·중 사이의 제해권 경쟁은 더욱 심화될 것으로 전망된다. 이러한 미·중의 제해권 경쟁은 21세기 글로벌 리더십을 놓고 경쟁하는 중국의 해양 진출과 미국의 견제구도가 충돌하는 최전선이므로, 한반도 통일 후에도 계속해서 이어지리라 전망된다.

미국이 통일한국과 동맹을 계속 유지하고 아·태 지역에 대해 지속적인 리더십을 행사하려고 할 경우, '한·미·일 vs 중·러' 경쟁 구도가 등장할 가능성이 있다. 미국은 미일동맹과 한미동맹을 한·미·일 삼각동맹으로 통합하려고 할 것이고, (한국이 이에 대해 비교적 호의적인 모습을 보일 경우) 중국은 이에 대항하여 러시아와의 관계를 '준동맹(quasi-alliance)' 단계로 끌어올려 본격적인 견제에 나서게 될 것이다. 사실 중국의 입장에서는 한·미·일이 단순한 안보협력 체제를 넘어 민주적 가치를 공유하는 가치동맹(value alliance)으로 보일 것이다. 이들 세 나라가 민주주의 확산을 얘기하고 역내 인권 문제의 개선을 거론하기 시작할 경우 중국은 상당한 정치적 부담을 느낄 수밖에 없다.

만일 통일한국 등장 이후 미국이 신고립주의 정책을 펼 경우, 이는 사실상 아시아 지역에서의 미국의 퇴각과 중국의 지역 강대국 부상에 디딤돌이 될 것이다. 중국은 주변 국가들을 중심으로 정치 경제적 영향력을 강화하고, 남중국해의 내해화(內海化) 과정을 진행해 나갈 것이다.[22] 일본은 중국으로의 편승 또는 중·일 간의 지역 패권경쟁이라는 매우 어려운 선택의 기로에 설 것이다. 만약 일본이 중국과 지역 패권경쟁을 시작한다면 기존의 핵보유 잠재력을 끌어올려 핵개발을 통한 중·일 간의 전략적 균형을 추구할 것이다.

미국이 통일한국과의 동맹을 상당히 약화시키고(지상군 철수 및 해공군 위주로 재편 또는 지상군 일부 및 해공군 주둔) 미·일동맹도 축소하는 등 전반적으로 아·태 지역에 대한 개입 수준을 현격히 줄일 경우, 그 공백을 일본이 채우게 되어 중·일 간 패권 경쟁이 전개될 가능성이 있다. 이 경우 통일한국의 입장이 상당히 어려워질 수 있다. 이는 19세기 말 중일이 한반도에서 충돌하여 중일전쟁으로 비화한 것과 같은 상황을 연상시킨다. 과거의 치욕을 반복하지 않기 위해서는 통일한국의 자체 군사력이 있어야 하며, 그 수준은 최소한 주변국이 통일한국을 침공했을 때 심각한 상처를 입힐 정도는 되어야 한다. 북한의 위협을 넘어서는 종합적인 대비가 필요한 것이다.

---

22) Joseph Nye, "Only China Can Contain China," The Huffington Post (March 11, 2015).

국방개혁의 청사진

 민군관계의 재설정

군 개혁은 민군관계의 재설정으로부터 시작해 문제해결 방안을 찾아야 한다. 특히 국방의 최고 책임자인 국방장관을 민간인으로 보임해 민간 우위 하에 두며, 합참의장으로 하여금 군의 최고 사령관으로써 맡은 바 임무와 역할을 자신 있게 추진하게 만들어야 한다. 현재와 같이 합참의장직을 경험한 국방장관의 임용은 군 후배인 합참의장의 독자성 보전에도 큰 도움이 되지 않는다. 합참의장이 군사문제와 작전에 관한 한 권위를 바탕으로 장관의 군령을 보좌하게 해야 한다.

국방차관은 방대한 조직과 임무의 다양성을 고려해 제1차관과 제2차관으로 분리할 필요가 있다. 제1차관은 대미, 대일 협상 등 양자관계 및 비확산 등 다자 국방외교 분야에 능통한 사람을 임명하고, 제2차관은 재정 및 획득, 방산 등에 전념할 수 있는 전문가를 보임하는 것이 현 추세에 부합한다.

국방개혁에 관한 법률을 개정하기 위한 임무는 국회 국방위가 주도하게 해서 보다 효과적이고 정치적으로 중립적인 법안을 만들어 그동안의 문제점을 개선해야 한다. 이들로 하여금 앞서 언급한 대통령 직속 '국방개혁위원회'의 법적 지위와 임무와 역할을 검토하고 국민적 공감대를 확대해 나갈 수 있도록 다각적 지원방안을 모색할 필요가 있다.

합동성 강화

우리 안보환경에 적합한 상부지휘구조 개편

미국의 아이젠하워 대통령은 "육·해·공 3군이 분리해서 싸우지 않고, 하나의 통합된 노력으로 싸워야 한다"고 강조했다. 이것은 합동성의 목적을 아주 간명하게 지적한 것이라고 할 수 있다. 각 군종 간에 서로의 약점을 장점으로 보완하고, 결정적인 시간과 장소에 3군의 전투력을 집중할 수 있어야 한다. 즉 3군의 통합된 지휘는 경제성과 효율성을 보장할 수 있게 한다.

복합적 전장(戰場) 환경 하에서 신속하고 효율적인 군사력 운용을 위해선 합동성을 강화할 필요가 있다. 합참과 각 군 본부가 작전중심구조로 전환하여 작전기획 및 지휘능력을 제고해야 한다. 따라서 상부 지휘구조를 합동성을 강화하는 방향으로 개편해야 한다. 합동성 강화를 위한 상부구조 개편은 군정과 군령 기능의 획일적 구분에 따른 부작용과 중첩성 등의 비효율성을 해소하고, 유사시 즉각적으로 대응 가능한 합동작전 지휘구조를 갖추기 위함이다. 세계의 거의 모든 선진화된 국가의 군대가 합동성을 기반으로 한 강한 군 조직을 갖추고 있음을 볼 때, 합동성 구현은 선진 군대의 필수 요건이라고 할 수 있다. 우리 군도 선진군대로의 도약에 필요한 합동성을 갖추기 위해 창군 이래 수차에 걸쳐 상부 지휘구조 개편을 시도했으나, 기대하는 성과를 거두지 못했다.

현재의 전장 환경은 첨단화, 전문화, 세분화됨으로써 체계간의 복잡성이 증대되고 있다. 이러한 환경에서 신속하고 효율적인 전투지휘와 군사력 운용을 위해서 합동성 강화가 대단히 중요하고 그 중심에 합참이 있다. 따라서 현 합참은 효율적인 합동작전 수행 능력이 가능하도록 합동군사령부의 기능이 필요하다. 또한, 합동군사령관 기능을 겸하는 합참의장에게는 현 군령기능에 작전지휘를 뒷받침할 수 있는 제한된 군정기능만을 부여해야 한다. 그리고 각 군 참모총장에게는 현 군정기능에 군령권을 추가로 부여하여 작전지휘 계선에 포함시킴으로써 유사시 즉각적으로 대응할 수 있는 합동작전 능력을 향상 시켜야 한다.

합동성 증대를 위한 의사결정구조의 공정한 개선

상부 지휘구조 개편 과정에서도 각 군 고유의 전문성과 특성은 그대로 보장될 필요가 있다. 무엇보다 중요한 것은 상부지휘구조 개편에 따른 각 군 참모총장의 권한을 정립하는 일이다. 합동참모회의의 성격, 구성, 권한 등을 검토하고, 위기조치, 국지도발, 전면전과 관련된 의사결정 권한을 검토해야 한다. 그리고 합동참모회의, 군무회의, 전력소요검증위원회, 방위산업추진위원회 등과 같은 의사결정 회의 시에 각 군의 공정한 참여를 보장해야 한다. 주요 의사결정시 각 군의 균등한 참여를 보장하기 위하여 합참 육·해·공군 보직은 현행 2:1:1 비율을 유지하는 것이 3군 균형발전에 보탬이 될 것이다.

전시작전통제권 전환에 따른 한미 합동성 강화

미국은 점차 동맹국들의 책임성을 강조하면서 미국은 이를 지원하는 체제로 가는 추세이다. 따라서 향후 전작권 전환에 따른 한미 합동성 강화 방안을 모색해야 한다. 전작권 전환에 대비하기 위해선 합참과 각 군 본부가 작전중심구조로 전환하여 작전기획 및 지휘능력을 키워야 한다. 전쟁은 미군이 기획하고 주도하며, 우리 군은 이에 따라 전투행위만 한다는 생각은 버려야 한다.

한반도 통일의 기회가 왔을 때 미국이 주저하지 않고 한미동맹에 입각해 통일을 성취할 수 있도록 사전에 충분한 협력방안을 강구해야 한다. 한반도 통일은 한미양국 간의 협력만으로 이루어지는 것이 아니므로 각자가 보유한 지역 및 범세계적 네트워크를 활용해 용의주도하게 대비할 필요가 있다.

적극적 억제능력 확보

북핵 억지력 강화

적극적 억제능력이란 적극적 조치를 통해 적의 도발 의지를 사전에 억제하고, 실제로 적이 도발할 경우 이를 격퇴하고 응징 보복할 수 있는 능력을 가리킨다. 우리는 북한의 도발을 막기 위해 '억지(deterrence)-선제타격(preemption)-방어(defense) 간 균형'에 입각한 군사적 대비태세(military posture)를 견지해야 한다. 핵 억지는 미국의 '확장억지(extended deterrence)'를 활용하되 보완책(예: 전략자산 순환 배치)을 강구할 수 있다. 킬

체인 완성(2021-23년) 전이라도 정밀유도무기(PGM) 도입 등 (북한의 핵 선제사용에 대비해) 선제타격 능력을 확충하고, 북한의 미사일 위협에 대한 다층방어 시스템을 구축해야 한다.

적 비대칭 위협 대비능력 강화

비대칭전략은 상대의 취약성을 효과적으로 활용, 전력의 불균형을 만들어 자신의 정치적 목적을 달성하기 위한 공세적인 전쟁 승리의 방법과 수단이다. 북한의 비대칭 전략은 한미연합전력의 우위 극복을 위한 전쟁방식의 전환을 목표로 하고 있다. 절대무기인 핵미사일 능력을 바탕으로 공세적 전력을 확대하여 한미연합방위력에 대해 전쟁 의지를 시험하고 불확실성을 증대시켜 자신에게 유리한 전장 환경을 조성하는 것이다.

이러한 북한의 비대칭 위협에 대응하기 위해서는 우선적으로 전면적 공세전략이 필요하다. 북한의 전쟁수행능력을 마비시키고, 핵미사일 능력을 조기에 무력화하여 북한이 핵능력을 기반으로 한미에게 억제와 강압을 실시하려는 전략을 무력화해야 한다. 정보능력, 타격능력 등을 통합하여 운용할 수 있는 복합체계 능력 등 첨단 군사기술을 기반으로 한 전쟁수행 능력과 동 능력에 대한 확신이 필요하다.

다른 하나는 제한적 공세전략이다. 북한의 비대칭 위협에 대한 완벽한 물리적 방위는 불가능하다는 점을 인정하고 핵전략이 상정하는 '공포의 균형' 하에서 북한의 비대칭 전략을 무력화하고 북한의 취약점을 공격하는 것이다. 시간을 전략개념 속에 포함시켜 시간전쟁(체제전쟁)을 중시하고, 북한의 비대칭 전략과 마찬가지로 '물리적 영역 전쟁'이 아닌 '인식의 영역 전쟁'을 강화하여 정치적 승리를 추구해야 한다. 정보작전을 통해서 북한의 사이버전 대응은 물론, 북한정권의 위상과 권위, 정통성, 지휘통제 능력을 약화시켜 내부적인 체제 약화를 도모할 수 있다. 정보작전은 첨단기술 능력을 활용하고 북한체제의 취약점을 활용하여 다양한 방법과 수단을 강구할 수 있다. 그리고 전략적 거점 확보능력이 필요하다. 유사시 영변 핵시설, WMD 시설, 김정은 지휘부 등 북한의 전략적 거점을 신속히 무력화해 우리 안보에 대한 위험을 관리할 수 있는 능력을 발전시켜야 한다.[23]

북한 특수전 및 사이버 위협 대비능력 제고

북한의 대표적인 비대칭 전력 분야인 특수전 위협에 대비하여 경계태세 발령지역에 통제구역을 설정할 수 있도록 '통합방위법'을 개정할 필요가 있다. 그리고 민관군 통합방위태세를 보강하고, 아군 특수전부대의 작전수행 능력을 제고시키기 위한 다양한 대책을 강구해야 한다.

그리고 최근 제4의 전장(戰場)으로 인식되고 있는 사이버 위협에 대비해야 한다. 사이버사령부 조직 및 기능을 강화하는 한편, 사이버 전문인력 개발센터를 운용하여 사이버전 방어 능력을 향상시켜야 한다.

---

23) 미·소 군비경쟁시기에 레이건 대통령은 수적인 군비경쟁을 해서는 소련에게 질수밖에 없다고 판단했다. 그래서 강점을 찾았다. 과학기술력, 경제력, 외교력이었다. 그런 강점을 이용해서 1983년 3월에 SDI 전략을 발표했다. 미국이 소련보다 강한 군사과학기술력을 가지고 소련이 대륙간 탄도미사일을 발사할 경우 우주에서 맞추면 된다고 판단했다. 그게 발전해서 MD가 된 것이다. 우리의 과학기술, 경제, 외교력으로 북한의 약점을 공략하는 총체적인 전략을 개발해야 한다.

효율성 극대화

국방 인력관리제도 개선

보다 우수한 국방 공무원과 군무원들의 확보를 위해 장기적인 육성계획을 세우고, 국방 공무원들의 1급 진출을 보장하며, 국방 공무원들이 각 군의 실상을 직접 경험하도록 군에 파견 근무가 가능하도록 제도를 보완해야 한다. 각 군 소속 군무원들과 국방부 간에 교차 근무가 가능하도록 점진적으로 교환 가능 직위를 확대해 나가야 한다. 국방부의 주요 보직에 대한 문민화 비율은 이미 70%로 확대되었지만 주요직위를 개방해야 한다.

국방개혁에 관한 법률 제11조 1항에는 "국방부 장관은 현역 군인의 전문성이 요구되는 직위를 제외한 국방부 직위에 군인이 아닌 공무원의 비율이 연차적으로 확대될 수 있도록 인사관리를 하여야 한다"라고 규정하고 있다. 대통령령인 국방개혁에 관한 법률 시행령 7조 1항에는 "국방부 장관은 법 제11조에 따라 군인이 아닌 공무원의 비율을 확대해(중략) 2009년까지 100분의 70 이상을 목표로 한다"라고 적시했다. 국방부의 16개 국장급 보직 가운데 군사보좌관, 전력정책관, 동원기획관, 군수관리관, 정책기획관은 전문성이 요구되는 직위라 군인을 현역으로 보임하고 있으며, 현재 1급 실장 5명 중 순수민간인은 기획관리실장만 1명만을 보임하고 있다. 과거 국방개혁실장 직에 민간 전문직 인사를 기용했지만 그 효과가 크지 않았다. 따라서 미국처럼 장차관은 물론 1급 실장직과 함께 정책분야부터 전력, 군수, 동원까지 모든 주요 분야에 민간인들이 대거 참여할 수 있도록 개방하는 것이 국방개혁의 성공을 보장하는 지름길이다.

우리 군의 '자군 이기주의'를 극복하기 위해 민간분야의 검증된 전문가들이 활동할 수 있는 여건을 보장할 필요가 있다. 변호사, 회계사 등 민간전문가 공채를 지속적으로 확대하고, 사이버전 분야의 우수 청년들은 군 복무 및 취업과 연계하여 국방인력관리 개선에 기여할 수 있도록 해야 한다. 군사전문성 제고를 위한 인사관리제도 개선을 추진하는 한편, 영관급 장교로 하여금 국내 유수기업에 직무연수를 경험하게 함으로써 선진 경영문화 체득 기회를 갖도록 할 필요가 있다. 아울러 베테랑급 부사관을 전투 직위에 우선적으로 보직함으로써 하부구조가 튼튼한 전투형 군대를 육성해야 한다.

국방예산의 효율성 제고

국방개혁 예산은 전력투자비로 분류하고, 수시로 변경되는 경상비의 단점을 극복할 필요가 있다. 2년 6개월마다 계획을 보완하는 연동식 계획수립을 정권출범부터 임기 말까지 기간을 고정하는 고정식 계획수립으로 수정해 정권단위로 개혁결과에 대한 평가를 받을 수 있도록 제도화해야 한다. 정권교체 또는 군 수뇌부 교체로 인해 발생하는 계획 변경의 가능성을 최소화하고 필수예산의 고정적 확보, 정권의 책임 있는 개혁 추진이 보장되도록 제반 여건을 강화해야 한다.

아울러 GDP 대비 2.4%의 현 수준을 과감하게 뛰어넘는 방위비 지원이 대국민 합의 차원에서 가능해져야 한다. 원활한 국방 운영 보장과 실수요를 감안한다면 국방예산 증가율은 최소 5% 이상으로 책정되어야 한다. (2016년 3.6%) 적어도 정부 재정 증가율(16년 3.8%)보다 상회해야 한다. 이는 북한의 핵 위협 상황 하에서 특별한 우선순위를 부여해줘야 한다는 국민적 합의 하에서만 가능하다. 다만 군은 강도 높은 예산효율화를 진행해야 하며, 강력한 군 구조개편과 행정인력 감축을 추진하고, 중복 투자를 방지해야 한다. 불필요한 곳에 국방예산이 책정되지 않도록 철저히 관리해야 하며, 비록 예산 성격상 이월과 불용이 불가피한 측면이 있지만 집행률 제고를 위해 특단의 대책을 마련해야 한다. 국방예산 개선추진 점검단을 운영하여 운영유지예산을 절감하고, 원가회계 검증단을 운영하여 방위력개선사업비를 절감하는 등 스스로 자구노력을 보여줘야 국민들의 신뢰와 전폭적 지지가 가능하다.

방위산업 선진화

방위산업 선진화의 핵심은 국방 R&D 선진화, 방산수출 경쟁력 강화, 혁신(innovation) 창출이다. 국방 R&D 선진화로 방위산업기반을 확충하고, 일반무기체계 개발을 민간업체에 이관하는 등 무기체계 연구개발에 대한 역할과 기능을 조정함으로써 국방과학연구소(ADD)를 핵심기술 전문개발기관으로 발전시킬 필요가 있다. 방산수출을 위한 경쟁력을 강화하고 국제적인 방산협력과 수출을 위한 외연을 확대하여 2030년경에는 선진국 수준의 방산수출 국가가 되어야 한다.

정부가 국가적 차원에서 방위산업을 본격 육성하기 시작한 것은 42년 전인 1973년이다. 그때부터 일단 방산 물자로 지정되면 독점 납품권 외에 투자비용을 실비(實費) 기준으로 보상해주고, 각종 보조금 지원 혜택을 주고 있다. 이런 지원 덕분에 국내 방위산업은 단기간에 성장할 수 있었다. 그러나 하루가 다르게 신기술이 개발되는 시대에 한번 방산 물자

생산업체로 지정되기만 하면 오랫동안 똑같은 혜택을 계속 준다는 것은 시대에 역행하는 것이다. 그런 회사들이 혁신에 몰두할 리 만무하다. 혁신에 몰두해야만 살아남을 수 있도록 치열하면서도 공정한 경쟁체제를 구축해야 한다.

결론

 앞서 살펴본 바와 같이 대통령 임기 5년 단임이라는 구조적 제약 하에서는 대통령이 책임감을 갖고 국방개혁을 추진하기 어렵다. 대통령 중임제로 개헌이 이루어지지 않는 한 정권 초기에 전면적으로 국방개혁을 실시할 수 있도록 준비해야 한다. 정부가 반드시 해야 할 일을 식별해 정권의 임기 내에 최대한 성과를 낸다는 자세로 임해야 한다. 따라서 지금과 같이 모든 주제를 다루는 방식을 지양하고, 우선순위를 정해서 필수 개혁과제 중심으로 시행해야 한다.

 북한의 김정은은 2017년 신년사에서 북한의 핵능력 완성을 위한 마지막 단계에 돌입했다고 선언했다. 따라서 우리 국방 개혁의 우선순위도 당연히 핵 및 미사일 위협에 대처하기 위한 능력 향상에 둬야 할 것이다. 이명박 정부 출범 이후 박근혜 정부에 이르기까지 '적극적 억제', '능동적 억제'라는 전략을 내세우고 대북 미사일 격차를 좁혀 나가기 위한 노력을 꾸준히 전개해왔다. 특히 이명박 정부 시절 미국과의 미사일 사거리 연장 협상이 타결됨에 따라 대북 미사일 능력을 강화하는 결정적인 계기를 마련했고, 현재 그간의 노력에 힘입어 순항 미사일 분야에서는 우리 정부가 북한을 압도할 수 있는 역량을 조기에 확보했다. 현재 킬체인(Kill-Chain) 및 KAMD 역량을 꾸준히 강화해오고 있지만, 국민의 생명과 재산을 보호한다는 차원에서는 보다 구체적인 대책이 필요하다.

무엇보다도 과거의 실패를 반복하지 않기 위해서는 국민적 공감대를 얻어야 한다. 이를 위해서는 정치리더십의 안보철학과 확고한 신념이 필요하다. 노무현 대통령 시절부터 시작한 우리의 국방개혁이 현재 답보상태에 머문 가장 큰 이유는 최고지도자들이 달성 가능한 개혁목표를 제시하지 못한데서 찾을 수 있다. 당시에는 개혁정책의 출범 자체에 큰 의미를 부여했지만 부족한 부분이 많았다. 물론 법률로 국방개혁을 지속 가능하게 만든 것은 의미 있는 일이라 할 수 있지만 차기 정부가 목표를 달성할 수 없음이 명백히 드러났다면 그 원인을 찾고 이에 대한 근본적 수정 보완이 필요하다.

선진정예국방을 국방비전으로 삼아 출발한 이명박 정부는 노대통령의 국방개혁에 대한 접근이 잘못됐다는 인식을 가지고 있었지만 그렇다고 이를 완전히 중단시키거나, 바꾸지 못한 채 기본계획을 두 차례 수정을 하는 데 그쳤다. 국방을 어떻게 선진화 할 것인지에 대한 확고한 밑그림이 없이 출범한 이명박 대통령은 2009년 쇠고기 사태로 취임 첫 해를 보냈고, 그 해 겨울 서둘러 17명의 전문가로 구성된 국방선진화위원회를 구성해 그들에게서 해답을 찾고자 했다. 그러나 북한은 2010년 3월 천안함 폭침을 단행했고, 11월에 또 다시 연평포격으로 도발했다. 2차 대전 이후 첫 잠수함에 의한 어뢰공격이었고 휴전이후 민간인 거주 지역을 대상으로 한 최초의 포격사건이란 점에서 충격은 컸다. 이 대통령은 서북도서를 요새화 하고, 해병대 병력을 증원했고, 서북도서방위사령부를 창설하면서 적의 도발에 곧바로 응징할 수 있는 강력한 국지도발 대응책을 마련했고 부족한 전력을 시급히 증강해나가기 시작했다. 이러한 기조는 박근혜 정부까지 이어져 대북 미사일 공격능력을 강화하기 위해 순항 미사일 현무II의 개발에 이어 북한의 미사일 공격능력을 차단하기 위한 KAMD 체제를 발전시키기 위해 많은 예산을 투자하고 있으며 미국 측과 확장억제위원회를 가동하는 등 한미연합자산을 총동원 북한의 도발에 적극 대처하고 있다. 그럼에도 불구하고, 북한은 핵 및 미사일 능력을 지속적으로 고도화해가고 있다.

인구급감과 초고령화 현상, 장기적인 경기침체까지 고려한다면 2017년 신정부 출범이후에도 군이 필요로 하는 충분한 예산을 제공하기는 어려울 것이다. 과거 20여 년간 이미 경험 했듯이, 근본적인 개혁이 어려운 상황에서 군을 정치적 관점으로 재단하거나 상징적 효과 찾기에 급급하면 소탐대실이 될 가능성이 크다. 차기 정부의 지도자가 개혁 청사진에 따라 우선순위를 정하고 정부 출범 초기에 핵심적인 개혁 부문에 성과를 내겠다는 강한 의지력이 절실하다. 새로 들어선 정부가 어려운 경제상황을 핑계로 국방개혁을 미룬다면 결국 경제성장의 과실을 비효율적인 국방이 낭비하는 결과를 초래할 것이다. 효율적인 국방에 기초한 튼튼한 안보야 말로 견실한 경제성장의 주춧돌이다.

CHAPTER 2

핵위협 시대 국방개혁 기본방향

박휘락 (한반도선진화재단 선진국방연구회장
국민대학교 정치대학원장)

要
約

　한국군은 그 동안 의욕적인 '국방개혁'을 추진해왔지만, 그 성과가 드러나지 않고, 특히 북한이 핵무기를 개발함으로써 그 방향의 타당성 여부도 의문시되는 상황이다. 지금까지의 국방개혁은 재래식 전쟁 대비 위주였기 때문이다. 그래서 한국은 미국의 "확장억제"에 의존할 뿐 자체적인 북핵 대비태세는 미흡한 실정이다. "킬 체인"(kill chain), "한국형 미사일방어"(KAMD: Korea Air and Missile Defense), 'KMPR'(Korea Massive Punishment and Retaliation) 등의 대책이 제시되고 있으나 그의 구현을 위한 노력이 체계적이거나 집중적이라고 보기는 어렵다.

　무엇보다 한국군은 점진성보다는 신속한 구현에 중점을 두어 "국방개혁"을 추진할 필요가 있고, 문민(文民)과 군대 간의 상호존중과 역할분담을 재정리하며, 계획의 작성 및 보고 위주에서 벗어나 실제적인 구현에 초점을 맞출 필요가 있다. 특히 한국군은 북한의 핵위협을 대응의 최우선 위협으로 인식하고, 이에 대한 대응력을 구비하는 데 국방개혁 또는 군의 모든 노력을 집중할 필요가 있다.

　북핵 대비 차원에서 한국군은 자체적인 핵억제 및 방어 전략을 수립하는 가운데, 군의 제반조직들을 북핵 위협 대응에 부합되도록 정비하고, 무기 및 장비의 증강도 당연히 북핵 대응 중심으로 전환해야할 것이다. 예상되는 북한 핵도발의 다양한 각본과 필요한 대응방향을 설정하고, 그에 필요한 교리, 조직, 무기 및 장비, 교육훈련, 간부계발, 인적자원, 시설 등을 종합적으로 발전시켜 나가야 할 것이다. 군의 방어개념도 전면적으로 조정해야할 필요가 있다.

특히 한국군은 시간과 예산의 제한을 고려하여 미국과의 분업체제를 효과적으로 활용하여 신속하게 핵대비태세를 강화해야 한다. 미국이 제공해줄 수 있는 것은 미국에게 의존하되 그것이 확실하게 제공되는 장치를 만들고, 대신에 한국은 한국이 해야 할 일에 집중해야 한다. 병력감축 계획을 약속대로 시행하되 현재의 부대 개편안을 재검토하여 핵대비 및 전투준비태세 차원에서 조정될 필요성은 없는지를 파악해볼 필요가 있다.

나아가 대통령의 직접적인 지시 하에 북핵 대비와 대응에 관한 모든 노력을 총괄할 수 있도록 현재의 "국가안보실"을 "북핵대응실"로 전환하고, 국방부에 "북핵 대응국"을 신설하며, 합동참모본부에 "북핵방어본부"를 설치할 필요가 있다. 현 공군의 방공유도탄사령부를 근간으로 '합동방공사령부'를 창설하고, 유사시에 한미연합방공사령부로 전환시킬 수 있어야 할 것이다.

서론

한국의 국방목표는 "외부의 군사적 위협과 침략으로부터 국가를 보위하고, 평화통일을 뒷받침하며, 지역의 안정과 세계평화에 기여한다"는 것이다.[1] 이 중에서 "외부의 군사적 위협과 침략으로부터 국가를 보위"하는 것이 당연히 최우선일 것이다. 그래서 한국군은 이를 달성하고자 꾸준히 노력해왔고, 더욱 집중적인 성과 달성을 위하여 의욕적인 '국방개혁'을 추진해왔다. 특히 2003년 출범한 참여정부는 '국방개혁 2020'이라는 명칭을 내걸면서 2020년까지 군을 획기적으로 변화시키겠다고 공언하였고, 그것이 10년이 넘는 지금까지도 지속되고 있다. 그렇다면 한국군의 군사대비태세는 상당할 정도로 높아져야 하는데, 실제는 그렇지 않다는 것이 문제이다.

그 동안 북한이 핵무기의 양과 질을 지속적으로 증대함으로써 북핵위협은 너무나 심각해졌고, 한국군은 그러한 핵위협으로부터 국가를 보위할 수 있는 능력을 갖추지 못하고 있다. 한국군은 '킬 체인'(kill chain), '한국형 공중 및 미사일 방어체계'(KAMD: Korea Air and Missile Defense), 대규모 응징보복(KMPR: Korea Massive Punishment and Retaliation)으로 대응하

---

1) 국방부, 『2016 국방백서』(서울: 국방부, 2016), p. 34.

고 있지만, 이 조치들의 실효성도 문제이지만, 대부분은 2020년대 중반이 되어야 확보될 예정이다.[2] 최근 북한은 잠수함발사탄도미사일(SLBM: Submarine Launched Ballistic Missile) 시험발사까지 성공하고 미국을 공격할 수 있는 대륙간탄도탄(ICBM: Intercontinental Ballistic Missile) 개발에도 매진함으로써 유사시 미국이 한국을 지원하지 못할 가능성도 고려해야 한다. 북한은 미국에게 한국을 지원할 경우 본토를 보복하겠다고 위협할 것이기 때문이다. 북한 핵위협에 대한 효과적 대응능력에 우리 군의 모든 역량을 집중해야하고, 당연히 국방개혁은 그러한 태세로 군을 조기에 전환하기 위한 노력이 되어야 한다.

---

2) Ibid., p. 59.

북한의 핵위협 평가와 국방분야에 대한 요구

 **북한의 핵능력**

북한은 2006년 10월 9일 제1차 핵실험, 2009년 5월 25일 제2차 핵실험을 거쳐 2013년 2월 12일 제3차 핵실험을 실시함으로서 핵무기 개발에 성공하였다고 주장하였다. "소형화·경량화된 원자탄을 사용했고...다종화(多種化)된 핵 억제력의 우수한 성능이 물리적으로 과시됐다"는 것이다. 2016년 1월 6일 제4차 핵실험을 실시한 후에는 수소폭탄의 개발에도 성공하였다고 주장하였는 바, 최소한 증폭핵분열탄(boosted fission bomb)을 개발하였을 가능성이 높다. 2016년 9월 9일 북한은 제5차 핵실험을 실시한 후 "핵탄두의 위력판정을 위한 핵폭발시험"으로서, "표준화·규격화된 핵탄두의 구조와 동작특성, 성능과 위력을 최종적으로 검토·확인하였다."고 발표하였다. 북한은 다양한 탄도미사일에 탑재하여 한국을 공격할 수 있는 능력을 구비하고 있다고 봐야 한다.

북한은 고농축 우라늄(HEU: Highly Enriched Uranium)을 통한 핵무기 개발에도 성공하였을 가능성이 높고, 그러면 우라늄 매장량이 많은 북한은 지속적으로 핵무기를 증대시킬 수 있다. 미국의 물리학자이면서 북한 핵문제 전문가인 올브라이트(David Albright) 박사는 2016년 6월 현재 북한이 13-21개의 핵무기를 보유하고 있다고 주장한 바 있다.[3] 그는 2015년 초에 북한이 2020년에는 최대 100개까지 증대시킬 수 있을 것으로 분석하기도 했다.[4] 시간이 갈수록 북한은 핵무기의 양과 질을 증대시킬 것이고, 그만큼 위협의 강도도 커질 것이다.

    핵무기 공격의 가장 효과적인 수단은 탄도미사일이기 때문에 북한이 탄도미사일의 직경보다 작게(소형화), 탑재중량보다 가볍게(경량화) 핵무기를 제조하는 데 성공했느냐는 점이 중요하다. 탑재중량만 살펴볼 경우 스커드-B는 1t, 스커드-C는 0.7t, 노동미사일이 0.7t, 무수단미사일이 0.6t이라면[5] 이보다 가볍게 만들면 '핵미사일'(핵탄두를 장착한 미사일) 공격이 가능하기 때문이다. 지금까지 경과된 시간과 북한의 주장을 고려할 경우 북한은 미국을 공격하기 위한 대륙간탄도탄(ICBM)에 탑재할 정도(0.5톤 정도)로 소형화하지는 못하였을 수도 있으나, 최소한 스커드와 노동 미사일에 탑재할 정도의 소형화에는 성공했다고 봐야 한다. 북한은 스커드-B와 스커드-C를 합하여 200~600기 이상 운영 중이고, 노동 미

---

3) David Albright and Serena Kelleher-Vergantini, "Plutonium, Tritium and Highly Enriched Uranium Production at the Yongbyon Nuclear Site," Imagery Brief (Institute for Science and Intaerrnational Security) (June 14, 2016), p. 1. http://isis-online.org/uploads/isis-reports/documents/Pu_HEU_and_trtium_production_at_Yongbyon_June_14_2016_FINAL.pdf(검색일: 2017년 1월 23일).

4) David Albright, Future Directions in the DPRK's Nuclear Weapons Program: Three Scenarios for 2020, North Korea's Nuclear Futures Series (U.S.-Korea Institute at SAIS, 2015), pp. 19-30.

5) 국방부, 「2016 국방백서」, p. 239.

사일을 90~200기 정도 배치한 것으로 알려져 있다.[6] 북한은 이동식 미사일 발사대도 200대 이상 보유하고 있어[7] 언제 어디서든 기습적인 미사일 공격을 감행할 수 있다.

나아가 북한은 2012년 12월 12일 '은하 3호'를 발사하여 10,000km 정도의 비행능력을 과시하였고, 2016년 2월 7일에는 광명성 4호를 발사하여 더욱 안정된 장거리 미사일 기술을 선보였으며, 2016년 9월 20일에는 ICBM에 사용할 수 있는 대형 탄도미사일 엔진 시험에도 성공하였다고 발표하였다. 미국을 공격할 능력을 점점 구비해나가고 있는 것이다. 또한 북한은 잠수함발사 미사일(SLBM) 개발에도 노력하여 2016년 4월 23일 냉온발사(cold launch) 방식에 성공한 데 이어 8월 24일에는 500km를 비행하는 데 성공하였다. 8월 24일 성공 후 "미국이 아무리 부인해도 미 본토와 태평양작전지대는 이제 우리의 손아귀에 확실하게 쥐여져 있다"고 위협한 바와 같이 북한은 SLBM을 장착한 잠수함으로 미 본토를 공격할 능력을 구비하고자 노력하고 있다.

이렇게 볼 때 북한은 10개 이상의 핵무기를 보유하고 있고, 그것을 핵미사일의 형태로 한국을 공격할 수 있다. 앞으로 북한은 ICBM이나 SLBM의 개발에 집중적인 노력을 기울일 것이고, 거기에 성공할 경우 북한은 미국을 위협하여 한미동맹을 붕괴시킬 것이다. 그 다음에 북한은 핵무기를 사용하거나 사용을 위협함으로써 전 한반도의 공산화를 추구

---

6) 장철운, "남북한의 지대지 미사일 전력 비교: 효용성 및 대응, 방어 능력을 중심으로", 『북한연구학회보』, 19권 1호(2015), pp. 131-132.

7) Department of Defense, Military and Security Developments Involving the Democratic People's Republic of Korea (Washington D.C.: DoD, 2013), p. 15.

할 것이다.

🌀 사용 가능성

북한의 입장에서도 핵무기 사용은 당연히 쉬운 결정이 아니다. 그러나 한반도 공산화를 위하여 필요하다고 판단할 경우 사용할 가능성을 배제할 수는 없다. '전 한반도의 공산화'는 북한의 기본적인 국가 및 군사 정책이고, 지금까지 포기한 적이 없기 때문이다.[8] 2010년 개정된 노동당 규약 서문에서도 "조선노동당의 당면목표는 공화국 북반부에서 사회주의 강성대국을 건설하며, 전국적 범위에서 민족해방 인민민주주의 혁명과업을 실천하는 것"이라고 명시하고 있다. 여기에서 말하는 "전국적 범위에서 민족해방 인민민주주의 혁명과업"이 바로 전 한반도의 공산화이고, 한국이 사용하는 언어로 하면 '적화통일'을 의미한다. 2010년 4월 9일 수정된 헌법의 제9조에서도 "자주, 평화통일, 민족대단결의 원칙에서 조국통일을 실현하기 위하여 투쟁한다"라고 되어 있다.[9] 실제로 북한은 핵무기 개발 이후 통일을 부쩍 강조하고 있고, 2016년 6월 29일 최고인민회의에서 당 외곽조직에 불과하였던 조국평화통일위원회(조평통)를 정식 국가기구로 승격시킴으로써 김정은이 통일문제를 직접 관할하겠다

---

8) 이윤식, "북한의 대남 주도권 확보와 대남전략 형태," 『통일정책연구』, 제22권 1호(2013), p. 213; 김강녕, "북한의 대남도발과 한국의 대응전략," 『군사발전연구』, 제6권 3호(2015), p. 4.

9) 조선인민민주주의 공화국 사회주의헌법, 제9조. 통일부 홈페이지. http://unibook.unikorea.go.kr/?sub_num=53&state=view&idx=369(검색일: 2017년 1월 23일).

는 의도를 드러내기도 하였다.¹⁰

  핵무기 사용과 관련하여 북한은 2013년 4월 1일 채택한 "자위적 핵보유국의 지위를 더욱 공고히 할 데 대한 법" 제 5조에서 "적대적인 핵보유국과 야합해 우리 공화국을 반대하는 침략이나 공격행위에 가담하지 않는 한 비핵국가들에 대하여 핵무기를 사용하거나 핵무기로 위협하지 않는다."라고 밝힘으로써,¹¹ "적대적인 핵보유국"인 미국과 그에 "야합"하는 한국에 대해서는 핵무기를 사용할 수도 있다는 점을 시사하고 있다. 실제로 북한은 "강력한 핵 선제 타격",¹² "핵전쟁 터지면 청와대 안전하겠나,"¹³ "선제 핵타격은 미국의 독점물이 아니다"¹⁴ 등의 발언을 공개한 적이 있다. 외국에서도 북한이 상당한 숫자의 핵무기를 개발함으로써 미국의 보복에 재보복할 수 있다고 판단할 경우 핵무기를 "먼저 사용"(first use)할 가능성을 논의하고 있다.¹⁵

---

10) 『조선일보』(2016년 7월 1일), p. A5.

11) 권태영 외, 『북한 핵 미사일 위협과 대응』(서울: 북코리아, 2014), p. 196.

12) 『조선일보』(2013년 4월 22일), p. A3.

13) 『조선일보』(2014년 11월 24일), p. A1.

14) 고미혜, "北외무성 관리 "6 8차 핵실험 있을것…선제타격 美독점물 아냐,'"『연합뉴스』(2016년 10월 17).

15) Joel S. Wit and Sun Young Ahn, North Korea's Nuclear Futures: Technology and Strategy, North Korea's Nuclear Future Series, U.S.-Korea Institute at SAIS (2015), pp. 29-30.

북한의 핵사용 시나리오

자기충족적 예언(self-fulfilling prophecy)이 될 수 있어 한국에서는 적극적으로 논의하고 있지 않지만, 심각성을 기준으로 몇가지 가능한 시나리오를 열거해보면 다음과 같다.

대규모 공격과 핵무기 사용의 위협 병행

현재 상태에서 가장 심각한 상황은 북한이 핵무기 사용으로 위협하면서 전면전이나 수도권에 대한 제한적인 공격을 감행하는 경우이다. 이 중에서 북한이 제한된 전쟁지속력으로 인하여 한반도 전체를 석권하기는 어려울 것이나 수도권을 점령한다는 목표는 달성할 수 있다. 수도 서울의 경우 휴전선에서 단거리라서 기습적인 방법을 사용할 경우 점령이 가능하고, 남한의 정치 및 행정 중심지라서 파급효과가 매우 높을 것이기 때문이다.

북한은 수도 서울을 점령한 후 협상을 전개하면서 서울점령을 기정사실화하면서 지연전을 채택할 수 있다. 그러다가 상황이 유리하다고 판단되면 더욱 남쪽으로 추가 공격을 실시하여 점령한 후 협상하는 행태를 반복할 것이다. 북한은 한미연합군이 반격할 경우 핵무기를 사용하겠다고 위협할 것이라서 한국군의 반격은 쉽지 않다.

국지도발 후 핵무기 사용 위협

북한은 일정한 지역에서 국지적인 도발을 감행한 후 한국이 대응하면 핵무기로 공격하겠다는 위협할 수 있다. 예를 들면, 서해5도를 비롯하여 다양한 지역에서 재래식 군사적 도발을 감행하고, 핵무기 사용을 위협할 경우 한국은 대응이 어렵다. 한국이 확전을 시킬 경우 핵공격을 감행하겠다고 위협할 것이다. 그렇게 될 경우 한국은 대응 또는 응징보복 여부를 격렬하게 토론을 하겠지만, 과감한 방안을 채택하는 것은 쉽지 않다.

북한의 핵무기 사용 위협에도 불구하고 한국이 국지도발에 적극적으로 대응할 뿐만 아니라 응징보복까지 실시하여 북한 측에 상당한 피해를 가했을 경우 북한은 그에 대한 책임과 배상을 조건으로 핵무기 사용을 위협할 수 있다. 이러한 상황에서는 핵무기가 실제로 사용될 가능성이 매우 높아진다. 한국 내부에서도 격렬한 토론이 벌어지겠지만, 강경책보다는 유화책이 선택될 가능성이 높아질 것이고, 그러면 북한은 이러한 국지도발과 위협을 계속하여 반복할 것이다.

특정 도시에 대한 핵무기 공격

남북한 관계의 긴장 및 갈등이 극단적으로 악화될 경우 북한이 한국을 응징한다는 차원에서 어느 도시에 핵무기 공격을 가할 수 있다. 한국의 의지를 꺾거나 북한의 위세를 보이는 것이 필요하다고 판단할 경우이다. 현재와 같이 남북한이 대화를 단절한 채 언론 등을 통하여 제한된 정도로만 소통을 하게 되고, 추가하여 상호 간의 감정이 극단적으로 대립될 경우 북한이 갑자기 핵무기 사용 위협 또는 사용을 결정할 가능성을 배제할 수는 없다.

북한이 특정 도시에 핵무기 공격을 가할 경우 한국이 전면적 응징이나 전면전을 선택하는 것은 쉽지 않다. 북한은 추가적인 핵공격으로 위협할 것이기 때문이다. 미국 등도 확전을 회피하기 위하여 어느 선에서

봉합을 시도할 가능성이 높다. 결국 시간이 흐르면 그러한 공격이 없었던 상태로 환원될 것이고, 그렇게 되면 북한은 제반 분야에서 한국을 압박하게 될 것이다.

미국과의 직접 협상

북한이 미국 본토를 공격할 능력을 구비하게 될 경우 북한은 미국과의 직접협상을 통하여 한반도에서의 대표성을 확보하고자 할 것이다. 미국과 직접협상을 시작하였다는 것만으로도 북한의 위상은 높아질 것이고, 그것을 오랫동안 계속한다면 한국은 지속적으로 소외될 것이다. 그러다가 미국이 북한의 현 핵무기를 인정하는 선에서 타협을 지으면서 경제적 지원이나 정치적 인정을 하는 것으로 결정할 경우 한국의 입장은 매우 어려워질 수 있다. 이러한 과정이 지속되면 북한은 전쟁이나 핵무기 사용없이도 북한 주도의 통일을 달성할 수 있다고 판단할 수 있다. 북한은 그 사이에 핵무기의 양과 질을 비밀리에 더욱 향상시킬 것이고, 본토공격 능력을 구비하게 되었을 경우 주한미군의 철수를 요구하면서 한미동맹을 와해시키고자 할 것이다.

미국의 경우 최초에는 북한과의 협상에서 한국을 배제시키지 않겠다고 약속할 것이나 북한이 주한미군 기지나 괌, 나아가 하와이나 본토까지도 공격할 수 있다는 점을 지속적으로 암시할 경우 일정한 선에서 직접 대화에 나서지 않을 수 없고, 그러한 대화가 시작되면 한국의 입지는 점점 좁아질 것이다. 일단 대화가 시작되면 한국은 외교적으로 무기력한 상황에 빠질 수밖에 없다. 이와 같은 불리점으로 인하여 한국에서는 반미감정이 발생하고, 그러할수록 미국과 북한 간의 대화에서 한국이 배제

될 가능성은 높아질 것이다. 북미 간의 협상이 북한의 의도대로 진행되지 않을 경우 북한은 미국이 아닌 한국에 핵무기를 사용하겠다는 위협을 할 수 있고, 상황이 악화되면 실제 사용될 가능성도 존재한다.

핵공격 위협 하에서 정치적·경제적 양보 요구

북한은 핵무기의 사용 가능성만으로도 한국을 위협할 수 있고, 다양한 정치적, 경제적, 기타 양보를 요구할 수 있다. 예를 들면, 북한은 핵무기 사용을 위협하면서 한국에게 금전적인 지원하기 요구할 수 있고, 보안법 철폐나 친북 정치범의 석방을 요구하는 등으로 남한 내 친북세력의 활동을 지원하기 위한 요구를 할 수도 있으며, 정부의 정책방향 변경이나 정부가 임명하는 인사의 변경 등을 요구할 수 있다. 그러할 경우 한국의 국론은 분열될 것이고, 잠시 상황을 정리한다는 차원에서 어떤 식으로든 북한의 요구를 들어주자는 의견이 우세일 가능성도 배제할 수 없다.

북한의 요구는 한번 수용한다고 하여 위협이 종료되지 않는다는 것이 문제이다. 북한은 어떤 구실을 잡더라도 더욱 많은 사항을 요구할 것이고, 한번 수용하면 두 번, 세 번 요구하게 될 것이다. 그러한 과정에서 북한의 자만심은 더욱 높아질 것이고, 핵위협은 더욱 더 가중될 것이다. 극단적인 상황에서 핵무기가 사용될 가능성이 존재하는 것은 물론이다.

국방분야에 대한 요구

북한의 핵무기는 한국의 생존, 나아가 한민족의 영속을 위협할 수 있는 심각한 위협이다. 현재 한국의 입장에서 이로부터 국가와 민족의 안전을 보장하는 것보다 더욱 중요한 일이 있을 수는 없다. 이러한 차원에서 북한의 핵위협이 한국의 국방에 요구하는 사항을 제시해보면 다음과 같다.

첫째, 북한 핵무기 위협의 심각성에 대한 냉정한 인식이다. 북한의 핵무기 위협이 심각해졌지만 아직 그에 대한 국가적인 인식이나 대응태세 수준은 매우 미흡한 측면이 적지 않다. 일반 국민들은 물론이고, 책임있는 위치에 있는 정치지도자들이나 지식인과 언론도 그러하다. 특히 정치지도자들은 이러한 안보위협에 대비하고자 노력하고 국민들에게 알려야하지만, 오히려 자신들의 정치적 이해 계산이나 권력 장악에 불리하다고 판단하여 무시하고 있다. 정부, 군대, 국민 모두가 북한 핵위협의 심각성을 있는 그대로 인식하고, 그에 대한 대비가 절박하다는 점을 자각해야 한다.

정부와 국민의 핵위협 인식이 미흡하기 때문에 당분간은 군대가 국가의 핵전쟁 대비를 주도하지 않을 수 없다. 군대는 국가 수준에서 북핵 대응을 위한 기본적인 전략을 수립하여야하고, 다른 정부부처에서 핵대비와 관련하여 수행해야할 과업을 제시할 뿐만 아니라 추진진도를 점검하고 보완을 요청해야할 것이다. 필요할 경우 모든 정부부처의 노력을 효과적으로 감독하고, 국가의 정치지도자에게 필요한 사항을 건의할 수 있는 독립적인 기구를 만들 필요성도 낮지 않다.

둘째, 한국군은 현재 보유하고 있는 모든 자원을 총동원하여 북한의 핵미사일 위협으로부터 국가와 국민을 보호할 수 있는 대책을 강구하지 않을 수 없다. 군대의 구조부터 북핵 대응 중심으로 전환하야할 것이고,

모든 조직 및 인원들에게 부여받은 임무범위 내에서 핵위협 대응을 위한 과제를 도출하여 수행하도록 해야 한다. 국방예산 중에서도 북핵대응을 위한 노력에 더욱 많은 양을 사용할 수 있어야 할 것이다. 국방의 모든 패러다임을 재래식 위협에서 핵위협으로 변화시켜야할 것이다.

이를 위하여 한국군은 비핵(非核) 대비에 관한 비중과 중점을 과감하게 줄일 필요가 있다. 비핵분야에 대한 비중, 시간, 예산을 절약하는 대신에 그로 인하여 발생할 수도 있는 위험은 어느 정도 감수하지 않을 수 없다. 그렇지 않은 상태에서는 핵대비로 방향을 전환할 수 없기 때문이다. 지금까지 적용해온 비핵 대응에 관한 모든 시각, 중점, 방향을 전면적으로 폐기하고, 필요한 최소한만 허용한 상태에서 핵대비로 모든 것을 전환할 수 있어야 한다.

셋째, 한국군의 국방개혁은 당연히 핵대비 위주로 전환되어야 한다. 현재 한국군이 북핵에 대한 충분한 대비책을 구비하지 못하고 있다면, 이를 최단시간 내에 최선의 효율성으로 수정 및 보완하는 것이 국방개혁의 최우선적인 초점이 되어야 한다. 현재의 비핵대비태세를 핵대비태세로 전환하는 것보다 더욱 시급한 군의 과제가 없고, 따라서 당연히 이 부분이 국방개혁의 핵심이 되어야 한다.

이러한 심각한 문제의식을 바탕으로 한국군은 지금까지 추진해온 국방개혁의 성과를 반성하고, 그 미흡한 부분을 보완할 뿐만 아니라 핵대비를 중점으로 재설정하여 추진해야 한다. 개혁을 위한 개혁이 아니라 성과를 달성하는 개혁이라야하고, 그 성과는 핵대비력의 증진일 것이다.

한국군의 북핵 대비태세 평가

지금까지 한국은 북한의 핵무기를 폐기시키기 위한 외교적 노력에 가장 큰 중점을 두어왔다. 그러나 동시에 한국은 몇가지 군사적 대비태세도 강구하고 있다. 첫째, 한국은 "확장억제" 개념에 근거한 한미 "맞춤형 억제전략"을 적용하고 있는데, 이것은 미국의 대규모 핵전력을 활용하여 응징보복하겠다고 위협하는 방법이다. 최근에는 한국군 스스로 대량보복하겠다는 소위 'KMPR'(Korea Massive Punishment and Retaliation)도 추가하였다. 둘째, 북한이 핵미사일을 발사한다는 징후가 있을 때 이를 선제타격(preemptive strike)한다는 개념으로서 "킬 체인"(kill chain)이 그것이고, 셋째, 그것이 실패할 경우 공중에서 요격한다는 "한국형 미사일방어"(KAMD: Korea Air and Missile Defense)를 구축해 나가고 있다.

억제 태세

핵전쟁의 억제(deterrence)[16]는 상대방에게 기대되는 이익보다 더욱 큰

---

16) 현재 한국 언론 및 학계에서는 deterrence를 "억지"(抑止)라고 번역하여 사용하지만, 이것은 일본에

피해를 입을 것이라는 사실을 인식하도록 하여 공격을 자제하도록 만드는 활동이다. 한국은 핵무기를 보유하고 있지 않기 때문에 '핵우산'(nuclear umbrella) 또는 '확장억제'라는 용어를 통하여, 북한이 핵무기로 공격할 경우 미국의 대규모 핵응징보복이 있을 것이라는 점을 북한에게 인식시키고, 이로써 북한이 핵공격을 마음먹지 못하도록 억제시키고 있다. 이러한 개념 하에서 한미 양국은 탐지(Detect)·교란(Disrupt)·파괴(Destroy)·방어(Defend)를 말하는 '4D'의 개념을 구체화하고 있고, 확장억제의 세부사항을 협조하기 위하여 "한·미 억제전략위원회"(Deterrence Strategy Committee)를 운영하고 있다. 2016년 10월에는 외교부까지 포함하여 "확장억제전략협의체"(EDSCG: Extended Deterrence Strategy Consultation Group)도 출범시켰다.

그러나 자국의 능력이 아닌 동맹국의 능력에 의존하는 확장억제와 같은 방안은 신뢰성이 완전하지 않다.[17] 확장억제의 이행 여부를 결정하는 것은 동맹국, 즉 미국이기 때문이다. 그래서 한국에서는 "찢어진 우산"[18]이라면서 미국의 확장억제에 대한 불신이 제기되어왔다. 북한이 핵무기를 실제로 사용할 경우 미국이 응징보복하는 것은 핵전쟁을 확대시키는

서 차용된 용어이고, '억지'를 부린다라고 이해할 수도 있으며, 핵과 관련한 경우 이외에는 사용하지 않는다는 점에서 보편성이 낮다. 실제로 deterrence는 핵전쟁과 관련하여 새롭게 만들어진 용어가 아니라 범죄억제에서 사용되던 용어를 사용한 것이다. deterrence by punishment, deterrence by punishment의 용어가 바로 그것이다. 국방부에서는 억제라는 용어를 사용하면서 적극성을 강조하고 있다. 따라서 본 연구에서도 국방부의 억제로 사용하고자 한다.

17) 박창권, "북한의 핵운용 전략과 한국의 대북 핵억제 전략," 2014 한국국제정치학회 기획학술회의 발표자료(2014), pp. 82-83.
18) 『조선일보』(2013년 2월 20일), p. A4.

것이라서 정치적 부담이 적지 않고, 대규모 살상이 수반된다는 점에서 도덕적으로도 회복할 수 없는 상황에 빠질 수 있다. 미국이 북한에 대하여 대규모 핵응징보복을 감행할 경우 인접하고 있는 중국이 좌시할 것이라고 확신하기 어렵고, 중국이 개입할 경우 중국과의 핵전쟁 가능성도 배제할 수 없다. 특히 북한의 핵능력이 더욱 강화되어 미국 본토의 도시들을 공격할 수 있을 위험이 있을 경우 미국의 확장억제 이행은 더욱 어려울 수 있다. "미국이 과연 자국영토에 대한 핵공격의 위험을 무릅쓰고까지 한국의 방위를 위해 핵억제를 행사할지는 미지수"[19]라고 보는 것이 합리적인 판단이라고 해야할 것이다.

그렇기 때문에 한국군은 최근 KMPR을 통하여 자체적인 응징보복 추진 능력을 구비해 나가고 있다. 그러나 핵무기의 공격에 대하여 비핵무기로 응징보복하는 방안 자체의 실효성에 대해서는 의문이 존재할 수밖에 없다. 한국이 어느 정도의 응징보복이 가능한 지에 대해서도 의문이고, 북한의 인식은 더욱 불확실하기 때문이다. 억제는 상대방이 두려워해야하는데, 핵무기를 보유한 김정은이 재래식 무기에 의한 한국의 대규모 응징보복 주장을 진지하게 받아들일 것으로 보기는 어렵다.

이렇게 볼 때 한국은 미국의 핵무기를 배경으로 북한의 핵무기 사용을 억제하고 있으나 미국의 의지에 대하여 확신하기 어렵고, 자체적으로는 마땅한 억제책이 없는 상태라고 봐야 한다.

---

19) 이상현, "미국의 아·태 확장억지 정책과 한국 안보," 「국방연구」, 제53권 2호(2013), p. 15.

선제타격 태세

핵무기와 같은 대량살상무기(WMD: Weapons of Mass Destruction)에 공격받을 경우 그 피해가 너무나 크고, 반격능력 자체가 소멸될 수 있다는 점에서 공격을 받기 전에 그 공격력을 제거하는 것이 절대적으로 필요하다. 이것은 선제공격(preemptive attack) 또는 선제타격(preemptive strike)으로서, "적의 공격이 임박(imminent)하였다는 논란의 여지가 없는 증거에 기초하여 시작하는 공격"이다.[20] 2013년 2월 북한이 제3차 핵실험을 실시한다고 선언함으로써 한반도에서의 위기가 고조되자 정승조 당시 합참의장은 북한이 핵무기를 사용한다는 "명백한 징후"가 있을 경우 "자위권 차원에서 선제타격하겠다"라는 입장을 표명하였고,[21] 이후에 '킬 체인'으로 30분 이내에 북한 핵미사일 발사를 "탐지 → 식별 → 결심 → 타격"할 수 있는 능력을 구비하기 위하여 노력하고 있다.

킬 체인을 구현할 수 있는 한국군의 능력을 살펴볼 경우 한국이 보유하고 있는 2개 대대규모의 F-15 전투기만을 고려하더라도 표적이 정확하게 식별될 경우 사전에 파괴시킬 수 있는 타격력을 보유하고 있다. 특히 한국은 타우루스를 비롯한 다양한 정밀포탄을 확보하거나 확보할 예정이라서 표적만 확실할 경우 타격능력은 크게 걱정할 필요가 없는 수준이다. 이외에 한국군은 상당한 정밀성을 자랑하는 순항미사일을 보유하고 있고, 한미연합전력을 고려할 경우 타격력은 기하급수적으로 늘어

---

20) Department of Defense, Military and Associated Terms, As Amended Through 31 January 2011 (Washington D.C,: DoD, November 8, 2010), p. 288.
21) 『조선일보』(2013년 2월 7일), p. A1.

난다. 한국은 앞으로 F-35와 같은 스텔스 공격기도 확보할 계획이기 때문에 타격력은 급격히 증대될 것이다.

다만, 킬 체인의 성공을 좌우하는 결정적인 요소는 "탐지 → 식별 → 결심"의 질인데, 이것은 정보에 관한 요소로서 한국의 경우 미흡한 점이 적지 않다. 한국은 현재 '백두'와 '금강'이라는 명칭의 정보수집 항공기로서 북한에 대한 영상정보와 신호정보를 수집하고 있으나 이로써 북한 핵미사일의 이동과 공격준비에 관한 모든 사항을 정확하게 수집하는 것은 불가능하다. 따라서 한국은 인공위성을 통한 미국의 정보에 의존하고 있고, 최근에는 정보수집위성 5기(광학2, 레이더2, 예비1), 이지스함 6척(8척으로 증강 중), 탐지거리 1,000km 이상 지상레이더 4기, 조기경보기 17대, 해상초계기 77대 등 우수한 정보자산을 다수 보유하고 있는 일본과[22] 군사정보보호협정(GSOMIA: General Security of Military Information Agreement)을 체결한 상태이다.

요약하면, 논리적으로는 선제타격이 한국에게 가장 효과적인 대안이지만, 실효성에서는 한계가 적지 않다. 정보능력이 상당히 미흡하기 때문에 미국이나 일본과의 적극적 협력없이는 선제타격의 이행 자체가 불가능하다고 봐야 한다.

---

22) 국방부, "한·일 군사정보보호협정 관련," 설명자료(2016년 10월), p. 3-2.

탄도미사일 방어 태세

핵미사일이 실제로 발사되었을 상황을 가정하면 유일한 대응책은 비행해오는 핵미사일을 공중에서 파괴시키는 것이고, 이것이 바로 요격(interception)이다. 이것은 항공기를 요격하는 개념을 미사일에 적용한 개념으로서, 일반적으로는 탄도미사일방어(BMD: Ballistic Missile Defense)[23]라고 말한다. 미국은 해양을 통하여 이격되어 있기 때문에 대륙간탄도탄에 대해서는 부스트단계(boost phase), 중간경로단계(midcourse phase), 종말단계(終末段階, Terminal phase)로 조직화하여 추진하고 있고, 전방배치된 미군의 방어를 위해서는 부스트단계(boost phase)와 종말단계로 구분한 뒤, 종말단계를 상층방어(Upper-tier Defense)와 하층방어(Lower-tier Defense)로 구분하여 조직화하고 있다. 한국의 경우 북한과 근접하고 있기 때문에 미국이 해외주둔 미군을 위하여 적용하고 있는 부스트단계-종말단계 상층방어-종말단계 하층방어의 구분을 적용해야 한다. 한국은 한국의 특성에 부합되는 탄도미사일방어를 추진하겠다는 의지를 나타내고자 "한국형 공중 및 미사일방어"(KAMD)라는 용어를 사용하고 있다.

한국은 현재 탐지 및 추적체계, 요격체계, 작전통제 체제로 구분하여 나름대로의 탄도미사일 방어능력을 구비하고자 노력하고 있다. 탐지 및 추적체계의 경우 이스라엘로부터 2식(式: 시스템의 단위)의 레이더를 확보하였다. 그러나 산악이 많은 한국의 지형으로 인하여 발사 직후 탐지 및 추적에는 제한되는 점이 있고, 2식으로는 충분한 교대능력을 제공하지

---

[23] 한국에서는 "MD"라는 약어로 사용하고 있지만, 이것은 미국의 럼스펠드 전 국방장관 시절에 잠시 사용되었던 것이고, 지금은 미국은 물론이고 전 세계가 BMD라는 약어를 사용하고 있다.

못한다. 요격체계의 경우 한국은 하층방어체계로서 독일의 구형 PAC-2 대공미사일을 48기 도입하여 2008년부터 배치한 상태이지만,[24] 이것은 직격파괴(直擊破壞, hit-to-kill) 능력이 없어서 탄도미사일 요격에는 제한적으로만 기여할 수 있다. 작전통제체계의 경우 자체적인 '탄도미사일 작전통제소'는 구축한 상태이지만, 한·미 양국군이 별도로 운영하여 유기적인 협력이 어렵고, 탄도미사일 관련 전반적인 자료와 제원이 충분히 공유되지 못하고 있다.

더구나 한국에서는 "미사일 방어체제 구축 = 미국 MD 참여"라는 주장이 확산되어 지금까지 탄도미사일 방어를 적극적으로 추진하지 못하였다. 상층방어를 추진하게 되면 미 MD에 참여하는 것이 된다는 주장을 의식하여 일단 하층방어 위주로만 탄도미사일 방어체제를 구상함으로써 탄도미사일 방어를 위한 필수적인 요소인 다층방어(multi-tiered defense)를 구현하지 못하였다. 최근에야 상층방어 개념을 논의하고 있어서 그에 필요한 무기체계는 상당한 정도의 시간이 걸려야 확보될 가능성이 있다.

요약하면, 지금 당장 북한이 핵미사일로 공격할 경우 한국은 이를 공중에서 요격시킬 수 없고, 한국의 상황과 여건에 부합되는 탄도미사일방어체제의 청사진도 이상적이지 않으며, 그를 위한 무기의 확보는 매우 지연되고 있는 상황이다.

---

24) 『조선일보』(2005년 5월 16일), p. A2.

예방타격 태세

예방타격(preventive strike)은 "임박하지는 않지만 무력충돌이 불가피하고, 지체될 경우 상당한 위험이 있을 것이라는 믿음 하에서 시작하는 타격이다."[25] 선제타격의 성공 가능성이 낮거나 나중에는 속수무책이 될 수도 있다는 우려에 기초하여 지금 타격하는 것으로서, 지금 조치하는 것이 "나중보다 낫다"(better-now-than-later)는 평가에 기초하여 실시하는 행동이다.[26] 이명박 정부 당시 대통령 직속으로 운영되었던 '국방선진화추진위원회'에서는 '능동적 억제전략'이라는 명칭으로 선제타격에 가깝지만 예방타격도 배제하지 않는 개념을 제시한 사례는 있지만,[27] 예방타격을 공식적으로 논의하지는 않았다. 실패 시의 위험이 크다고 판단하였기 때문이다. 1994년 당시 페리(William Perry) 미 국방장관이 북한 영변의 핵발전소를 '정밀타격'(surgical strike)하는 방안을 제시하였을 때 한국은 "미국이 우리 땅을 빌려서 전쟁을 할 수 없다"면서 극력 반대하였다.[28] 2016년 9월 경 미국 내에서 예방타격 성격의 선제타격이 논의되었을 때도 야당에서는 "한민족 전멸의 대재앙 주장일 뿐"이라면서 반대하였다.[29]

다만, 미국의 경우 다양한 용어를 사용했지만, 북핵 대응방법으로 예

---

25) Arthur F. Lykke, ed., Military Strategy: Theory and Application (Carlisle Barracks, PA: U.S.Army War College, 1993), p. 386.

26) Karl P. Mueller, et al., Striking First: Preemptive And Preventive Attack in U.S. National Security Policy (Rand, 2006), p. 10; Jack S. Levy, "Preventive War: Concept and Propositions," International Interactions, Vol. 37, No. 1 (2011), p. 88.

27) 『조선일보』(2010년 9월 4일). .

28) 『세계일보』(2013. 4. 3), p. 30.

29) 『조선일보』(2016년 10월 14일), p. A6.

방타격을 항상 포함시켜왔다. 비록 최종적인 안으로 대통령에게 건의되지는 않았다지만, 1994년 정밀타격을 계획한 것은 사실이다.[30] 북한의 제2차 핵실험 후에도 예방타격을 위한 '레드라인'(red line: 금지선)이 언급되었고,[31] 미국의 랜드연구소에서도 북한이 테러리스트나 위험국가들에게 핵무기를 확산시킬 경우 예방 차원에서 공격해야한다는 점을 제기하기도 했다.[32] 2016년 9월 16일 미국 외교협회(CFR) 토론회에서 멀린(Mike Mullen) 전 미국 합참의장은 "만약 북한이 미국을 공격할 수 있는 능력에 아주 근접하고 미국을 위협한다면 자위적 측면에서 북한을 선제타격할 수 있다고 본다"고 언급하기도 했다.[33] 미 새 행정부도 이를 포함하여 모든 방안을 포함하여 논의하겠다는 입장이다.

요약하면, 한국의 경우 예방타격에 대한 논의는 부재할 정도로 미흡하지만, 북한의 핵능력이 더욱 강화될 경우 속수무책에 빠지는 것보다는 낫다고 판단해야할 수도 있다. 북한의 핵능력이 미 본토를 공격할 가능성이 높아질 경우 미국이 독자적으로 예방타격을 실시할 가능성도 낮지 않다.

---

30) Ashton B. Carter and William J. Perry, Preventive Defense: A New Security Strategy for America (Washington D.C.: Brookings Institution Press, 1999), p. 128; 박준혁, "미국 예방공격의 결정적 요인: 북핵 위기와 이라크전쟁을 중심으로," 『군사논단』, 통권 제51호, p. 146.

31) 『조선일보』(2009년 5월 27일), p. A1.

32) Karl P. Mueller, et al., Striking First: Preemptive and Preventive Attack in U.S. National Security Policy, p. 103.

33) 김효정, "전 주한미군사령관들 '北공격 근접시 자위적 선제타격 가능'," 『연합뉴스』(2016년 10월 12일).

민방위 태세

민방위(civil defense)는 핵폭발로부터의 피해를 최소화하기 위한 노력으로서, 핵공격에 대한 경보와 안내(warnings and communications), 핵공격의 위험이 없는 지역으로의 소개(evacuation), 그리고 사전 구축해놓은 대피소(shelter)에서의 생존으로 구성된다. 냉전시대에 미국과 소련은 물론이고, 유럽 국가들도 광범한 민방위 조치를 강구하였고, 스위스의 경우에는 모든 국민들이 유사시 대피할 수 있는 대피소를 구축해놓은 상황이다. 그러나 한국의 경우 자기 충격적 예언(self-fulfilling prophecy)이 되어 북한의 실제 핵 공격을 야기하거나 국민들을 불안해하게 만들 수 있다는 염려로 인하여 지금까지 핵 민방위에 관해서는 거의 논의되지 않고 있는 상황이다.

재래식 공격에 대한 민방위를 위하여 한국은 1970년대에 이를 위한 법률을 제정하고, 정부에 '민방위과'를 설치하여 지속적으로 시행해왔다. 다만, 매월 15일에 실시하는 민방위훈련의 경우 연 8회로 축소되면서 민방공훈련 3회, 방재훈련 5회로 중점이 다변화된 상태이고, 민방위 대원에 대한 교육시간도 1977년도에는 30시간에 달하였으나 현재는 4시간으로 감소되었으며, 민방위 업무를 담당하는 조직도 계속 축소되고 있는 상황이다. 민방위 대피소의 경우에도 지정된 면적 자체는 소요에 비해 많지만 완성도가 높은 편은 아니고, 그 나마도 대부분이 다른 용도로 사용하고 있다.

한국의 경우 적 공군기의 공습으로부터 생존성을 높이기 위하여 1999년 4월까지는 중대형 건축물을 건축할 때 방공호 개념의 지하층 건설을 의무화하였으나, 이 조항은 규제완화 차원에서 삭제되었고, 2006년 북한이 제1차 핵실험을 실시한 이후 지하 핵대피 시설 의무화를 위한 법률 개정안이 상정되기도 하였으나 통과되지는 못하였다.

요약하면, 한국의 경우 핵폭발을 대비한 민방위 조치는 필요한 상황이지만, 아직까지 정부 차원의 체계적 노력은 강구되고 있지 않다.

소결론

북한의 핵공격에 대하여 한국은 미국에 의한 확장억제 이외에는 유효한 방어책을 제대로 구비하지 못하고 있는 실정이다. 선제타격은 '킬 체인'으로, 탄도미사일 방어는 'KAMD'라는 개념으로 능력을 구비해 나가고 있으나 아직까지 완성도는 높지 않다. 예방타격이나 민방위는 제대로 논의하지도 않는 상황이다. 현재 상태에서 북한이 핵무기로 한국을 공격할 경우 한국은 국가와 국민을 보호할 수 있는 능력을 구비하지 못하고 있는 실정이다.

핵무기는 국민들을 대량살상시킴은 물론이고, 국토를 불고지대로 만들어 민족의 생존까지도 위협할 수 있는 너무나 치명적인 무기이다. 따라서 현재 상태에서 이로부터 국가를 방어하고 국민들을 보호하기 위한 노력보다 더욱 중요한 사항이 있을 수는 없다. 그리고 현재의 핵대비태세가 미흡하다는 점을 고려할 경우 변화없이 현재의 추세대로 국방발전을 추진할 경우 시간이 지날수록 위협에 대비한 방어태세는 더욱 미흡해질 것이다. 이러한 점에서 향후 국방개혁의 중점을 북한의 핵위협으로 전면적으로 재조정해야 할 상황이다.

일반적으로 핵전쟁은 핵무기를 발사함과 동시에 시작되고, 그것이 지상에서 폭발함으로써 종료되는 것으로 볼 수 있다. 다만, 핵무기가 폭발함으로써 핵전쟁이 종료되는 것은 맞지만, 시작은 다르게 볼 수도 있다. 어느 일방이 핵무기를 만들어 나가는 시기부터 핵전쟁이 시작되는 것으로 볼 수 있다는 것이다. 남북한의 경우 이미 북한에 의한 핵전쟁이 시작되었을 수도 있고, 최소한 상당한 위기가 진행되고 있는 것은 분명하다. 따라서 핵위협 시대 국방개혁은 위기의 상황에 맞도록 더욱 절박하게 추진되어야하고, 시간을 단축해야하며, 핵대응 분야에 집중적이면서 충분한 예산을 투자할 수 있어야 한다. 핵전쟁으로부터 국민들의 생명과 재산을 보호할 수 있는 능력을 최단시간 내에 구비하는 것이 한국 국방개혁의 목표이고 결과여야 한다.

북핵 대응을 위한 국방개혁 방향

한국군의 경우 지금까지 추진해온 국방개혁 자체도 상당한 문제점을 노정하고 있어서 보완해야할 점이 적지 않다. 여기에 추가하여 국방개혁의 중점을 북핵 대비로 근본적으로 전환해야 한다. 그렇기 때문에 국방개혁에 관한 인식과 기본방향부터 재정립해야하고, 그러한 바탕 위에서 전반적인 국방개혁의 효율성과 실질성을 향상해 나가야할 것이다. 이러한 취지에서 국방개혁의 개념과 전략에서 변화되어야할 내용을 먼저 기술하고, 전력증강, 군의 구조와 운영으로 나눠서 보완되어야할 국방개혁의 방향과 과제를 제시하고자 한다.

개념과 전략

첫째, 기본적으로 한국군은 국방의 '개혁'(改革, reform)에 관한 인식부터 교정할 필요가 있다. 실제로 개혁적인 변화를 추구하기 위한 목적이 아니라 의욕을 과시하기 위한 목적으로 개혁이라는 용어를 사용한 측면이 있기 때문이다. 한자의 '개(改)'나 영어의 're'는 현재가 잘못되었다는 인식을 바탕으로 새로운 방향으로 재조정해 나간다는 의미이듯이, '개혁

(reform)'은 "제도나 기구 따위를 새롭게 뜯어 고친다"[34]는 뜻이다. 이것은 발전에 비해서는 "급속하고 근본적인 변화(rapid and fundamental change)"[35]를 추구한다. 개혁은 변화하지 않으면 문제가 발생할 수밖에 없다는 인식에서 출발하여 올바른 방향으로 시급하게 변화해 나가야 한다는 문제 의식을 바탕으로 삼고 있다.[36] 단지, 개혁은 혁명이나 혁명적 변화가 암시하는 급진성을 경계하기 때문에 혁명과 비교할 때 변화의 속도나 범위가 온건한 것으로 인식될 뿐이다. 국방분야에서는 '국방발전'이라는 용어보다 '국방개혁'이라는 용어가 더욱 익숙할 정도로 자주 사용되지만, '경제개혁' '사회개혁' '사법개혁' '교육개혁'이라는 말은 상당히 큰 폭의 변화를 의미하면서 좀처럼 사용되지 않듯이 개혁이라는 용어의 의미는 작은 것이 아니다. 장기간에 걸쳐 점진적으로 변화할 수밖에 없다면 개혁이라는 명칭을 붙이지 않아야 하고, 개혁이라는 말을 사용하였으면 시급하게 변화시키고자 노력해야 할 것이다.

둘째, 문민(文民)과 군대 간의 상호존중과 역할분담을 재정리할 필요가 있다. 최근 한국군은 정치권에서 국방개혁을 주문하거나 요구하고, 군에서는 수동적으로 따라가는 모습을 취하고 있고, 이로 인하여 실질적인 국방개혁 계획 작성이나 사명감을 바탕으로 한 추진이 되지 않고 있

---

34) 국립국어연구원, 「표준 국어대사전」(서울: 두산동아, 1999).

35) James A. Blackwell, Jr., and Barry M. Blechman, ed., Making Defense Reform Work (Washing D.C.: Brassey's Inc., 1990), p. 1.

36) 이의 전형적인 것이 16세기 유럽의 종교개혁이다. Martin Luther(1483-1546)와 John Calvin(1509-1564)은 당시의 교회가 본래의 기독교 정신과는 어긋나는 방향으로 나간다는 생각을 바탕으로 새로운 교회정치로 탈바꿈하고 새로운 신학을 발전시킬 것을 주장하였다.

다고 판단하기 때문이다. 국방개혁은 군이 주도해야하고, 통수권자로서 대통령이 선도한다고 하더라도 발전방향과 내용은 군대가 건의하고, 군대가 채울 수 있어야 할 것이다. 헌팅톤(Samuel P. Huntington)은 민주화시대 민간인과 군대의 관계로서 문민통제(civilian control)를 강조하면서 객관적 문민통제(Objective Civilian Control)를 강조하였는데, 이것은 군이 정치적 중립성을 보장하는 대신에 정치권에서는 군의 전문성을 존중해주는 내용이다.[37] 따라서 정치권은 군대의 전문성을 존중하는 가운데 군대의 요구에 부합되는 전력증강을 지원하고, 전문성이 높은 고급지휘관을 선발 및 활용하며, 군사전략, 작전술, 전술의 발전을 장려하고, 군대의 권위와 의견을 존중하여야 한다. 동시에 군대에서도 구호가 아닌 실질을 통하여 유사시 싸워 이길 수 있는 태세를 유지하고, 군사전문성이 충만한 인재를 확보할 수 있도록 노력하며, 최선의 효율성으로 군대의 제반 업무를 추진할 수 있어야 한다. 군 스스로가 이렇게 노력할 때 문민통제와 군사적 전문성이 조화를 이루고, 건전한 민군관계가 형성될 것이다.

셋째, 현재 상태에서 국방개혁의 핵심은 북한의 핵위협을 해소하는 것이어야 한다. 재래식 전면전이나 국지도발은 일상적인 활동을 통하여 대비하되, 국방개혁은 북핵 위협 대비에 집중할 필요가 있다. 예를 들면, 한국군은 미국의 '확장억제'나 '맞춤형 억제전략'도 최대한 활용하면서 동시에 자체적인 억제 및 방어 전략을 수립하여야 한다. 군대의 조직들을 북핵 위협 대응에 부합되도록 정비하고, 한국군의 전력증강(한국

---

37) Samuel P. Huntington, The Soldier and the State: The Theory and Politics of Civil-Military Relations (Cambridge: Harvard Univ. Press, 1957), pp. 80-84.

군의 용어는 방위력 개선) 중점도 당연히 북핵 대응 중심으로 전환시켜야 한다. 핵무장한 북한의 도발 가능한 다양한 각본(scenario)들을 예상해보고, 그에 따라 필요한 전투발전(cobat development) 분야(교리, 조직, 무기 및 장비, 교육훈련, 간부계발, 인적자원, 시설)별 발전 소요를 도출하여 구현하는 것이 국방개혁의 핵심이 되어야 한다. 군의 방어개념도 전면적으로 조정하고, 그에 따른 전체 군대 또는 부대별 작전계획도 전면적으로 변화시켜야할 것이다.

넷째, 지금까지의 국방개혁이 지나치게 계획의 작성 및 보고 위주였다는 점에서 이제 한국군의 국방개혁은 실제적인 구현에 초점을 맞출 필요가 있다. 지금까지 식별된 과제 중에서 당장, 1년 이내, 2-3년 이내에 변화시켜야할 사항을 종합한 후 그것들을 어떻게 구현하겠다는 실천계획을 수립하여 필요한 변화를 조기에 성사시킬 필요가 있다. 국방개혁의 실천 정도를 정기적으로 평가하여 공개하도록 의무화할 필요가 있다. 특정 분야의 개혁을 추진할 경우 계획수립자와 시행자를 명시하여 평가 결과에 의하여 포상하거나 처벌하는 체제도 도입할 필요가 있다. 상급자들은 화려한 계획을 보고받는 것보다는 개혁의 성과를 확인하는 것에 더욱 높은 비중을 두어야할 것이다.

전력

이제 한국군의 전력증강과 구조 개편은 북한의 핵대비 위주로 전면적으로 재조정되어야 하는데, 그 중에서 한국군이 유의해야할 몇가지 사항을 제시하면 다음과 같다.

첫째, 합참은 그 동안 시도해오던 능력기반 국방기획(capabilities-based planning)을 전면적으로 폐기한 상태에서 위협기반 국방기획(threat-based planning)으로 환원함으로써[38] 핵위협을 극복하기 위한 전력증강의 방향을 분명하게 제시할 필요가 있다. 북핵 위협이 워낙 커졌다는 점에서 한국은 다른 위협에 노력을 분산할 여유가 없기 때문이다. 한국군은 북핵 대응을 위한 전력을 신속하면서도 충분하게 구비하는 데 모든 업무의 중점을 두어야 한다. 충분한 국방예산이 지원되기 어려운 현실을 고려하여 지금까지 추진해오던 재래식 위협 대응을 위한 사업의 상당부분을 취소 및 연기하고, 국방운영 분야에서도 예산절약을 위한 노력을 전개할 필요가 있다. 기 확정된 전력증강 사업도 핵위협 대응에 대한 기여 정도를 중심으로 그 우선순위와 일정을 전면적으로 검토해야할 것이다.

둘째, 한국은 현재 추진하고 있는 KMPR을 최소억제(minimum deterrence)의 방책으로 변화 및 강화할 필요가 있다. 최소억제는 상대방보다 더욱 큰 피해를 끼치지는 못하지만 상대방이 소중하게 생각하는 대상을

---

38) 능력기반 국방기획은 다양한 모든 위협에 대응하는 능력을, 위협기반 국방기획은 주거진 특정 위협에 대응할 수 있는 능력을 구비하는 데 중점을 두는 방식이다. 이에 관해서는 김종하, "한국군의 합리적 소요기획을 위한 방안: 위협기관기획과 능력기반기획의 대비를 중심으로," 「국방정책연구」, 제80권 0호 (2009) 참조.

파괴시키겠다는 위협으로 상대방의 핵공격을 억제하는 방책인데, 현재의 KMPR 개념은 비핵무기로 상대방에게 얻는 것보다 더욱 큰 피해를 끼치겠다는 방안이어서 실효성이 없다고 판단되기 때문이다. 한국군은 북한이 핵무기로 공격할 경우 북한의 "김정은을 비롯한 수뇌부"를 보복 차원에서 사살하겠다는 개념을 정립하고, 이를 위한 능력을 구비 및 북한에게 과시할 필요가 있다. 즉 북한 김정은의 위치를 파악하기 위한 충분한 정보능력, 지하벙커를 파괴시킬 수 있는 특수한 무기, 특수전 부대, 기타 특수 장비 및 무기 등을 집중적으로 확보하고, 이 임무를 전담하는 부대를 창설하며, 이 부대로 하여금 평소에 부여된 임무수행을 위한 훈련을 하도록 할 필요가 있다. 이를 통하여 미국의 최대억제를 최대한 보완할 수 있어야할 것이다.

셋째, 핵대비 차원에서 한국은 북한의 핵미사일 공격이 감행되었을 경우 이를 방어하기 위한 탄도미사일방어 전력을 중점적으로 증강할 필요가 있다. 이것은 가장 안전하고, 평화적이며, 무엇보다 노력한 만큼 누적되는 효과가 크기 때문이다. 북한이 핵미사일로 공격하더라도 상당한 국토와 국민을 보호할 수 있다는 차원에서 가장 신뢰성있는 방책이기도 하다. 한국군은 미국과의 긴밀한 협력을 바탕으로 한국의 상황과 여건에서 필요한 탄도미사일방어 청사진을 구축하고, 그러한 청사진을 구현하는 일정표를 작성한 다음, 그에 근거하여 필요한 무기와 장비를 최단기간 내에 최우선적으로 획득 및 구비해야할 것이다. 예를 들면, 한국은 미군의 사드(THAAD)를 배치함으로써 상층방어의 상당부분을 담당하지만 미흡하다는 점에서 추가적인 사드 포대 도입을 검토하고, 현재의 PAC-2 8개 포대를 PAC-3로 개량함은 물론이고 추가적인 PAC-3 포대를 구입하여 전국의 주요도시에 하층방어를 제공할 수 있어야 한다. 그리고 수도 서울에 대한 상층방어 또는 중층방어를 위하여 현재 추진하고 있는 L-SAM의 요구작전성능(ROC: Required Operational Capabilities)을 재검토 및 조정할 필요가 있다. 탐지레이더도 추가적으로 구매할 필요가 있고, 작전통제소를 미측과 통합하면서 지휘의 효율성을 보장할 수 있는 조치를 강구해야 할 것이다.

넷째, 한국은 탄도미사일방어를 구축하면서 한편으로 북한이 핵무기를 사용하고자 하는 '명백한 징후'가 포착될 경우 선제타격할 수 있는 능력도 구비해 나가야 한다. 이 경우 타격능력은 어느 정도 구비되어 있다는 점에서 적의 핵무기에 대한 탐지-식별을 보장할 수 있는 장비를 도입하거나 인간정보(Humint)를 적극적으로 운용할 필요가 있다. 그리고 실제에 있어서 적이 핵무기를 사용할 것 같다는 '명백한 징후'를 파악하거나 결정하는 것이 어렵다는 차원에서, 그리고 예방타격의 개념도 일부 반영하여 적의 핵무기 사용이 '심각하게 의심되는' 상황에서도(다른 말로 하면, 북한이 핵구기를 탑기한 이동식 미사일의 이동을 개시한 경우에도) 선제타격을 실시할 수 있도록 개념을 재검토할 필요가 있다.

다섯째, 한국군은 제한된 시간과 예산으로 북한의 핵대비를 위하여 소요되는 모든 전력증강을 추진할 수 없다는 차원에서 미국과의 분업체제를 효과적으로 활용하지 않을 수 없다. 미국이 제공해줄 수 있는 것은 미국에게 의존하되 그것이 확실하게 제공되는 장치를 만들고, 대신에 한국은 한국이 해야 할 일에 집중해야 한다는 것이다. 선제타격과 탄도미사일방어의 경우처럼 한국이 주도하되 그 내용은 미국과 분담하여 일정부분은 미국의 역량을 활용할 수도 있다. 북핵 위협 대응에 관한 한국의 현 능력과 한미동맹을 기초로 한 분업의 적용 방향을 정리하면 〈표 1〉과 같다.

〈표 1〉 한국의 핵위협 대응실태와 한미 분업

대응방법		실태	추진과 보완방향	한미 분업	
				대미 요구	한국의 과제
억제	최대 억제	충분	미국의존 (확고한 공약)	· 전술핵배치 · 핵 보복전력 할당 · 핵 보복계획 공유	· 대미동맹 강화 · 적극적 방위비분담
	최소 억제	매우 미흡 (일부 능력 보유, 개념 미정립)	한국전담 (정확한 정보, 지하 벙커 공격능력)	· 한국의 계획 동의 · 정보 및 타격능력 일부 지원	· 대북 인적정보자산 확충 · 억제효과 불확실
탄도 미사일 방어		미흡 (제한된 하층방어 능력, 대체적 개념 정립)	한국주도/미국지원 (한국: 하층/중층 방어 추적능력, 미국: 상층방어 및 탐지 능력)	· THAAD로 상층방어 제공 · 위성 및 레이더로 북한 핵미사일 탐지	· 주요 도시 및 전략목표 방어 가능한 PAC 3 획득 · 서울 등 북부지역 도시 방어를 위한 중층방어무기 개발
타격	선제 타격	미흡 (요격능력은 충분, 정보의 질은 의문)	미국주도/한국지원 (미국: 정보 및 타격능력, 한국: 타격 및 정보력)	· 북한 핵공격 활동에 대한 기술정보 제공 · 타격 주도	· 북한 핵공격 활동에 대한 인적정보 제공 · 타격 지원
	예방 타격	매우 미흡 (개념 미 정립, 능력은 선제타격과 동일)	한국전담 (타격력 충분, 인적 정보 자산 확충)	· 한국의 결정 동의 필요시 동참	· 개념 정립 · 북한 핵 활동에 대한 인적정보 확충
민방위		미흡 (민방위체제는 구축, 핵 상황 적용은 미흡)	한국전담	· 일부 관련 지식 제공	· 경보체제 구축 · 대피소 정비 및 강화

출처: 박휘락, "북한 핵위협 대응에 관한 한미연합군사력의 역할 분담," 『평화연구』, 제24권 1호(2016), pp. 100-101.

〈표 1〉을 보면 북핵 위협에 대한 가능한 모든 방안 중에서 최대 억제는 미국에 전적으로 의존하되, 최소억제, 예방타격, 민방위는 한국이 전담하는 것이 효과적이다. 그리고 BMD와 선제타격의 경우는 한미연합으로 구축해 나가되 BMD는 한국이 주도하고 미국이 지원하는 형태로, 선제타격은 미국이 주도하고 한국이 지원하는 형태로 추진하는 것이 합리적일 것이다. 선제타격과 예방타격을 위하여 필요한 능력은 유사하지만 전자는 시행의 정당성이 명확할 가능성이 높기 때문에 미국이 주도하도록 하는 것이 효과적이고, 후자는 시행의 정당성보다는 민족 생존을 위하여 불가피하다는 자위권 차원에서 시행하는 것임과 동시에 미국이 동의하지 않을 수도 있기 때문에 한국이 전담하는 것이 유리하다는 것이다. 다만, 이러한 것은 대체적인 방향이고, 실제에 있어서는 미국의 간섭을 받아야하는 측면과 미국의 지원을 획득하는 측면을 균형 있게 고려하여 적절한 분업의 범위를 결정해야할 것이다.

여섯째, 북핵 대비를 위한 집중적이면서 실질적인 국방개혁을 위하여 국방개혁 계획 추진을 위한 예산의 편성제도를 목표지향적으로 바꿀 필요가 있다. 현재는 국방개혁에 관한 계획, 일정, 예산을 매년 편성하는 '연동식(連動式) 방식'을 적용하고 있는데, 이로 인하여 예산이 부족하다는 등의 이유로 사업을 계속 연기함으로써 추진성과가 낮아지고 있기 때문이다. 북핵 대비를 위하여 일정한 기간 동안에 달성해야할 목표, 증강해야할 전력의 종류, 투입할 예산 등을 확정하여 적용하는 '고정식(固定式) 방식'으로 전환함으로써 변화를 최소화하고, 적극적인 추진을 독려할 필요가 있다. 과거 한국이 추진했던 '경제개발 5개년 계획'이나 '율곡계획'처럼 일정한 기간 동안 가용한 예산을 확정한 다음, 그에 맞도록 사업을 구상하여 목표 지향적으로 구현해 나갈 필요가 있다. 단기간에 북핵 대응을 위한 능력을 구비해야 하는 현 상황에서는 고정식 계획이 더욱 효과적일 수 있다.

일곱째, 한국군은 현재 예정되어 있는 병력감축을 효율적이면서 실질적으로 수행하고자 노력해야 한다. 한국군은 2022년까지 육군을 중심으로 앞으로 11만명 정도의 병력을 감축해야 하고, 이를 위한 계획을 수립해왔고, 이미 시행되고 있다. 한국군은 기존의 계획대로 시행하되 그 사이에 고민하여 수정이 필요한 사항은 수정해 나감으로써 최소한의 전투력 감소를 보장할 수 있어야 할 것이다. 따라서 현재의 부대개편안을 재검토하여 핵대비 및 전투준비태세 차원에서 조정될 필요성은 없는지를 파악해볼 필요가 있다. 동시에 부대의 개편과 감편 과정에서 지나친 예산을 사용하지 않도록 다양한 방법을 강구해야할 것이다. 즉 부대개편 및 배치의 최종상태에 관하여 심층깊은 논의를 실시하여 결정한 후 그에 맞도록 모든 부대들의 편성 및 배치를 조정함으로써 시행착오를 최소화하고, 덜 필요한 부대, 기능, 부서, 인원 등을 감축함으로써 전투준비태세에 관한 악영향을 최소화해야할 것이다.

구조

군의 구조는 전략개념이 변화되거나 새로운 전력이 확보될 경우 이에 부합되도록 변화되는 것이 일반적이다. 그러나 구조가 전략개념이나 전력의 변화를 선도하거나 동시에 군의 구조를 변화시킬 수도 있다. 현재는 북핵 대비가 매우 미흡하다는 점에서 대대적인 구조의 개편으로 변화를 촉발할 필요가 있다. 이러한 점에서 북핵 대비 차원에서 군의 구조 변화 방향을 몇가지 제시하고자 한다.

첫째, 무엇보다 대통령의 직접적인 지시 하에 북핵 대비와 대응에 관한 모든 노력을 총괄하는 조직을 청와대에 구축하는 것이 필수적이다. 현재의 "국가안보실" 예하에 "북핵 대응센터"를 설치하여 운영할 수도 있고, "국가안보실" 전체를 "북핵대응실"로 임무를 격상시킬 수도 있다. 이 조직을 통하여 북한의 핵무기 대응을 위한 국가의 모든 노력을 효과적으로 통합하고, 미래지향적 대비방향을 정립해야 한다. 이 기관 예하에는 북한 핵에 대한 정보 분석과 능력 평가, 대응책으로서 비핵화, 억제, 방어, 대피 등을 담당하는 예하조직들을 편성하고, 각 조직들이 실행기관과 협조관계를 유지하거나 통제관계를 확보하여 실질적인 임무수행이 가능하도록 편성해야 한다. 자체적으로 활용할 수 있는 기관이나 부대를 보유할 수도 있고, 국방부나 국정원 예하의 조직을 특정 목적으로 직접 통제하는 관계를 정립할 수도 있을 것이다. 이러한 조직의 개편은 당연히 청와대에서 결정해야할 일이나 그렇게 하지 않을 경우 국방부에서 이러한 방안을 건의해야 한다.

둘째, 무엇보다 먼저 국방부 조직에 북핵 위협 대응에 관한 정책을 개발하는 부서를 추가 또는 기존 조직을 변화하여 편성해야 한다. 국방예산의 제한성과 조직의 효율적 운영 차원에서 북핵 대응을 위한 조직을 추가하기보다는 기존 조직을 잘 조정하여 예산과 인원이 증대되지 않도록 하는 것이 합리적일 것이다. 이를 위해서는 기존의 부서 중에서 임무의 절박성이 약한 부서는 과감하게 해체하고, 임무수행이 유사한 부서는 통폐합하는 방식으로 개편이 진행될 필요가 있다. 예를 들면, 국방부본부에는 "정책실" 산하에 "북핵 대응국"을 설치할 것을 제안하고자 한다. 이것을 구성하는 부서는 핵위협에 대한 전반적 "위협분석/기획", "억제정책", "방어정책", "능동정책", "협력정책"(핵대응에 관한 타국군과의 협력)일 수 있다. "능동정책"의 경우 선제타격이나 예방타격을 비롯한 공세적인 임무에 관한 정책적 기능인데, 국방부의 성격을 고려하여 "능동"이라는 용어로 순화시켰다. 국이나 과의 명칭은 다양한 요소를 고려하여 결정하면 될 것인데, 외부에 알려지는 것이 바람직하지 않다고할 경우에는 숫자를 사용하여 "00국" 또는 "00과"로 부를 수도 있다.

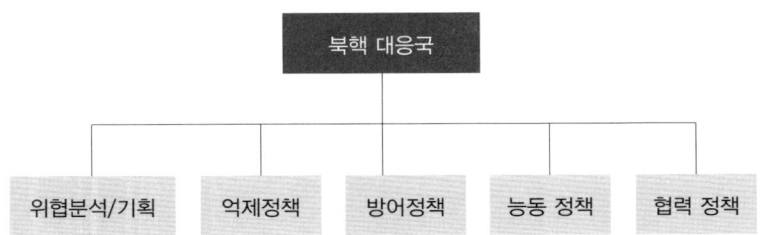

셋째, 합동참모본부(합참) 역시 북핵 위협에 대한 제반 정책수립에 관여하지만, 그것보다는 실제적인 작전을 수행하는 것이 주된 임무이기 때문에 국방부에 비해서 더욱 확대하여 본부 수준으로 개편할 필요가 있다. 예를 들면, 합참의장 예하에 "북핵방어본부"를 설치하고, "공격작전", "방어작전", "방호작전"을 수행할 수 있도록 국을 편성하며, 각 국별로 임무수행에 필요한 과를 편성한다. 이 경우에도 명칭은 외부에 알려지는 측면을 고려하여 순화시킬 수도 있고, 역시 숫자를 사용하여 "00본부"

또는 "00과"라는 명칭으로 통용할 수 있다.

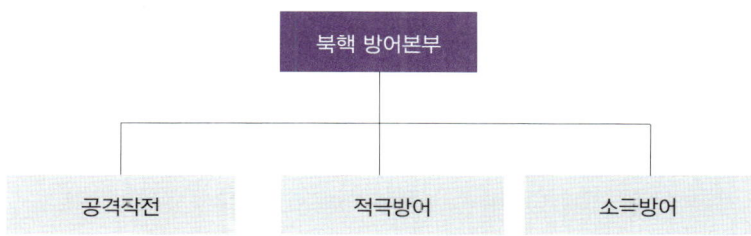

 넷째, 국방부와 합참의 기존 부서들을 재평가하여 해체, 통/폐합, 임무전환을 실시하는 것이 중요하다. 이 경우 예비역과 민간전문가들로 조정팀을 형성하여 독립적인 시작에서 기존의 조직은 전면적으로 재조정하고, 핵위협 대응국이나 핵방어본부 편성에 필요한 인원을 염출하도록 임무를 부여한다. 이로써 기존 근무요원들의 이해관계가 반영되지 않도록 하는 것이 중요하고 해체, 통/폐합되는 부서의 인원에 대한 불이익이 없도록 하는 조치를 강구하면서 동시에 대승적인 차원에서 협조하는 분위기를 조성해 나가야 한다. 각군본부나 작전사령부의 경우에도 핵상황 하에서의 작전수행을 보장할 수 있는 방향으로 일부 조직이나 업무의 내용을 개편할 필요가 있다.

 다섯째, 한국은 현 공군의 방공유도탄사령부를 근간으로 '합동방공사령부'를 창설하여 한반도 전구내 지역방공을 위한 항공기 방어와 탄도미사일방어의 임무를 동시에 수행하도록 할 필요가 있다. 넓게 보면 효과적인 탄도미사일방어를 위해서는 선제타격도 포함되기 때문에 이 전력도 함께 편성하는 것도 검토할 필요가 있다. 필요할 경우에는 지대지

전력의 일부도 통합 운영하는 방향으로 책임과 권한을 부여할 수도 있다. 이 선제타격 전력에는 항공기와 지대지 미사일이 포함될 수 있다. 그리고 상황이 악화되면 합동방공사령부는 한미연합방공사령부로 격상될 수 있어야 할 것이다. 나아가 한국은 북한의 핵에 대한 선제타격과 응징보복을 주관하는 실행부서로 "전략사령부"를 별도로 구축하거나 더욱 큰 차원에서 공격과 방어를 통합하는 형태로도 발전시킬 수가 있다.

여섯째, 북핵 위협에 대한 신속하면서도 적극적인 대응을 위하여 관련조직별로 권한과 책임을 명확하게 하기 위한 법률의 제정이나 정비도 필요하다. 한반도의 짧은 종심과 북한과의 지근성을 고려할 때 선제타격이나 요격을 위한 충분한 시간이 보장되기 어렵고, 사전 권한의 위임이 이루어지지 않을 경우 효과적인 대응 자체가 어려울 수 있기 때문이다. 어떤 상황에서 누가 어떤 결정을 내려야하고, 누가 건의하며, 평소에 어느 정도까지 위임해둘 것인가를 사전에 명확하게 규정 및 제도화해두는 것도 중요하다. 결심권자가 분명하지 않을 경우 적시적인 타격이나 요격의 기회를 놓칠 가능성이 높기 때문이다. 북한의 핵공격과 관련하여 발생할 수 있는 다양한 상황을 식별하고, 상황별로 선제타격 및 요격을 누가 건의하고, 누가 결정할 것인지를 사전에 세부적으로 명시하고, 건의 및 결정권자들과의 상시 연락체계 보장하며, 현장지휘관이 보고 없이 선조치할 수 있는 예외사항에 대한 규정 및 사전 권한위임이 가능한 범위와 상황 설정하고, 주기적인 연습을 통하여 실효성 여부를 항상 점검하고, 지속적으로 개선할 필요가 있다.

운영

향후 국방운영의 중점은 덜 필요한 분야에서 더 필요한 분야로 자원과 관심의 우선순위를 전환하는 것이다. 동일한 과업을 더욱 감소된 인원과 예산으로 수행하는 것도 포함되고, 예산투자없이 군사대비태세를 향상시키는 사항도 포함된다. 이를 통하여 국방운영의 효율성을 극대화하고, 그 결과로서 핵대비에 관한 예산과 관심을 증대시킬 수 있어야 한다.

첫째, 현대적인 국방개혁의 성공을 위해서는 불필요한 부분에서 예산을 절약하여 더욱 필요한 부분에 집중할 수 있도록 효율성(efficiency)[39]을 극대화할 수 있어야 한다. 국방의 모든 분야에서 효율성이 강조될 필요가 있고, 불가피한 분야 이외에는 개혁을 위한 예산 투입을 자제할 필요가 있다. 개혁의 타당성이나 추진 여부를 판단하는 가장 중요한 기준으로 예산의 가용성이나 운용의 효율성을 고려하고, 이로써 국방개혁의 실현가능성을 높여 나가야 한다. 국가에서도 추가적인 국방예산을 할당받을 수도 있지만, 그보다 먼저 한국군은 스스로 예산 사용의 효율성과 절약에 최대한 노력해야 한다.

---

39) 효율성은 투입된 노력이나 비용과 산출된 결과를 비교하는 개념으로서, 결과의 달성을 위한 수단과 방법의 적절성에 초점을 맞추어 판단하며, 동일한 노력이나 비용으로서 더욱 큰 결과를 산출했거나 작은 노력이나 비용으로서 동일한 결과를 산출하면 효율성이 높다. '일을 옳게 하는 것(doing things right)'를 의미한다. 이에 비하여 효과성(effectiveness)은, 결과의 달성 여부와 정도에 중점을 두는 개념으로서, 수단과 방법은 중시하지 않으며, 요망하는 결과를 달성하거나 그 결과가 크면 효과가 큰 것이다. 이는 일의 선택에 관한 것으로서 '옳은 일을 하는 것(doing right things)'을 의미한다. 극단적으로 보면 효과는 결과에 관한 것이고 효율은 방법에 관한 것이기 때문에 효과적이지 못하면 효율성은 의미를 갖지 못하지만, 어느 수준 이상의 효과는 보장된 상태에서 대안들의 질을 비교하는 것이 통상적인 경우이기 때문에 실제에 있어서는 효율성이 중시된다

둘째, 군에서 효율성을 강화할 수 있는 중요한 방법 중의 하나는 합동성(jointness)을 강화하는 것이다. 육군, 공군, 해군 간의 협력을 체계화함으로써 상호보완효과를 극대화하고, 이로써 최소한의 자원과 예산으로 부여된 임무를 수행하게 된다. 현재 한국에서는 합참의장이 작전지휘권을 지니고 있다는 점에서 합참이 중심이 되어서 합동성을 더욱 강화해야 하는데, 이것은 각군이 적극적으로 협조하지 않으면 성공하기 어렵다. 다만, 모든 것을 합동성으로 해결한다는 접근 또한 합동성을 저해할 수 있다는 차원에서 합동성이 필요한 부분은 더욱 강화하고, 각군의 자율성을 보장하는 것이 효과적인 부분은 그렇게 할 수 있어야 할 것이다. 특히 육군, 공군, 해군 간부들이 자군중심주의(parochialism)에 빠지지 않도록 합동성의 중요성을 교육시키고, 수뇌부부터 자군보다 전체 군대를 더욱 중요시한다는 점을 모범으로 교육할 필요가 있다.

셋째, 민간활용 또는 외부활용(outsourcing)의 확대이다. 이것은 전투와 관련된 필수적인 분야는 군인이 담당하고, 그 외 전투근무지원은 물론이고 전투지원의 일부까지도 민간분야에서 담당하는 방향으로서, '사설군사회사'(Private Military Company)라는 용어에서 알 수 있듯이 자본주의적 시장경제의 원리를 바탕으로 총력전의 결과를 도출해내는 새로운 방식이다. 이러한 외부활용의 개념은 부대 간에도 적용될 필요가 있다. 자신의 부대는 핵심적인 기능에만 집중하고 그 외의 기능은 다른 부대로부터 차용함으로써 전문성을 향상하고, 부대의 임무수행역량을 증폭시킬 수 있기 때문이다. 이것이 바로 네트워크중심전을 비롯한 현대의 전쟁수행방식이 지향하고 있는 바로서, 군종(services)이나 소속에 얽매이지 않고 효율성을 기준으로 통합운용의 범위를 확대해 나갈 수 있어야 한다.

넷째, 우수간부의 확보를 위한 노력도 강조하지 않을 수 없다. 군대의 제반 결정을 내리고, 문제점을 찾아서 개선해나가는 주체는 간부이기 때문이다. 이를 위해서는 우수한 자원이 군의 간부를 지원하도록 양성교육제도를 개선하는 것이 중요하다. 예를 들면, 우수간부 확보를 위해서는 21개월이라는 병사들의 복무개월 수보다 덜 불리하도록 학군단 장교들의 복무개월수는 훈련을 포함하여 24개월로 줄이는 등의 조치도 필요하고, 사관학교의 경우에도 더욱 많은 생도들을 확보하여 일부는 민간으로 배출하면서 우수한 요원만 군대를 지원하도록 만들 수 있다. 그리고 간부들의 전문성 향상을 보장할 수 있도록 다양한 재교육을 실시함은 물론 우수한 인원들을 선발하여 집중적인 교육을 실시하는 방식으로 전환할 필요가 있다. 당연히 보직 및 진급에 있어서도 군인으로서의 충분한 전문성 보유 여부를 최우선적으로 고려해야할 것이다.

다섯째, 국방개혁의 기본적 조건으로서 한국군이 강조하여야 할 사항은 군사이론에 대한 학습, 연구, 그리고 적극적인 토의이다. 간부들이 군사적인 문제에 대하여 깊게 이해하거나 고민하지 않는다면 바람직한 개혁방향과 계획을 설정하거나 시행할 수 없기 때문이다. 알지 못한 상태에서는 옳은 방향과 방법을 찾아내어 실천할 수는 없기 때문이다. 한국의 경우 첨단의 무기체계를 확보하기 위한 경제력과 기술력이 제한되기 때문에 창의적인 군사이론이나 군사작전 수행개념을 발전시켜야 할 당위성은 더욱 크다. 약소국의 입장에서는 소프트웨어의 창의성으로 하드웨어의 열세를 극복할 수밖에 없기 때문이다.

여섯째, 실전적인 교육훈련도 국방개혁에서 간과할 수 없는 사항이다. 훈련의 회수보다는 실전성을 강조할 필요가 있고, 훈련의 양보다는 훈련의 질을 강조해야 한다. 각급부대 지휘관들이 자신의 임무수행을 위한 훈련과제를 도출하여 자발적이면서 분권적으로 시행하도록 해야할 것이다. 미국 등을 비롯하여 실전경험이 있는 군대의 실전경험을 전파하고, 훈련방식을 적극적으로 학습하여 반영하는 것도 중요하다.

일곱째, 국방개혁의 지속을 보장하기 위해서는 유형적인 분야에서의 변화도 중요하지만 무형적인 분야, 즉 의식과 문화의 변화도 병행되어야 한다. 단기적 성과 과시, 진급 우선주의에 집착하는 문화에서는 어떠한 개혁의 조치도 실제적인 성과로 연결되거나 지속되기가 어렵기 때문이다. 모든 장병들이 자신이 담당하고 있는 분야에 존재하는 문제를 식별하여 적극적으로 수정 및 보완해 나가고자 하는 의식적이면서 문화적인 체질이 형성되어야 한다. 상명하복의 문화를 다양한 구성원들의 공감대를 형성해 나가는 문화로 전환해야하고, 적극적인 의사소통을 통하여 모든 구성원들이 사명감과 긍지를 가진 상태에서 부대의 작전과 운영에 참여할 수 있도록 해야 한다. 세부관리(Micro-management)를 없애도록 노력하고, 과감한 권한위임을 생활화 및 제도화할 수 있어야 한다. 문화적인 기반구조(infrastructure)없는 국방개혁은 그 실질적 성과가 제한될 수밖에 없다.

여덟째, 무형전력(無形戰力) 측면에서도 상당한 변화가 필요할 것으로 판단된다. 무형전력은 합리적인 군대문화가 바탕이 되어야 한다는 인식을 가질 필요가 있고, 안보관 위주 정신교육에서 벗어나 군인으로서의 사명감과 바람직한 자세 등을 교육할 필요가 있다. 목적의식이 불명확한 정신교육은 과감하게 축소한 상태에서 대적관과 군인정신 등을 강조할 필요가 있다. 상급자들이 솔선수범함으로써 생활을 통하여 확고한 전투

의지와 군인정신이 함양되도록 해야할 것이다. 실전과 같은 훈련이 무형 전력 극대화를 위한 가장 효과적인 방법임을 이해할 필요가 있다.

결론

한국은 10여년 동안 '국방개혁 2020'을 추진해왔으나 한국의 전투준비태세는 "외부의 군사적 위협과 침략으로부터 국가를 보위"하기 위한 국방의 목표를 제대로 충족시키지 못하고 있는 수준이다. 국방개혁이라는 명칭으로 추진하고 있으나 국방기획의 한 부분으로 전락하여 관료화된 측면이 있고, 북한의 핵위협도 제대로 반영하지 않았으며, 자주성 강화라는 명분으로 한미동맹을 오히려 약화시켜온 점이 있다.

이제 한국군은 북한의 핵위협을 대응의 최우선 위협으로 인식하고, 이에 대한 대응력을 구비하는 데 국방개혁 또는 군의 모든 노력을 집중할 필요가 있다. 자체적인 핵억제 및 방어 전략을 수립하는 가운데, 군의 제반조직들을 북핵 위협 대응에 부합되도록 정비하고, 무기 및 장비의 증강도 당연히 북핵 대응 중심으로 전환해야할 것이다. 향후 북한이 도발할 것으로 예상되는 다양한 각본별로 대응방향을 설정하고, 그에 필요한 교리, 조직, 무기 및 장비, 교육훈련, 간부계발, 인적자원, 시설 등을 종합적으로 발전시켜 나가야할 것이다. 군의 방어개념도 전면적으로 조정해야 할 필요가 있다.

동시에 한국은 기존 국방개혁의 문제점을 시정하고, 더욱 효과적으로 국방개혁을 성공시킬 수 있는 다양한 방법과 과제를 도출하여 실천해 나가야할 것이다. 국방개혁은 그것을 주장하거나 화려한 계획을 세운다고 달성되는 것이 아니라 꾸준한 노력을 구현할 때 달성된다는 점을 유념할 필요가 있다.

| 참고문헌 |

- 국방부. 『2016 국방백서』. 서울: 국방부, 2016.
- 권태영 외. 『북한 핵 미사일 위협과 대응』. 서울: 북코리아, 2014.
- 김강녕. "북한의 대남도발과 한국의 대응전략." 『군사발전연구』. 제6권 3호 (2015).
- 김종하. "한국군의 합리적 소요기획을 위한 방안: 위협기반기획과 능력기반기획의 대비를 중심으로." 『국방정책연구』. 제80권 0호(2009).
- 박준혁. "미국 예방공격의 결정적 요인: 북핵 위기와 이라크전쟁을 중심으로." 『군사논단』. 통권 제51호.
- 박창권. "북한의 핵운용 전략과 한국의 대북 핵억제 전략." 2014 한국국제정치학회 기획학술회의 발표자료(2014).
- 박휘락. 『북핵 위협과 안보』. 서울: 북코리아, 2016.
- 이상현. "미국의 아·태 확장억지 정책과 한국 안보." 『국방연구』. 제56권 2호 (2013).
- 이윤식. "북한의 대남 주도권 확보와 대남전략 형태." 『통일정책연구』. 제22권 1호(2013).
- 장철운. "남북한의 지대지 미사일 전력 비교: 효용성 및 대응. 방어 능력을 중심으로." 『북한연구학회보』. 19권 1호(2015).
- Albright, David and Kelleher-Vergantini, Serena. "Plutonium. Tritium and Highly Enriched Uranium Production at the Yongbyon Nuclear Site." Imagery Brief (Institute for Science and Intaernational Security) (June 14. 2016). http://isis-online.org/uploads/isis-reports/documents/Pu_HEU_and_tritium_production_at_Yongbyon_June_14_2016_FINAL.pdf(검색일: 2017년 1월 23

일).

- Albright, David. Future Directions in the DPRK's Nuclear Weapons Program: Three Scenarios for 2020. North Korea's Nuclear Futures Series. U.S.-Korea Institute at SAIS, 2015.
- Blackwell, James A. Jr. and Blechman, Barry M. ed. Making Defense Reform Work. Washing D.C.: Brassey's Inc., 1990.
- Carter, Ashton B. and Perry, William J. Preventive Defense: A New Security Strategy for America. Washington D.C.: Brookings Institution Press, 1999.
- Department of Defense. Military and Associated Terms. As Amended Through 31 January 2011. Washington D.C.: DoD, November 8, 2010.
- Department of Defense. Military and Security Developments Involving the Democratic People's Republic of Korea. Washington D.C.: DoD, 2013.
- Huntington, Samuel P. The Soldier and the State: The Theory and Politics of Civil-Military Relations. Cambridge: Harvard Univ. Press, 1957.
- Levy, Jack S. "Preventive War: Concept and Propositions." International Interactions. Vol. 37. No. 1 (2011).
- Lykke, Arthur F. ed. Military Strategy: Theory and Application. Carlisle Barracks, PA: U.S.Army War College, 1993.
- Mueller, Karl P. et al. Striking First: Preemptive And Preventive Attack in U.S. National Security Policy. Rand, 2006.
- Wit, Joel S. and Ahn, Sun Young. North Korea's Nuclear Futures: Technology and Strategy. North Korea's Nuclear Future Series. U.S.-Korea Institute at SAIS, 2015.

CHAPTER 3

한국군의 국방획득체계 선진화 방안

김종하 (한남대학교 정치언론국방학과 교수)

要
約

　본 논문의 목적은 방위사업청 개청 10여년이 경과된 현재의 시점에서 지금까지 국방획득체계 운영과정에서 드러난 몇 가지 문제점을 분석하고, 이를 개선하는데 필요한 방안을 효율성(efficiency)과 책임성(accountability)의 관점에서 제시하는데 있다.

　현재 대부분의 방산 선진국들은 全국방발전영역을 고려하는 '총수명주기체계관리'(TLCSM)와 같은 새로운 획득접근을 통해 획득과 운영유지(군수지원) 업무를 통합해 운영하거나, 아니면 획득과 운영유지 조직통합을 통해 군의 대비태세와 지속성, 그리고 예산사용의 효율성 및 책임성을 강화해 나가고 있다. 반면 한국은 소요, 획득, 운영유지 업무가 분리, 운영되고 있어 많은 문제가 발생하고 있다. 우선 국방정책은 국방부, 획득정책은 방위사업청에서 수립·집행함으로써 획득관련 기관들 간 정책주도권, 혹은 책임을 둘러싸고 갈등이 자주 발생하고 있다. 또 소요, 획득, 운영유지(軍)의 분할로 총수명주기체계관리의 관점에서 업무를 제대로 수행하지 못하고 있다. 그리고 획득비와 운영유지비의 소관부처가 분리돼 획득비와 운영유지비의 효율적 사용이 이뤄지지 못하고 있다.

　이런 문제들을 해결하기 위해서는 첫째, 무기체계 및 장비의 소요제기부터 폐기처분에 이르기까지의 전 과정을 통제·관리할 수 있는 조직을 국방부에 설립하는 것이 필요하다. 둘째, 단기적으로는 경상비에서 운용하고 있는 장비유지비를 방위력개선비로 전환시키고, 중·장기적으로는 획득과 운영유지 업무를 통합, 혹은 조직통합을 추진해 나면서 국방부가 획득·운영유지 업무의 컨트롤 타워(control tower) 역할을 수행할 수 있도록 해야 한다. 셋째, 육·해·공 각 군 산하에 무기체계 및 전력지원체계에 관한 업무를 전문적으로 지원해 줄 수 있는 '기술지원센터' 설립이 필요하다. 넷째, 획득인력의 전문성 강화를 위한 인력관리법 제정, 그리고 국방획득대학교와 같은 교육기관 신설을 통해 체계적이고 전문화된 교육·훈련체계를 구축할 필요가 있다.

국방획득체계의 비효율적인 운영으로 인해 발생하는 문제들을 빠른 시일 내에 개선하지 못할 경우, 군에 대한 국민의 지지와 신뢰 상실은 물론 군사력 증강과 유지를 위한 국방 예산을 확보하고, 여론의 지지를 얻는 데 어려움을 겪게 만드는 요인으로 작용하게 된다. 따라서 정부는 지금부터라도 국방획득체계 개선과 관련해 위에서 제시한 방안들을 적극 실천에 옮기는 노력을 기울여 나가야 할 것이다.

서론

2006년 노무현 정권은 단일 획득조직으로 방위사업청을 창설하였다. 그런데 10년이 지난 지금까지도 국방획득에 내재된 근원적이고 본질적인 차원의 문제 - 효율성과 책임성 는 여전히 해결하지 못하고 있다.

'효율성'(efficiency)에 관한 문제는 주로 국가안보·국방·군사정책 목표 그리고 군의 작전능력을 극대화하는데 필요한 무기체계를 소요군이 원하는 기간 내에 최소의 비용으로 획득하였는가라는 질문을 제기할 때 등장하게 된다. 반면 '책임성'(accountability)에 관한 문제는 특별한 무기체계의 선택을 이끌어가는 의사결정과정의 각 단계마다 국가가 설정한 국가안보와 국방·군사정책, 그리고 과학기술정책 목표에 부합하게끔 특정의 무기체계를 획득하려고 노력했는가에 관한 설명을 요구할 때 제기된다. 또한 무기체계 획득관련 법규나 규정 등을 특별한 무기체계의 선택을 이끌어가는 의사결정단계에서 올바르게 준수함으로써 예산남용과 비리(부패)를 방지하려고 노력했는가를 밝히고자 할 때 종종 제기되기도 한다.[1]

이 가운데 지난 10여년 이상 방위사업청을 독립조직으로 운영해본 결

---

1) 김종하, 『무기획득 의사결정: 원칙, 문제 그리고 대안』 (서울: 책이된 나무, 2001), pp. 36-38.

과 확실히 책임성은 향상된 것으로 보인다. 특히 그것의 하위요소인 투명성(transparency)은 많이 향상되었다고 할 수 있다. 그 이유는 각종 규정 방위사업법 등과 같은 제도에 기초한 획득업무수행을 정착시켜 의사결정과정의 투명성을 증대시킨 것은 '내부투입' 및 '정치적 카르텔'(cartel)과 같은 문제를 해소하는데 크게 일조하였기 때문이다.[2] 일례로 방위사업청내 획득인력들이 군사기밀을 해외업체로 빼돌리거나, 군 요구성능(ROC)을 특정업체에게 유리하게 조작하는 등의 행위를 한 것이 과거 국방부 획득실을 운영할 때 보다 크게 발생하지 않은 것만 보더라도 확실히 책임성은 향상되었다고 볼 수 있을 것이다.[3]

그러나 효율성은 크게 향상시키지 못했다. 왜냐하면 비용절감만 너무 강조하다보니 일정, 성능의 관점에서 소요군의 요구를 충족시키는 획득 및 방위산업 발전은 이루어내지 못했다는 비판의 목소리가 많이 나오고 있기 때문이다.[4] 일례로 육·해·공 획득사업을 추진하는 과정에서 발생

---

2) 내부투입은 정책결정자 스스로가 획득정책의 의제 설정자가 되어 위기조성 조작을 하고, 해결을 위한 대안으로 특정 무기체계를 요구하는 것이다. 그리고 정치적 카르텔은 정책결정자 및 이해관계자들이 자기네들의 이익을 위해 단합해 다른 행위자들에게 불리하도록 제도를 바꾸거나 경쟁을 원천 봉쇄해 민주적 의사결정과 선택행위를 방해하는 것을 의미한다.

3) 최근 박근혜 정부에서 국방획득체계 개선의 일환으로 추진한 방위사업감독관제 신설은 문제가 있다. 방위사업감독관은 각종 사업 착수와 기종 선정, 계약 등 모든 주요 단계의 의사결정을 검토하고 감독하는 권한을 갖고 있다. 이는 현직 검사가 획득 및 방산관련 업무를 총괄하는 책임을 갖고 있는 것이나 다름이 없는 것이다. 사실 방위사업의 책임성을 강화하기 위해서는 사업을 직접 담당하고 있는 방위사업청장 및 차장, 그리고 사업관리본부내 획득인력들이 주요 사업 결정에 대한 권한을 가질 수 있도록 해야 하고, 또 방위사업추진위원회가 합참의장 및 각 군 참모총장을 위원으로 참여시키는 것이 오히려 더 바람직한 조치라 할 수 있을 것이다.

4) 이에 대해서는, 김종대, "방산비리 발생의 구조와 개선 방향," 새정치민주연합 방위사업부실비리진상조사위원회 주최 『방산비리 실태와 개선방향 모색을 위한 국회토론회』, 2015년 4월 22일; 안보경영연구원, 『무기체계 적기 전력화 추진방안에 관한 연구』, 연구용역 보고서 (2012년 3월).

하고 있는 각종 문제들 (예: 무기체계 성능저하, 일정지연, 비용초과 등)을 둘러싼 방사청과 방산업체들 간의 각종 소송 쟁의를 보면, 2010년 55건이던 민사 및 행정소송이 2012년에는 163건으로 늘어났다. 또 방산업체가 납품기일을 지키지 못해 부과하는 지체상금도 2012년 3,239건 313억 원에서 2013년에는 2,307건에 384억 원에 달하고 있다. 이로 인해 불필요한 행정력 낭비가 초래되고, 막대한 소송비용이 발생하고 있다.[5] 방산육성을 위한 정책적 과제들은 산더미처럼 쌓여 있는데, 비리나 찾고 소송 쟁의하느라 소중한 시간을 허비하고 있는 것이다. 이런 비용을 핵심기술 및 부품개발에 투자한다면, 아마도 방산 전문업체 수십여 개를 만들 수 있을 것이다. 현재 "국내 방산업체는 방산원가 적용 규제로 죽어가고 있고, 국내 무기의 주요 핵심 부품을 개발하여 납품하던 중소 방산협력업체들도 아예 방산분야를 접고 민수(民需)로 전환하고 있는 실정"[6]에 있을 정도다.

이는 방위사업청이 소요군에 대한 서비스 제공자 및 방위산업 기반체계를 유지 발전시키는데 지금까지 크게 공헌을 하지 못하고 있음을 보여주는 것이다. 이것만으로도 효율성 강화를 위한 개혁조치가 필요하다고 할 수 있다. 그러나 비단 이런 이유가 아니더라도 점차 축소되어져가는 국방예산의 관점에서 볼 때,[7] 효율성을 강화하는 조치는 반드시 실행

---

5) 유기준, "방위산업체 발목잡는 방위사업청," 보도자료 (2013년 10월 17일).

6) 김정현, "최순실 록히드 마틴과 관련 있나," 『월간조선』, 2016년 12월호, p. 169.

7) 2016년 10월 18일, 국회예산정책처는 2017년 예산안 분석결과를 내놓으면서, 앞으로 국방예산은 더 줄어들 가능성이 높을 것이라는 전망을 하고 있다. 양낙규, "국회예산정책처 "국방예산 축소에 국방개혁 차질 불가피," 『아시아경제』, 2016년 10월 18일.

에 옮겨야 하는 정책적 과제라 할 수 있을 것이다. 사실 예산삭감 및 국방획득 프로그램에 대한 효율성 가속화에 대한 전망으로 인해, 앞으로 국방당국은 무기체계 획득 및 개발예산을 감소시키기 위한 지속적인 압력에 직면하게 될 것이다. 이는 획득 프로그램에 많은 영향을 끼칠 수밖에 없는 것이다.

이런 점을 인식, 본 논문은 방위사업청 개청 10여년이 경과된 현재의 시점에서 지금까지 국방획득체계 운영과정에서 드러난 몇 가지 문제점을 분석하고, 이를 개선하는데 필요한 방안을 제시하는데 목적이 있다.

국방획득체계의 이상형 모델

국방획득에 대한 전통적인 접근은 주로 새로운 무기체계 및 장비를 획득하는데 주로 초점을 두고 있다. 이는 다른 7개 국방발전영역 (Defense Lines of Development: DLoD) - 훈련, 인력, 정보, 교리, 조직, 하부구조, 군수지원 - 을 희생시키는 것이다.[8] 최근 미국과 영국 등의 선진국들에서 보편적으로 활용하고 있는 〈그림 1〉에서 보는 것과 같은 '전수명능력관리' (TLCM), 혹은 '총수명주기체계관리'(TLCSM) - 무기체계 선행연구~폐기처분 - 와 같은 새로운 획득접근은 무기체계 및 장비를 포함한 全국방발전영역(DLoD)에 걸친 과정을 관리하는데 있어 더 총체적인 접근을 제공하고, 더 일관성 있게 '능력'(capability)[9]을 전달하고, 이들 간의 이용 가능한

---

8) 8개 국방발전영역은 장비(equipment), 훈련(training), 인력(personnel), 정보(information), 교리(doctrine), 조직(organization), 하부구조(infrastructure), 군수(logistics)를 지칭한다; 한국군의 경우, 무기체계를 제외한 나머지 다른 국방발전영역을 '전력지원체계,' 혹은 '전력화 지원요소'로 부르고 있다. 전력화 지원요소는 '전투발전지원요소'와 '종합군수지원요소'로 다시 구분하고 있다. 전투발전지원요소에는 군사교리, 교육훈련, 부대편성, 시설, 무기체계 상호운용에 필요한 하드웨어 및 소프트웨어(주파수 확보 포함)가 있고, 종합군수지원요소에는 연구/설계반영, 정비계획, 보급지원, 군수지원교육, 포장 취급 저장/수송, 정비/보급시설, 표준화/호환성, 지원장비, 군수인력운용, 기술교범, 기술자료 관리가 있다. 김영기, 『전력화지원요소: 이론과 실제』(한국학술정보, 2007), p. 21.

등가교환(trade-off)[10]을 적극 활용하고자 하는데 주된 목적이 있다.

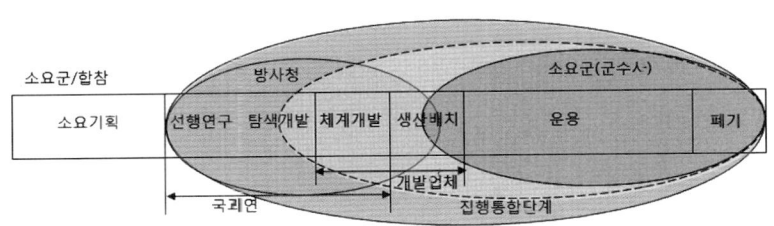

〈그림 1〉 총수명주기체계관리(TLCSM)

통상적으로 무기체계 및 장비의 수명주기는 유한하다. 그러나 대비태세를 유지하기 위해서 능력(capability)은 반드시 지속되어져야 하고, 무기체계 및 장비의 수명주기와 다른 국방발전영역 모두에 걸쳐서 관리되어져야 한다. 아래 〈그림 2〉에서 보듯이 현재(예: 야전배치된 무기체계와 장비)와 계획(향후 도입예정인 무기체계와 장비)사이의 격차(gap)는 시간이 가면 갈수록 막대한 비용을 지출하게 만들고, 효과적인 능력을 전달하기 위한 군의 능력에 막대한 영향을 끼치게 된다. 이런 격차는 줄여나가면서 능력은 일관성 있게 유지할 수 있도록 관리하는 방법가운데 하나가 바

---

9) 능력(capability)은 방법(ways)과 수단(means)의 결합을 의미한다. 여기에서 방법은 교리(doctrine), 조직(organization) 훈련(training) 등과 같은 비무기체계 장비(non-materiel)요소를, 수단은 무기체계 장비(materiel) 요소를 의미한다. Michael F. Cochrane, "Capability Disillusionment," Defense AT&L, July-August 2011, p. 24.

10) 등가교환(trade-off)이란 두개의 정책목표 가운데 어느 하나를 달성하기 위해 다른 목표의 달성이 늦어지거나 희생되어지는 경우의 양자 간의 관계, 즉 어느 한쪽을 위해 다른 한쪽을 희생하는 것을 의미한다.

로 전수명능력관리, 혹은 총수명주기체계관리이다. 이것은 어떤 능력을 구성하는 플랫폼(platform) 전체를 거시적인 차원에서 보는 것이라 할 수 있다. 따라서 능력을 관리한다는 것은 F-4, F-5, F-16, F-15와 같은 현존자산뿐만 아니라, F-35, 무인항공체계 등과 같은 후속 플랫폼들(platforms)까지 포함하는 전투항공기들에 의해 제공되는 총체적인 능력을 관리하는 것을 의미하는 것이다. 이것은 全국방발전영역에 걸쳐 작동하는 것이며, 선택하는 시간과 장소에서 바람직한 군사적 효과를 전달하기 위한 능력, 특히 군 구성요소(예: 여단, 사단 등)에 가장 필요한 능력을 관리하는 방법인 것이다. TLCSM, TLCM은 능력에 있어 중복, 초과, 결함 등을 식별함으로써 현존체계로부터 수많은 불일치를 이끌어내는데 목표를 둔 것이다. 특히 그것은 대비태세를 유지하기 위해서 무엇이 필요하고, 언제 필요한지를 잘 파악해 적절한 재원을 제공하는데 더 나은 초점을 두도록 하는 것이다.

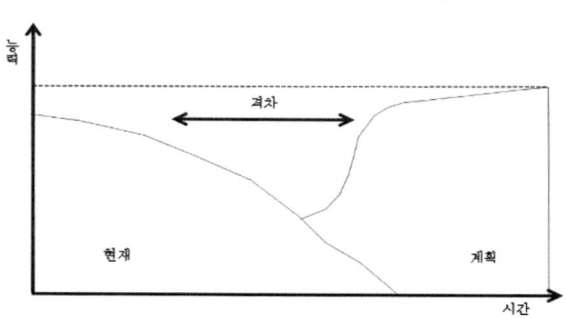

〈그림 2〉 시간흐름에 따른 능력격차

〈그림 3〉에서 보듯이 군 구성요소가 全국방발전영역을 가로지르는 올바른 조합을 가질 때, 비로써 그것은 싸울 준비가 되어 있고 바람직한 효

과를 전달하는 것으로 간주할 수 있는 것이다 [이러한 군 요소를 대비태세(Readiness)로 칭함]. 그리고 필요로 하는 동안 능력을 유지할 수 있고, 전구(theater)에서 군을 지원하고, 또 인력순환이 가능할 정도의 충분한 병력을 공급할 수 있는 강력한 군수지원 해결책을 요구하는 것이 중요하다[이런 군 요소를 지속성(Sustainability)이라 칭함]. 이것은 무기체계 및 장비 그 이상을 요구하는 것이고, 全국방발전영역이 통합돼 전달되어질 것을 요구하는 것이다.

〈그림 3〉 국방발전영역 트레이드 및 통합

- 훈련(Training)
- 장비(Equipment)
- 인력(Personnel)
- 하부구조(Infrastructure)
- 교리(Doctrine)
- 조직(Organization)
- 정보(Information)
- 군수(Logistics)

국방발전영역 트레이드+통합

군 요소@대비태세
군 요소@지속성
군사능력

이런 관점에서 현자 대부분의 선진 국가들은 무기체계 및 장비를 포함한 全국방발전영역을 함께 고려하는 새로운 획득접근(예: 총수명주기체계, 혹은 전수명능력관리)을 통해 군의 대비태세와 지속성, 그리고 예산사용의 효율성을 강화해 나가고 있다. 특히 군사능력을 효과적으로 관리하고, 비용절감을 유도하는데 TLCM, 혹은 TLCSM을 다른 어떤 방법보다도 강력한 획득접근으로 간주하고 있다.

선진국의 국방획득체계 운영실태

미국, 영국, 프랑스 등 선진국들의 획득조직은 아래 〈그림 4〉에서 보듯이 대부분 국방부장관 직속으로 운영되고 있다. 국방부가 획득정책, 계획, 예산 기능 등을 보유하고 있고, TLCM, 혹은 TLCSM의 관점에서 획득과 운영유지의 연계를 강화해 나가고 있다.

〈그림 4〉 선진국과 한국의 국방획득체계 비교

구분		미국	영국	프랑스	이스라엘	한국
획득주관		국방부 획득기술군수차관	국방부 획득차관	국방부 병기본부장	군총참모장	방위사업청장
특징	국방부	정책·통제 사업관리	정책·통제 소요기획 사업관리 운영유지 군수관리	정책·통제 사업관리 군수관리	정책·통제	정책 (지침제공) 군수관리
	각군	소요기획 기술관리 군수관리 운영유지		소요기획 운영유지	소요기획 사업관리 운영유지 군수관리	소요기획 운영유지
	외청	X	X	X	X	정책·통제 사업관리 (기술관리)
인력(명)		132,000	37,000	18,700	28,000	4,748

출처: 김종하, "합리적 국방획득체계 구축을 위한 방안," 『한국국방경영분석학회지』, Vol. 35, No. 2 (August 2009), p. 18 내용을 보완해 새로 구성하였음.

미국의 획득체계는 국방부 획득기술군수차관을 중심으로 하여 이루지고 있다. 획득업무는 획득기술군수차관보가 수행하고 있고, 운영유지(군수관리 포함)의 경우 육군과 공군은 '장비사령부'(Army/Air Force Materiel Command), 해군은 '해상체계사령부'(NAVSEA: Naval Sea Systems Command)에서 집행하고 있다. 특히 美해군의 경우, 사업관리와 기술관리를 이원화해서 국방부 예하 획득기술군수차관보가 사업관리를, 해군참모총장 예하 NAVSEA가 첨단 함정연구, 설계, 현장관리, 수리, 개조 개장 등 모든 영역의 기술관리 업무를 수행하고 있다. 그리고 군수품을 무기체계와 전력지원체계로 구분하지 않으며, 획득과 운영유지의 업무통합을 위해 육군은 '수명주기사령부'(Life Cycle Management Commands(LCMCs))[11]를 운영하고 있다. 그리고 해군은 체계사령부 예하에[12], 공군은 장비사령부 예하에 '수명주기센터'(Life Cycle Management Center)[13]를 운영하고 있다. 또한 국방부와 육·해·공군 산하에 핵심기술 및 체계개발을 담당하는 별도의 연구기관을 보유하고 있다.

영국의 획득체계는 소요에서 폐기처분까지 全획득주기를 국방부가 통합해 수행하고 있다. 2007년 획득조직(DPA)과 군수조직(DLO)을 국방부 내부조직으로 통합해 획득차관 산하에 장비지원본부(DE&S)를 신설,

---

11) 보다 자세한 내용에 대해서는 James O. Winbush, Jr., Christoper S. Riraldi, and Antonia R. Giardina, "Life Cycle Management: Integrating Acquisition and Sustainment," GlobalSecurity.org를 참조(검색일: 2016년 12월 11일).

12) http://www.navsea.navy.mil

13) Air Force LCMC, Air Force Life Cycle Management Center: A Revolution in Acquisition & Product Support (2013)(Internet Edition).

이곳에서 TLCM에 토대를 둔 획득관리 업무를 수행하고 있다.[14] 따라서 각 군(육·해·공군)에는 별도의 획득관련 조직 및 지원조직들을 편성, 운영하고 있지 않고, 또 군수품을 무기체계와 전력지원체계로 구분하지 않고 있다.

프랑스의 획득체계는 국방부장관의 통제 하에 병기본부가 군과는 독립적으로 획득업무를 수행하는 것이 가장 큰 특징이다. 군수품은 무기체계와 일반상용물자로 구분하고 있다. 획득업무도 무기체계는 병기본부가 담당하고 있고, 일반상용물자 조달은 합동조달국에서 구매 및 조달하는 등 별도의 전담기관에서 수행하고 있다. 특히 주목할 점은 우리나라의 전력지원체계와 유사한 일반물자에 대한 연구개발 및 품질보증 활동을 전문 연구기관인 연구제작국에서 주관하고 있다는 점이다.

요약하자면, 미국, 영국, 프랑스 등의 선진국들은 서로 다른 국방획득체계를 운영하고 있다 그러나 공통적인 것은 국방부가 소요에서 폐기처분에 이르기까지 획득 및 운영유지에 관련된 모든 업무를 정책 통제하고 있다는 점이다. 반면 한국의 경우에는 방위사업법(법률 제14182호)과 국방전력발전업무훈령(제1896호)[15]에 따라 국방획득체계가 무기체계와 전력지원체계로 구분되어 있고, 무기체계는 방위사업청에서, 전력지원체계는 국방부 및 각 군에서 주관, 통제함으로써 소요, 획득, 운영유지 등이 서로 이원화된 상태로 관리되고 있는 특징을 갖고 있다.

---

14) 김종하, 『국방획득과 방위산업: 이론과 실제』 (성남: 북코리아, 2015). pp. 332-334.

15) 방위사업법, 법률 제14182호, 일부개정 2016년 5월 29일; 국방부, 『국방전력발전업무훈령』, 제1896호, 개정 2016년 3월 28일.

이런 선진국들의 국방획득체계 운영실태를 보면, 한국군의 국방획득체계 운영과정에서 발생하고 있는 문제점이 무엇인지를 파악하는데 도움이 될 수 있을 것이다.

현 한국군의 국방획득체계 운영과정상의 문제점 분석

2006년 노무현 정부는 획득을 협의의 개념으로 한정해 획득업무를 국방부(군)에서 외청으로 분리하고, 소요·운영유지(군수관리)는 국방부(군), 획득은 방위사업청이 각각 수행하는 국방획득개혁을 단행하였다.[16] 방위사업청 신설 후, 방위사업과 관련된 기본적인 사항을 체계화하고, 「방위산업에 관한 특별조치법」의 내용을 통합하였다. 그리고 여기에 방위사업 전반에 대한 제도개선 내용을 반영함으로써 방위사업을 추진하는 과정에서의 투명성·전문성·효율성을 획기적으로 높이고, 국내 방위산업의 경쟁력을 향상시켜 자주국방의 기반체계를 구축하기 위한 목적으로 방위사업법을 제정하였다.[17]

방위사업법에 근거해 무기체계 획득은 방위사업청이 담당하고, 전력지원체계는 국방부와 각 군에 존속시켜 무기체계 획득관련 법령과 절차

---

16) 광의의 획득개념은 군수품의 개념형성단계부터 조달, 폐기까지의 제반활동(획득 = 소요+ 조달배치+ 운영·폐기+예산)을 의미하며, 협의의 획득개념은 군수품을 연구개발·구매하여 조달하는 제반활동(소요, 예산, 운영·폐기 제외)을 의미한다.

17) 사실 과거 방위사업은 방위산업의 육성 지원에 관한 사항을 내용으로 하는 「방위산업에 관한 특별조치법」 외에는 실제 방위사업의 핵심 분야인 무기체계의 연구개발 및 국외도입 등을 종합적으로 규율할 수 있는 법령이 없이 수행됨으로써 그 법적 근거와 대외적인 신뢰성 등에 한계가 있었다.

를 그대로 조용 준용하도록 했다. 그리고 무기체계 분류는 합참에서 담당하고, 전력지원체계 분류는 국방부가 담당토록 했다. 또한 무기체계 획득예산은 방위력개선비로 편성해 방위사업청이 집행하고, 전력지원체계 획득예산은 전력운영비(병력운영비+전력유지비)로 편성해 국방부가 집행토록 했다.

문제점 1: 국방정책은 국방부, 획득정책은 방위사업청에서 수립, 집행함으로써 두 기관 간 정책주도권을 둘러싸고 갈등이 자주 발생하고 있다.

국방정책 및 군사전략을 뒷받침하는데 필요한 무기체계 및 장비를 적시에 안정적으로 제공할 수 있는 수단으로 활용되는 것이 바로 획득정책(acquisition policy)이다. 국방정책의 하위정책인 획득정책에는 무기체계 직구매 및 연구개발, 핵심기술 소요결정, 방산육성·수출, 국방과학연구소(ADD)와 국방기술품질원(DTaQ)을 감독하는 기능이 포함된다. 이런 획득정책을 통해 한국군은 현존 및 미래위협에 대비한 군사력 건설 – 군 구조 계획, 방위력 개선, 경상운영 업무를 수행하는 것이다.

아래 〈표 1〉에서 보듯이 방위사업청 개청이전에는 국방정책 및 군사전략을 뒷받침하기 위한 획득정책을 국방부(획득실)에서 주관했지만, 2006년 방위사업청 창설이후부터 지금까지는 방위사업청에서 주관하고 있다.

<표 1> 방위사업청 개청 전·후 비교

구 분		소관 기관	
		방위사업청 개청 前	방위사업청 개청 後
국방정책		국방부	
획득정책	국방 연구개발 (R&D)	국방부 「국방연구개발기획서」 발간 (정책·기획·계획·예산 포함)	방위사업청(ADD) *국방부: 「국방과학기술진흥 정책」 수립(매 5년) (선언적 형태의 비전만 제시) *방사청: 「국방과학기술진흥실행계획」 수립(매년) (정책·기획·계획·예산 포함)
	핵심기술 소요결정	국방부(ADD)	방위사업청(기품원)
	방산육성 및 수출	국방부	방위사업청
	ADD, 기품원 감독	국방부	방위사업청

 2006년 방위사업청 창설로 인해 아래 〈그림 5〉에서 보듯이 획득정책을 통해 구현하려는 우리 군의 '군사력 건설'이 '군사력'(군 구조 계획 + 경상운영)과 '건설'(방위력개선)로 이원화되는 문제가 발생하였다. 군 구조 계획-방위력개선-경상운영 간에 상호유기적으로 연계돼 움직이는 국방부의 군사력 건설체계 가운데 핵심요소라 할 수 있는 방위력개선 부문을 방위사업청으로 분할시킴으로써 군사력 건설이 2개의 정부기관 국방부, 방위사업청 - 에서 수행하게 되는 형태로 변하게 된 것이다.

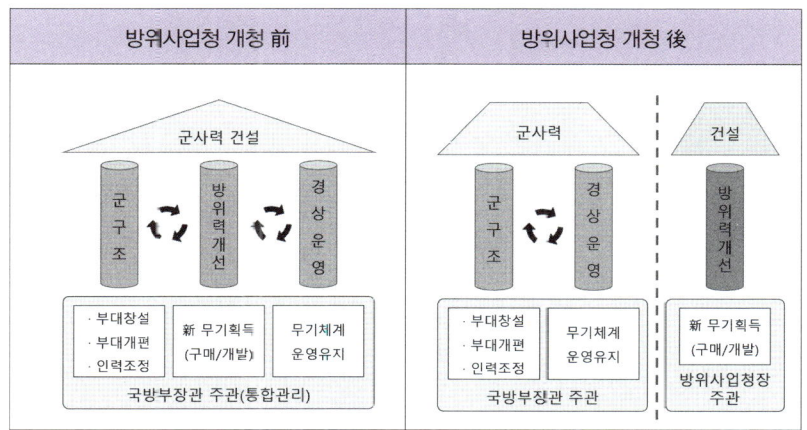

〈그림 5〉 방위사업청 개청 전·후 군사력 건설 수행방식 비교

그런데 국방정책은 국방부, 획득정책은 방위사업청에서 수립, 집행함으로써 지금까지 많은 문제가 발생하고 있다. 일례로 중기계획 예산편성, 국내 외 기술협력, 방산수출, 방산수출관련 국가안보적 차원의 정책적 통제, 국방과학연구소(ADD) 및 국방기술품질원(DTaQ)의 감독 등에 관한 이슈들을 둘러싸고 국방부, 방위사업청, 합참, 각 군 등 관련 기관들 간의 업무분할 및 지원에 관한 갈등이 많이 발생하고 있다.

문제점 2 : 소요(국방부, 합참, 각 군), 획득(방위사업청), 운영유지(각 군)의 분할로 인해 사업추진 간 '전수명능력관리'(TLCM), 혹은 '총수명주기체계관리'(TLCSM)의 관점에서 통합된 사업관리 업무를 수행하지 못하고 있다.

선진국과 달리 한국군의 경우 〈그림 6〉에서 보듯이 소요(국방부, 합참, 각 군), 획득(방위사업청), 운영유지(각 군) 소관사무가 분리돼 있어 무기체계의 '총수명주기체계관리'(TLCSM) 업무를 총괄해 관리할 수 있는 컨트롤 타워(control tower)가 없다.

〈그림 6〉 소요-획득-운영유지의 분할

구 분	소관기관
소 요	국방부(합참)
획 득	방사청
운영유지	국방부(軍)

⇩

총수명주기(Total Life Cycle)관리 제한
└ 무기체계의 총수명(소요~획득~폐기)

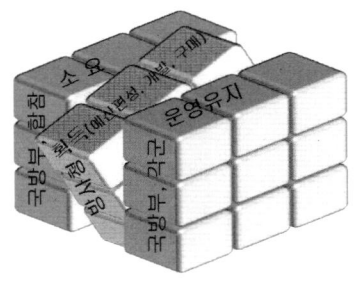

우선 아래 〈그림 7〉에서 보듯이 소요제기 시 무기체계는 합참에서, 전력지원체계는 소요군(각 군)에서 실시함으로써 두 체계 간 소요의 연계성이 부족하다. 그리고 무기체계와 전력지원체계 사이에 소요제기·소요결정이 이원화돼 정보공유가 제대로 이루어지지 않고 있다. 이 과정에서 무기체계에 비해 전력지원체계에 대해서는 상대적으로 관심이 부족해 종합군수지원(ILS) 요소에 대한 검토와 반영이 제대로 이루어지지 못하고 있다. 특히 전력지원체계가 갈수록 복합체계화되어 ILS 분야의 통합검토 및 추진이 반드시 필요하나, 사업추진 간 관련부서의 협업이 미흡해 무기체계는 야전에 전력화되었으나 전력지원체계는 뒤늦게 조달되든지, 아니면 아예 누락되는 사례가 자주 발생하고 있다. 이로 인해 소요군의 즉각적인 전투력 운용과 임무수행에 많은 문제가 발생하고 있다.

일례로 K9 자주포의 경우 '00년에 야전배치 시작되었으나, 교육훈련을 하는데 필요한 조종 시뮬레이터 및 사격훈련장비의 개발이 지연되어 교육훈련을 적시에 수행하지 못했다. 또한 정비교육에 필요한 실물 교보재(엔진 등 5종), 구형 교보재(연료계통로 등 4종) 등의 경우 주 장비 전력화 5년 이후에야 보급되었던 것을 들 수 있다.[18]

사실 전력지원체계는 별개의 요소가 아니라 무기체계 개발 시 병행되어 개발되고 발전되어야 할 핵심요소이다. 무기체계 및 전력지원체계가 연관성을 가지고 상호능력을 발휘할 때, 효과적인 전투력 발휘가 가능하게 되는 것이다. 그런데 한국군은 이에 대한 공감대 형성 및 관심이 부족해 아직까지도 무기체계를 야전에 배치한 이후에 별도의 사업으로 전력지원체계를 생각하는 관점에서 여전히 벗어나지 못하고 있다. 이 때문에 무기체계를 야전에 배치시켜 놓아도 실제 전투력을 발휘하는데 있어 늘 문제가 발생하고 있는 것이다.

---

18) 김영기, 앞의 책, p. 14.

<그림 7> 무기체계와 전력지원체계 소요제기 절차 비교

무기체계	전력지원체계 (일반군수품)	전력지원체계 (자동화정보체계)
합참 (전력기획부) 소요결정	**국방부** (군수관리관실) 소요결정	**국방부** (정보화기획실) 소요결정
↑ 전력소요서(안)		
합참 소요제기서 검토	↑ 소요요청	↑ 소요요청
↑ 소요제기		
육본 · 기참부 –소요제기서 작성	**육본 군참부** · 소요제기서 작성 · 전력지원체계 종합발전계획	**육본 정보화기획실** · 소요제기서 작성 · 정보화 종합발전방향
↑ 소요제안	↑ 소요요청	↑ 소요요청
교육사, 육본 부·실 · 소요제안 종합/제출	**교육사, 육본 부·실** · 소요요청서 작성 · 소요제안서 검토/보완	**교육사, 육본 부·실** · 소요요청서 작성 · 소요제안서 검토/보완
↑ 소요제안	↑ 소요요청	↑ 소요요청
병과학교/야전부대 · 소요제안	**병과학교/야전부대** · 소요제안서	**병과학교/야전부대** · 소요제안서

출처: 방위사업청, 『방위력개선업무 실무지침서』, 2016년 1월 22일, p. 39.
주해: 무기체계는 야전/교육사 → 육본(기참부) → 합참으로 소요제기 하며,
　　　전력지원체계는 야전/교육사 → 육본(군참부/정보화) → 국방부로 소요요청하고 있다.

문제점 3: 획득비(방위력개선비)와 운영유지비(경상비)의 소관부처가 방위사업청과 국방부(軍)로 분리돼 있어 획득비와 운영유지비를 종합적인 관점에서 최적화하는 판단을 내리지 못한 상태에서 전력증강 업무를 수행하고 있다.

〈표 2〉에서 보듯이 국방분야의 예산체계 이원화로 인해 장비별 총비

용(연구개발+획득+유지) 분석 및 예산편성에 많은 어려움이 초래되고 있다.

〈표 2〉 국방분야 예산체계 이원화

구 분	획 득(방위사업청)	운영유지(국방부)
예산과목	방위력개선비 (무기체계 직구매+기술도입생산 +연구개발)	경상비(전력유지비) * 무기체계 운용 및 유지, 비무기체계 장비 획득

주해: 방위력개선비(방위사업청): 화력, 함정, 항공기 등 신규 전력 확보를 위한 무기구입 및 연구개발 비용을 말한다. 그리고 전력운용비(국방부)는 병력운영비와 전력유지비로 나뉘어진다. 이 가운데 병력운영비는 병력운영의 기본이 되는 인건비, 급식, 피복비 등에 투입되는 비용이고, 전력유지비는 현존전력을 유지 및 운영하기 위한 정보화, 군수지원, 교육훈련 등의 비용을 의미한다.

아래 〈그림 8〉에서 보듯이 방사청이 독자적으로 중기계획·예산편성 기능을 수행하지 못하다 보니, 무기체계 전력화에 필요한 제반사항들을 각 군에 의존하는 상황이 발생하고 있다. 사정이 이렇다 보니, 방사청에서는 완성품 무기체계 및 장비에 초점을 둔 획득만 생각하고, 전력화 지원요소, 즉 정비, 시설, 교육훈련 요소 등 무기체계 운영유지에 필요한 군수지원 소요는 제대로 반영하지 않는 문제가 발생하고 있는 것이다. 이로 인해 무기체계 배치 후 장비 가동률 저하 및 정비소요가 급증되는 현상이 지속적으로 초래되고 있다.

<그림 8> 기관별 중기계획/예산편성 작성범위

주장비/ 보조장비 (20~30%)	전력화지원요소 : 무기체계 전력화에 필요한 제반요소(70~80%)			
	시설	부수장비	부수물자	기타(간접비, 교육비 등)
방사청	각 군(기능은 없으나 '처' 규모의 조직 운용)			

사실 무기체계 및 장비의 경우, 획득예산(연구개발 및 생산)보다 운영유지 예산이 훨씬 더 많이 투입된다. 일례로 2016년 기준 국방예산안은 38조7000억원이다. 방위력개선비(직구매+기술도입생산+연구개발)가 11조 6803억원(30%), 전력운영비가 27조1000억원(70%)이다. 이 가운데 전력운영비는 병력운영비와 전력유지비로 나뉘는데 병력운영비는 16조 3,520억원(국방예산 대비 42%), 전력유지비는 10조9,233억원(국방예산 대비 28%)이 사용되고 있다.[19]

그러나 우리 군의 경우, <그림 9>에서 보듯이 지금까지 거의 20~40%의 중요성을 갖는 획득에 더 많은 초점을 두고, 60~80%의 중요성을 갖는 운영유지에는 제대로 관심을 기울이지 않고 있다. 일례로 F-16의 경우 개발 및 전력화 비용이 22%이고, 운영유지비용이 78%를 차지하고

---

19) 국방부, 『2016 국방예산안』, 홍보자료 소책자 내용 참조; 참고로 2017년 국방예산은 창군 이래 최초로 40조원(40조3347억원)을 초과했다. 이 가운데 무기체계 획득·개발을 위한 방위력개선비는 전년 대비 4.8% 증가한 12조 1,970억원, 병력과 현존전력의 운영·유지를 위한 전력운영비는 전년 대비 3.6% 증가한 28조 1,377억원으로 확정되었다. 김수한, "내년 국방예산 얼마? 어디에 초점 됐나…창군 이래 최초 40조원 돌파," 『헤럴드 경제』, 2016년 12월 5일.

있다. 그리고 M2 전투차량의 경우 개발 및 전력화 비용이 16%이고, 운용유지비용이 84%를 차지하고 있다.[20] 즉 장비의 개발 및 전력화 비용보다 유지비용이 더 많이 사용되고 있는 것이다. 그럼에도 불구하고 획득단계에서 최적의 종합군수지원(ILS) 개발업무를 소홀히 하고 있다. 이로 인해 현재 정비예산 부족으로 적정수준의 수리부속과 정비지원능력 확보에 많은 어려움을 겪고 있다. 육군의 BO-105 정찰헬기 13대중 11대가 핵심장비의 부품조달과 정비에 차질이 빚어져 정찰임무를 수행하지 못해 논란이 되었던 것을 대표적인 사례로 들 수 있을 것이다[21]. 이와 더불어 무기체계 성능개량사업(획득)은 방사청에서, 창정비사업(운영유지)은 국방부(軍)에서 계획, 편성함으로써 국방운영의 효율성 또한 저하되고 있는 실정에 있다.

---

20) 조용선, 『종합군수지원: 야전운용제원 수집과 활용모델』(서울: 한국학술정보, 2008), p. 33.
21) 윤상호, "100억짜리 정찰헬기 부품공급 끊겨 '무용지물'", 『동아일보』, 2009년 3월 20일.

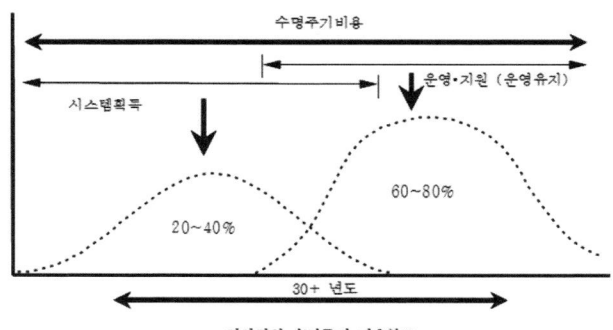

<그림 9> 수명주기 비용 분포

출처: Patrick M, Dallosta and Thomas A. Simcik, "Designing for Supportability," Defense AT&L: Product Support Issue, March-April 2012, p. 35.
주해: 운영유지비용은 인력(personnel), 장비지원(equipment supplies), 소프트웨어(software), 그리고 시스템을 운용하고, 변경하고, 유지하고, 훈련지원하고, 또 각종 지원에 관련된 서비스(services) 비용이 포함된다. Mike Taylor & Joseph Colt Murphy, "OK, We Bought This Thing, but Can We Afford to Operate and Sustain It?," Defense AT&L: Product Support Issue (March-April, 2012), p. 18.

국방획득체계의 효율성과
책임성 강화를 위한 정책방안

정책방안 1: 무기체계 및 장비의 소요제기부터 폐기처분에 이르기까지의 전 과정을 통제관리할 수 있는 기관을 국방부에 설립하는 것이 필요하다.

소요 → 획득 → 전력화 → 배치/운영 →폐기처분에 이르기까지 무기체계의 '총수명주기체지'(TLCSM), 혹은 '전수명능력관리'(TLCM)를 효율적으로 통제 관리할 수 있는 기관을 국방부에 설립할 필요가 있다. 이 역할은 현재 국방부 전력자원관리실에서 총수명주기관리팀(8명)을 구성, 몇몇 시범사업에 한정해 TLCSM, 혹은 TLCM 업무를 수행하고 있다. 그런데 이 정도 인력구성과 위상으로는 무기체계의 소요제기에서 폐기처분에 이르기까지의 총수명주기체계를 효율적 효과적으로 통제관리하는 것이 사실상 불가능하다. 적어도 차관급 이상이 관리통제할 수 있는 조직이 되어야만 가능하다.

〈그림 10〉에서 보듯이 국방부 컨트롤 타워(Control Tower)를 통한 무기체계의 총수명주기체계 관리는 사실 대단히 중요하다. 그 이유는 우선 단일 총수명주기체계 사업관리자(PM: Program Manager)을 통해 획득에서

배치 및 운영에 이르기까지 효율성을 확보하는 것이 가능하기 때문이다. 이렇게 해야 개발비용, 생산비용, 운영유지비용, 폐기처분 비용 등을 동시에 고려하여 최적화를 통한 비용절감 효과를 보는 것이 가능하다. 그리고 획득에서 배치운영까지 단일 사업관리자(PM)에게 책임과 권한을 부여함으로써 얻을 수 있는 최적화에 따라 비용절감 효과를 볼 수 있고, 또 빠른 의사결정이 가능해 정보의 손실을 최소화하는 것도 가능한 것이다.

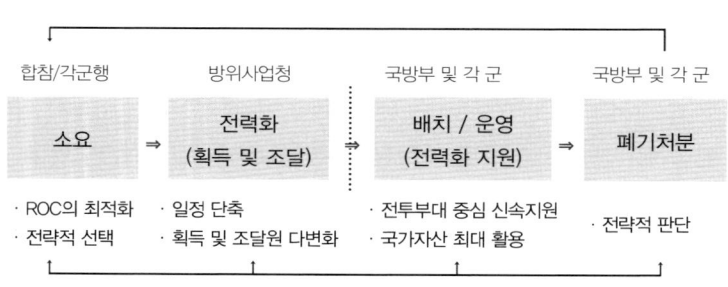

〈그림 10〉 총수명주기관리 컨트롤 타워의 역할과 범위

정책방안 2 : 단기적으로는 경상비에서 운용하고 있는 장비유지비를 방위력개선비로 전환시키고, 중·장기적으로는 획득·운영유지 업무통합 및 조직통합을 추진해 나가면서 국방부가 획득·운영유지의 컨트롤 타워로서의 역할을 수행할 수 있도록 해야 한다.

국방예산이 지금처럼 경상비(국방부)와 방위력개선비(방위사업청)로 이원화된 상태에서는 국가재정을 고려한 군사력 건설 전반에 대한 검토 조정을 하는 것이 사실상 어렵다. 또 무기체계 및 장비별 총비용(연구개발·획득·유지) 분석에 따른 예산편성에도 한계가 있을 수밖에 없다. 지금처럼 전력유지비를 경상비로 책정, 운용할 경우 전력유지비 증가가 불가피할 상황이 발생하면 결국 교육훈련과 시설건설, 장병 복지향상 등 다른 경상비 부문의 재원을 압박할 수밖에 없는 악순환 구조를 초래할 수 밖에 없다. 따라서 국방분야 예산 전체를 최적비용으로 편성·집행 하는 예산체계를 빠른 시일 내에 구축할 필요가 있는 것이다.

방위사업청은 획득비만 고려하고, 국방부(軍)는 운영유지비만 고려하는 방식으로는 예산의 효율적 사용을 기대하기가 사실상 어렵다. 아래〈그림 11〉에서 보듯이 획득비만 고려할 경우(대안 B), 획득비는 낮으나 운영유지비는 높아 전체비용은 높아 비경제적이다. 반면 무기획득과 운용유지비를 함께 고려할 경우(대안 A), 전체비용을 최적화할 수 있어 오히려 더 경제적이다.

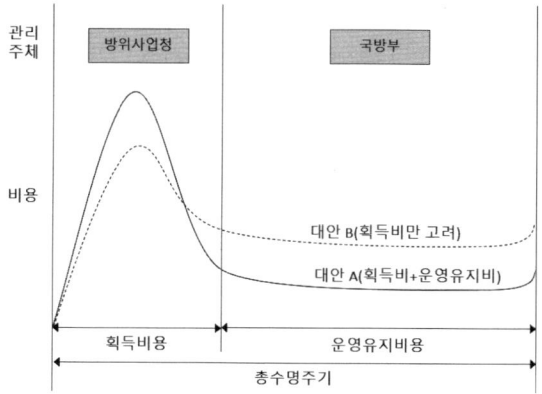

〈그림 11〉 획득비와 운영유지비

그리고 지금처럼 방위사업청에서는 획득업무만 수행하고, 국방부와 각 군(軍)은 운영유지 업무를 수행하는 이원화된 체제를 계속 유지할 경우, 조직측면에서 볼 때, 무기체계 전력화에 필요한 제반사항들을 지금처럼 각 군에 계속 의존할 수밖에 없고, 또 각 군은 기능이 없음에도 불구하고 무기체계를 직접 운용해야 하는 입장에서 불가피하게 방위사업청을 지원할 수밖에 없게 된다.

이런 문제를 개선하기 위해서는 아래 〈표 3〉에서 보여지듯이, 단기적으로는 경상비(전력운영비)에서 운용하고 있는 전력유지비를 방위력개선비로 전환해 운영할 필요가 있다. 그러나 중·장기적으로는 미국처럼 획득과 운영유지 관련 업무를 통합해 운영하거나, 아니면 영국처럼 획득과 운영유지 조직을 통합해 운영하는 것이 바람직하다. 사실 선진국들의 획득체계처럼 국방부에서 획득-운영유지(군수관리)를 통합·운영하는 컨트롤 타워 역할을 수행할 경우, 무기체계 및 장비의 획득으로부터 폐기처분에 이르기까지의 총수명주기체계(TLCSM)의 관점에서 국방예산의 총체적·체계적 관리가 가능하고, 또 각 군과의 소통도 더 용이하게 만들어주는 효과가 있는 것이다. 그러나 그 무엇보다 획득비 및 운영유지비를 종합적인 관점에서 최적화하는 것이 가능해 국방예산의 효율적 사용이 가능하게 되는 것이다.

〈표 3〉 획득-운영유지 통합·운영을 위한 단계적 조치

단기적 조치	경상비에서 운용하고 있는 장비유지비 → 방위력 개선비로 전환	
중·장기적 조치	1단계	획득 + 운영유지 업무통합(기국방식)
	2단계	획득 + 운영유지 조직통합(경국방식)
	3단계	방사청→국방부로 흡수 통합(제2차관제)

정책방안 3 : 육·해·공군에 무기체계 및 전력지원체계에 관한 업무를 전문적으로 지원해 줄 수 있는 '기술지원센터' 설립이 필요하다.

현재 우리 군의 전력증강 업무에 종사하는 인력들은 선진국에 비해 많이 부족한 상태에 있다. 일례로 2006년 방위사업청 개청 당시 방위력 개선사업을 수행하는 사업팀은 731명으로 구성돼 5조 6척억원대 122개 사업을 진행했다. 하지만 2016년 현재 담당 인원은 10여년 전 개청 때보다 오히려 133명이 줄어든 반면, 사업규모는 9조 4촌 원대 197개

사업으로 크게 늘어났다.[22] 이는 방위력개선사업 예산 및 사업 수 증가에 비례해 획득인력을 체계적으로 발전시켜 나가지 못했음을 보여주는 것이다. 그리고 각 군의 경우, 국방개혁과 연계한 군수조직 감소로 인해 각 군의 군수사령부의 종합군수지원(ILS조직)이 해체되고, 무기체계별로 편성된 기능과에서 부분적인 ILS업무를 수행하고 있다. 이로 인해 광범위한 ILS 분야를 무기체계별 소수의 실무자가 담당하고 있고, 또 이들 실무자의 잦은 보직이동(1·3년)으로 경험적 차원의 전문성 축적이 제대로 이뤄지지 않고 있다.

방위력개선사업은 크게 사업관리와 기술관리 업무로 구분할 수 있고, 사업관리는 적기 전력화, 기술관리는 군 요구성능에 충족에 초점을 맞추고 있다. 방위력개선사업 수행 기본원칙(방위사업법 제11조)을 보면, "각 군이 요구하는 최적의 성능을 가진 무기체계를 적기에 획득"하는 것으로 되어 있다. 여기에서 '최적의 성능'은 기술관리(요구사항, 품질/형상/현장관리, 시험평가 등)를 통해, '적기에 획득'은 사업관리(일정, 비용, 인력, 계약, 위험관리 등)를 통해 달성하는 목표들이다. 그런데 방위사업청이나 각 군의 전력기획 및 운영유지에 종사하는 인력들은 사업관리 업무는 수행 가능하겠지만, 기술관리 업무는 전문성 부족으로 인해 업무수행이 사실상 어렵다. 이 때문에 기술관리 업무를 전문적으로 지원해 줄 수 있는 기술지원센터를 각 군 산하에 설립할 필요가 있는 것이다.[23]

---

22) 김동수, "방위사업청, 사업은 '늘고' 인력은 '줄고'", 『경기일보』, 2016년 9월 30일.
23) 미국 해군의 경우, 전력증강 업무를 지원하기 위해 다양한 기술연구소를 운영하고 있다. 일례로 NSWC (해상체계사령부(NAVSEA) 소속으로 연구개발, 시험평가, 함정시스템 개발 및 기술지원을 선도하는 업무 수행), CISD (Center for Innovation in Ship Design: 첨단 함정 등 무기체계 개

그나마 무기체계 획득을 담당하고 있는 방위사업청의 경우에는 정부 출연기관인 국방과학연구소(ADD)와 방위사업청 출연기관인 국방기술품질원(DTaQ)이 전문연구기관으로서 기술관리적 측면에서 직접적인 지원을 하고 있고, 또 한국국방연구원(KIDA), 한국과학기술연구원(KIST)으로부터 정책 및 연구 지원을 받고 있다. 하지만 운영유지의 경우에는 전문적인 지원을 받지 못하고 있다. 국방기술품질원 품질경영본부 서울센터내에 전력지원체계 TF가 부분적인 수준에서 기술지원을 조금 해주고 있을 뿐이다. 바로 이러한 이유 때문에 획득과 운영유지 관련 인력들의 전문성 부족을 보완해 주고, 또 총수명주기체계의 관점에서 기술관리적 지원을 해줄 수 있도록 각 군 산하에 '기술지원센터'를 설립할 필요가 있는 것이다.

정책방안 4 : 획득인력의 전문성 강화를 위한 인력관리법 제정 및 체계적이고 전문화된 교육 훈련체계(예: 국방획득대학교 신설)를 구축해야 한다.

국방획득의 핵심은 전문적·관리적 차원의 문제를 동시에 잘 다루는 것이다. 전문적·관리적인 활동은 다소 시간 소모적인 활동이다. 하지만 초기에 많은 노력을 투자하게 되면, 나중에 시간과 비용을 궁극적으로

념 연구 및 인력, 장비, 원천기술 개발 업무 수행), ONR(Office of Naval Research: 해군과 해병대 원천기술 연구 및 기술 프로그램 운용업무 수행)이 대표적이다. 미 해군은 이런 기술연구소들로부터 전문적인 기술지원을 받아 소요제기에서 폐기처분에 이르기까지의 모든 기술관리 업무를 총괄 수행하고 있다. 하지만 우리 군의 경우 각 군 산하에 이런 기술지원 조직이 없어 획득사업 수행 시 전문적 기술검토가 제한되다 보니, '사전연구'(최적의 전력소요 창출을 위한 다양한 대안분석 시도) 자체를 하기 어려운 것이다. 사정이 이렇다 보니 旣 검증된 해외 유사 무기체계를 모방해 군 요구능력을 도출할 수 밖에 없는 것이다.

줄일 수 있게 되는 것이다. 사실 좋은 획득은 끈기와 인내, 숙고, 그리고 수많은 검토 및 토론을 통해 탄생되는 것이다. 이것은 국방획득에 대한 전문적인 교육 및 훈련이 필요하다는 사실을 가르쳐주는 것이다. 지금 한국군처럼 '경험법칙'(rules of thumb)을 통해 획득업무를 수행하는 오랜 관행에서 벗어나, 선진국들처럼 전문화된 교육 및 훈련을 통해 획득업무를 수행할 수 있도록 노력을 기울여 나갈 필요가 있는 것이다.

따라서 방위사업청내 사업관리 업무를 수행하고 있는 현역 육·해·공 획득인력들의 경우, 계급에 맞는 획득교육과정을 반드시 이수토록 하고, 이를 바탕으로 야전부대와 순환보직을 할 수 있도록 해야 한다.[24] 사실 획득업무를 제대로 수행하기 위해서는 획득원칙, 과정 및 용어를 이해하는 것뿐만 아니라 계약, 금융관리, 시스템 엔지니어링, 그리고 통합군수와 같은 기능영역에 대한 실무지식까지 갖추어야 한다.[25] 이런 능력을 강화시키는데 있어 가장 핵심인 교육체계의 중요성에도 불구하고, 우리의 경우 아직까지 소요·획득인력에 대한 전문화된 교육체계 – 획득업무의 질을 향상시키기 위해 수준에 따라 교육대상 자격을 계급과 학위수준, 실무경력 수준에 제한을 두고 사업관리교육을 실시하는 교육체계 – 가 아직까지 구축되어 있지 않다.[26]

---

24) 야전에서 무기체계가 어떻게 운용되고 있는지, 어떤 문제점이 있는지를 실제 경험한 인력이 획득관련 업무를 맡을 경우, 더 나은 무기체계를 획득할 수 있음은 자명한 것이다.

25) William T. Cooley and Brian C. Ruhm, "What Program Managers Need to Know: A New Book to Accelerate Acquisition Competence," Defense AT&L (January-February 2015), p. 29.

26) 획득교육 훈련의 중요성을 강조하는 글에 대해서는, Wes Gleason & Steve Minnich, "Acquisition Training: A Lifelong Process," Defense AT&L (May-June 2010)을 참조.

미국의 경우에는 국방획득대학교를 설치해 40여년 이상 획득관련 사업관리자(PM)를 교육 훈련시켜오고 있다. 이 기간동안 교육·훈련 소요에 많은 변화가 이루어져왔지만, 아래 〈그림 12〉에서 보듯이 지금은 대부분의 기본과정(basic courses)이 온라인(online)수업으로 이뤄지고 있고, 중급과정(intermediate courses)은 온라인 및 교실수업을 통한 교육·훈련을, 그리고 고급과정(advanced courses)은 학생들을 팀으로 구성해 주로 현 획득이슈를 토론하고, 사례연구를 분석, 준비하고, 서로 간의 경험을 공유하는 식으로 교육·훈련을 실시하고 있다.

아래 〈그림 12〉에서 보듯이, 3단계 인증에 도달하기 위해서는 346시간의 온라인 교육 및 27.5일의 교실수업을 받아야 한다. 그리고 주요 획득사업관리자들의 경우에는 부가적으로 70일간의 특별훈련(PMT 401과 PMT 402)을 받아야 한다. 보다 높은 인증수준은 적절한 교육 및 경력과 더불어 상당한 훈련을 요구받고 있다.

〈그림 12〉 미국방성 사업관리 인증소요

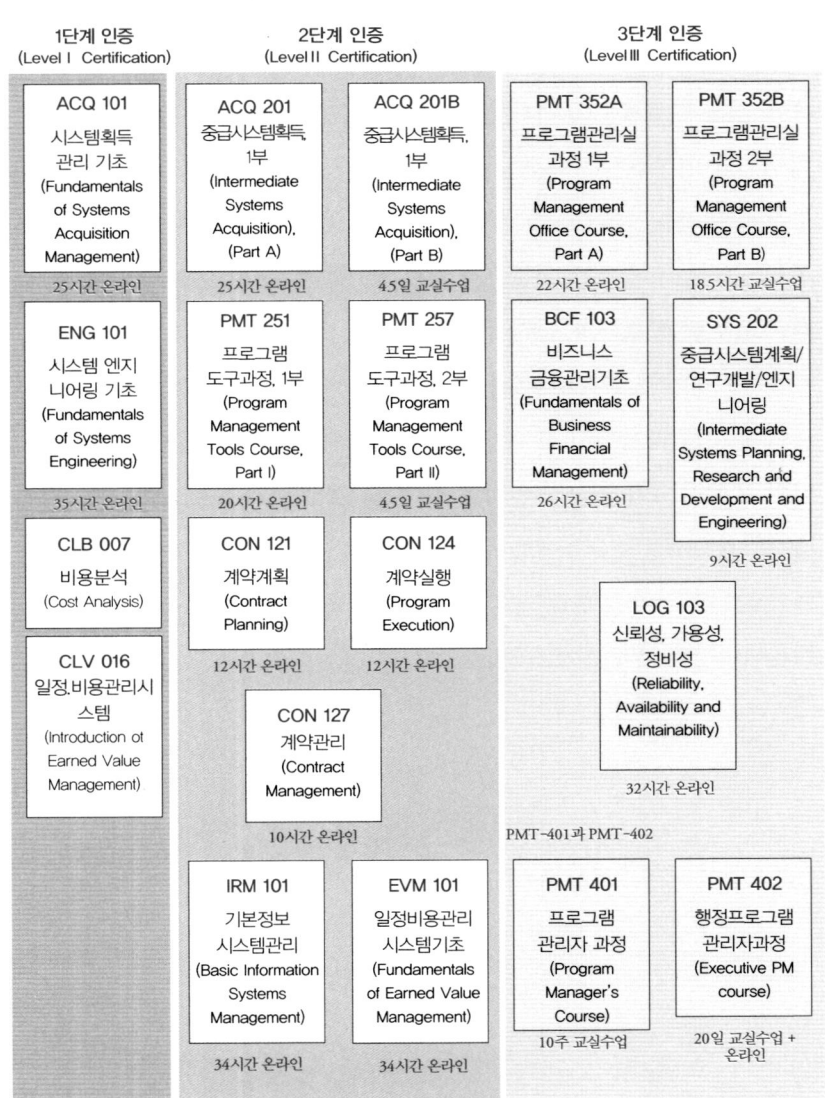

출처: Owen C. Gadeken, "Top Performing PMs: How DAU Develops Them," Defense AT&L (November-December 2015), p. 12.

그러나 우리나라의 경우, 획득인력관리에 관련된 법, 그리고 미국처럼 체계적이고 전문화된 교육을 실시하는 국방획득대학교와 같은 교육·훈련기관이 아직까지 없다. 단지 국방대학교에서 국방무기체계 사업관리(10개 과정)를 방위사업청에서는 분야별 단계화 교육(입문, 실무, 특별) 정도만을 실시하고 있다. 상황이 이렇다보니 현재 획득사업을 전담하고 있는 방위사업청 인력 대부분이 소요·획득관련 기본교육·훈련조차 이수하지 않은 상태에서 수조원대의 획득사업을 수행하고 있는 실정에 있다. 이는 마치 경험없는 조종사가 비행기를 조종하는 것, 경험없는 의사가 환자를 수술하는 것을 그 누구도 신뢰하지 않듯이 경험없는 사업관리자(PMs)가 획득업무를 수행하는 것을 신뢰하기가 어려운 것과 같은 이치인 것이다.

따라서 빠른 시일내에 선진국에서 운영하고 있는 것과 유사한 형태의 국방획득대학교를 설치, 획득관련 인력들을 체계적이고 전문적으로 교육시켜 나가야 한다. 만약 국내 교수요원 확보 및 예산 마련의 어려움 때문에 당장 그것을 추진하기가 어렵다면, 획득관련 인력들을 지난 수년간에 걸쳐 성공적으로 교육시키고 있는 민간대학 등에 획득교육을 '아웃소싱'(outsourcing)하는 프로그램도 적극 활용할 필요가 있을 것이다.[27]

---

27) 현재 국방부 차원에서 안보경영연구원(SMI)에 「국방획득 전문교육기관 설립방안 연구」라는 정책용역을 2015년 12월 30일~2016년 5월 30일까지 대략 5개월에 걸쳐 연구토록 하였다. 그리고 그것의 연구결과를 토대로 2016년 6월부터 지금까지 국방획득 전문교육기관 설립추진 준비단을 편성해 2016년 12월까지 관련법령 제·개정 및 인력, 예산확보를 추진 중에 있고, 2017년 교육시행 계획(안)을 제시할 예정에 있다.

결론

지금까지 방위사업청이 주관·운영하고 있는 현 국방획득체계에 내재된 문제점을 효율성과 책임성에 입각해 살펴본 후, 그것을 개선시키는데 필요한 방안을 제시하였다. 본 논문의 주요 연구결과를 간략히 다시 제시해보면 다음과 같다.

현재 대부분의 방산 선진국들은 全국방발전영역을 고려하는 새로운 획득접근 (TLCM, TLCSM)을 통해 획득과 운영유지(군수지원) 업무를 통합해 운영하거나, 아니면 조직통합을 통해 군의 대비태세와 지속성, 그리고 예산사용의 효율성을 강화해 나가고 있다.

그러나 한국은 획득과 운영유지 업무가 분리돼 있어 획득업무 수행과정에서 많은 문제를 발생시키고 있다. 첫째, 국방정책은 국방부, 획득정책은 방위사업청에서 수립, 집행해 획득관련 기관들 간 정책주도권을 둘러싸고 갈등이 종종 발생하고 있다. 둘째, 소요, 획득, 운영유지(軍)의 분할로 '전수명능력관리'(TLCM), 혹은 '총수명주기체계관리'(TLCSM)의 관점에서 업무를 수행하지 못하고 있다. 셋째, 획득비와 운영유지비의 소관부처의 분리로 인해 획득비와 운영유지비의 효율적 사용이 이루어지지 못하고 있다.

이런 문제들을 해결하기 위해서는 첫째, 무기체계 및 장비의 소요제기부터 폐기처분에 이르기까지의 전 과정을 통제관리할 수 있는 기관을 국방부에 설립하는 것이 필요하다. 둘째, 단기적으로는 경상비에서 운용하고 있는 장비유지비를 방위력개선비로 전환시키고, 중·장기적으로는 획득과 운영유지 업무를 통합, 혹은 조직통합을 추진해 나가면서 국방부가 획득·운영유지 업무의 컨트롤 타워 역할을 수행할 수 있도록 해야 한다. 셋째, 육·해·공 각 군 산하에 무기체계 및 전력지원체계에 관한 업무를 전문적으로 지원해 줄 수 있는 '기술지원센터' 설립이 필요하다. 넷째, 획득인력의 전문성 강화를 위한 인력관리법 제정, 그리고 국방획득대학교와 같은 교육기관 신설을 통해 체계적이고 전문화된 교육·훈련 체계를 구축할 필요가 있다.

사실 국방획득체계의 비효율적인 운영으로 인해 발생하는 무기체계 및 장비의 성능저하, 비용초과, 일정지연 등과 같은 문제들은 군에 대한 국민의 지지와 신뢰 상실은 물론 군사력 증강과 유지를 위한 국방 예산을 확보하고 여론의 지지를 얻는 데 어려움을 겪게 만든다는 사실을 적절히 인식해야 한다. 따라서 정부는 지금부터라도 국방획득체계 개선과 관련해 위에서 제시한 방안들을 적극 실천에 옮기는 노력을 기울일 필요가 있을 것이다.

| 참고문헌 |

- 국방부, 『국방전력발전업무훈령』 제1896호, 개정 2016년 3월 28일.
- 『2016 국방예산안』, 홍보자료.
- 김동수, "방위사업청, 사업은 '늘고' 인력은 '줄고'". 『경기일보』, 2016년 9월 30일.
- 김수한, "내년 국방예산 얼마? 어디에 초점 됐나…창군 이래 최초 40조원 돌파," 『헤럴드 경제』, 2016년 12월 5일.
- 김영기, 『전력화지원요소: 이론과 실제』 (한국학술정보, 2007), p. 21.
- 김종대, "방산비리 발생의 구조와 개선 방향," 새정치민주연합 방위사업부실비리진상조사위원회 주최 『방산비리 실태와 개선방향 모색을 위한 국회토론회』, 2015년 4월 22일.
- 김종하, 『무기획득 의사결정: 원칙, 문제 그리고 대안』, 서울: 책이된 나무, 2001.
- 『국방획득과 방위산업: 이론과 실제』 (성남: 북코리아, 2015). pp. 332-334.
- "합리적 국방획득체계 구축을 위한 방안," 『한국국방경영분석학회지』, Vol. 35, No. 2, August 2009.
- 김정현, "최순실 록히드 마틴과 관련 있나," 『월간조선』, 2016년 12월호.
- 방위사업법, 법률 제14182호, 일부개정 2016년 5월 29일.
- 방위사업청, 『방위력개선업무 실무지침서』, 2016년 1월 22일.
- 안보경영연구원, 『무기체계 적기 전력화 추진방안에 관한 연구』, 연구용역 보고서, 2012년 3월.
- 양낙규, "국회예산정책처 "국방예산 축소에 국방개혁 차질 불가피," 『아시아경제』, 2016년 10월 18일.
- 유기준, "방위산업체 발목잡는 방위사업청," 보도자료, 2013년 10월 17일.
- 윤상윤 외 5인, 『무기체계 적기 전력화 추진방안에 관한 연구』, 안보경영연구

원, 연구용역보고서, 2013년 3월.
- 윤상호, "100억짜리 정찰헬기 부품공급 끊겨 '무용지물'," 『동아일보』, 2009년 3월 20일.
- 조용선, 『종합군수지원: 야전운용제원 수집과 활용모델』, 서울: 한국학술정보, 2008.
- Air Force LCMC, Air Force Life Cycle Management Center: A Revolution in Acquisition & Product Support, 2013 (Internet Edition).
- Cochrane, Michael F., "Capability Disillusionment," Defense AT&L, July-August 2011, p. 24.
- Cooley, William T. and Ruhm, Brian C., "What Program Managers Need to Know: A New Book to Accelerate Acquisition Competence," Defense AT&L, January-February 2015.
- Dallosta, Patrick M, and Simcik, Thomas A., "Designing for Supportability," Defense AT&L: Product Support Issue, March-April 2012.
- Gadeken, Owen C. "Top Performing PMs: How DAU Develops Them," Defense AT&L, November-December 2015.
- Giardina, Antonia R., "Life Cycle Management: Integrating Acquisition and Sustainment," GlobalSecurity.org, 검색일: 2016년 12월 11일.
- Gleason, Wes & Minnich, Steve, "Acquisition Training: A Lifelong Process," Defense AT&L, May-June 2010.
- Taylor, Mike & Murphy, Joseph Colt., "OK, We Bought This Thing, but Can We Afford to Operate and Sustain It?," Defense AT&L: Product Support Issue, March-April 2012.
- Winbush, Jr. James O., Rinaldi, Christoper S., and Giardina, Antonia R., "Life Cycle Management Integrating Acquisition and Sustainment," GlobalSecurity.org(검색일: 2016년 12월 11일).

CHAPTER

4

국방 연구개발의 혁신과 개방

하태정 (과학기술정책연구원(STEPI) 연구위원)

이주호 (한반도선진화재단 정책위원장
KDI 국제정책대학원 교수)

要約

국방 선진강국들의 경우 국방연구개발에 있어서 기술간 융복합화, 와해성 기술개발, 개방형 혁신 등이 광범위하게 확산되는 가운데 첨단 무기체계 및 핵심기술 선점을 위한 국가 간의 치열한 경쟁과 함께 관련 기술에 대한 통제도 갈수록 강화하는 추세이다. 그러나 우리나라는 아직도 기존의 획득 위주 추격형 국방연구개발체제에서 벗어나지 못하고 있다. 따라서 본고에서는 선도형 국방연구개발체제로의 전환을 위하여 국방 연구개발의 혁신과 개방을 다음과 같이 제안한다.

첫째, 명목상 국방 연구개발 예산이 아니라 실질적인 의미의 국방 연구개발에 해당하는 국방기술 연구개발 예산을 차기 정부 5년 내에 지금의 4천억 수준에서 대략 2조 5천억의 규모로 대폭 확충하는 방안을 검토하여야 한다. 이를 위하여 국방예산에서 국방연구개발 항목을 방위력개선 항목과 분리하는 예산 구조의 개편도 추진하여야 한다. 미래 전장에서 요구되는 첨단 무기체계 확보를 위해서는 세계적 수준의 국방과학기술 역량 확보가 필수적이이며, 이를 위한 국방과학기술 분야 투자 확대가 꼭 필요하기 때문이다.

둘째, 급변하는 미래 국방환경 및 기술 변화에 대응하여 신속하고 혁신적인 국방 연구개발 기획절차를 강화해야 한다. 기존의 일방향적, 하향식 국방 연구개발 기획과정이 연구개발 수행주체의 기술제안이 적극 반영될 수 있는 쌍방향적 기획과정으로 전환되어야 한다. 동시에 국방기술 연구개발에서 개방형 혁신(open innovation) 체제를 도입하는 것을 목적으로, 국책연구기관, 민간연구소, 대학 등의 참여를 바탕으로 고위험·고성과(high-risk, high-return) 연구개발을 통한 와해성 혁신을 추구하는 '첨단국방연구기획원(가칭)'과 같은 한국형 DARPA를 설립할 필요가 있다.

셋째, 기존의 기술개발 중심의 민군기술협력을 전주기적 민군기술협력 전략으로 확장해야 한다. 이와 함께 민수 분야에서의 급속한 과학기술 발전성과를 국방 분야에 적극적으로 도입·활용하기 위해서는 보다 과감한 개방형 혁신활동과 관련 정보공유가 확대되어야 한다.

넷째, 효율적이고 일원화 된 국방연구개발 거버넌스를 구축해야 한다. 즉, 지금의 방위사업청 주도의 획득 위주 연구개발체계가 작전계획, 군 운용 국내외 기술수준 등을 통합적으로 반영할 수 있는 국방부 중심의 일원화 된 국방연구개발체제로 전환되어야 한다. 이와 함께 방위산업체의 연구개발역량 강화, 정부출연연구소에 특정 국방연구개발 임무 부여, 첨단 기술력을 갖춘 민수기업들의 국방 연구개발 참여 유도 등을 통한 국방 연구개발 수행주체의 개방도 추진해야 한다.

선도형 국방연구개발체제로의 전환은 급변하는 국가안보 및 국방과학기술 환경에 효과적으로 대응하기 위한 선택이 아닌 필수이다. 아직은 새로운 체제로의 전환을 위한 이해관계 당사자들의 공감대나 구체적인 로드맵이 마련되어 있지는 않은 상태이나, 지금은 대내외 안보환경 대응 및 미래 자주국방의 초석을 놓기 위한 엄중한 노력을 서둘러야 할 때이다.

서 론

　최근 우리나라를 둘러싼 외교 및 안보 환경이 급변하고 있다. 북한의 지속적인 핵개발 추진, 중국의 경제 및 군사 대국화 굴기, 일본의 평화헌법 개정 시도, 미국 신정부의 보호주의 천명 등으로 그 어느 때보다 국가안보 및 자주국방 강화의 필요성이 커지고 있다. 또한 미래 전쟁 양상도 원거리 정밀타격전, 사이버전, 우주항공전, 무인·로봇전 등 과학기술 기반으로 급속히 변화하고 있는 추세이다. 비록 유사 시 한미상호방위조약에 의한 지원이 있다고 하더라도, 보다 근본적이고 장기적인 국방의 방향은 독자적 연구개발 수행역량 강화를 통한 첨단 무기체계 개발 및 자주국방 실현에 있다고 하겠다.

　우리나라 국방전력 관련 정책은 1970년대 이래 대북 전력 열세 극복을 위한 군의 조기 전력화라는 긴급한 필요에 따라 국외도입 위주의 획득사업 중심으로 추진되어 핵심기술 개발을 통한 자체적인 무기체계의 개발 및 구축에는 소홀한 부분이 없지 않았다. 그 결과 국방 연구개발 영역에 있어서도 전략적이고 개방적인 연구개발 투자를 통한 독자적이고 혁신적인 무기체계의 자체 개발보다는 여전히 선진 무기체계의 모방 내지 국산화에 초점을 맞춘 추격형(catch-up) 국방 연구개발 시스템이 유지되고 있다. 그러나 이 같은 국내 국방 연구개발 시스템은 급변하는 미래

전장 환경과 수요에 효과적으로 대응하기 위한 첨단무기체계 개발에는 많은 한계를 노정하고 있다. 실제로 미국, 영국, 프랑스 등 국방 선진강국들은 현재 및 미래 적장 대비 첨단 무기체계 및 핵심기술 선점을 위한 치열한 경쟁뿐만 아니라 관련 기술에 더한 통제도 갈수록 강화하는 추세를 보이고 있다.

최근 들어서는 국방 연구개발의 투자 효율성 문제도 더욱 부각되고 있다. 그 동안 국방 연구개발 분야는 국가안보 및 군전투력 유지·개선을 위한 수단으로서 효율성보다는 효과성 위주의 접근을 견지해 왔던 것이 사실이다. 그러나 최근 국가재정전략회(2015, 2016)에서 발표된 정부 연구개발 혁신방안에는 국방 연구개발 영역도 주요한 효율화 대상 중의 하나로 주목되고 있다. 즉, 전 세계적인 새로운 기술혁신 패러다임 도래로 국방 분야에서도 개방형 혁신, 기술간 융복합화, 와해성 기술개발 등이 급속히 진전되고 있고, 그 동안 빠르게 성장한 민간 부문의 혁신역량 활용을 위해서도, 국방 연구개발의 혁신과 개방을 모색할 필요성이 더욱 커지고 있다.

따라서, 본고에서는 우리나라 국방 연구개발의 특성 및 실태를 분석하고, 이를 바탕으로 미래 국방 소요에 대응하기 위한 기존 국방 연구개발 시스템의 혁신과 개방 방안을 제시한다.

국방 연구개발의 현황과 문제점

🌐 국방 연구개발의 특성

우리나라 국방 연구개발은 일반적인 연구개발에 비해 추진과정, 시장구조 및 경제성, 전략성, 기획절차 등에 있어 다음과 같은 몇 가지 고유한 특성을 갖고 있다. 첫째, 국방 연구개발은 장기간에 걸친 대규모 투자를 필요로 한다. 국방 연구개발은 일반 연구개발 추진 절차와 달리 '군 요구성능(ROC)결정-선행연구-탐색개발-체계개발' 등의 매우 복잡하고 장기간에 걸친 어려운 과정이다. 전투기나 함정 같은 경우에는 30년 이상 장기간 야전에서 운용될 수 있는 내구성과 안전성을 확보해야 하므로 일반 연구개발 사업에 비해 더 많은 투자비용과 개발기간이 소요된다. 그 결과 국방 연구개발의 재원은 대부분 국가재정예산에 의존하고 있는 것이 일반적인 상황이다.

둘째, 국방 연구개발은 구조적으로 수요 및 공급의 쌍방독점 구조를 갖고 있다. 국방 연구개발 결과물의 최종 수요자는 국가안보역량 강화를 목적으로 하는 군 및 정부로서 기본적으로 수요 독점구조를 갖고 있다. 또한 국방 연구개발은 민간이 기피하거나 접근하기 곤란한 비경제적 기술과 고도의 보안성이 요구되는 기술 개발을 주요 대상으로 하여 국방 연구개발의 투자효율성이 일반 연구개발 사업에 비해 낮을 수밖에 없는 내재적 속성을 갖고 있다. 이에 따라 국방 연구개발은 대표적인 시장실패가 존재하는 영역으로 대부분 정부 주도로 추진되고 있으며, 이 과정에서 선정된 연구기관이나 기업을 중심으로 연구개발의 독점구조가 형성 유지되는 특성을 나타나게 된다.

셋째, 국방 연구개발의 자체 수행은 외국 무기체계의 단순 도입에 비해 정보 비닉성 유지 및 안정적 성능개량 지원을 통한 군 전투력 유지에 기여할 수 있다는 장점을 갖고 있다. 즉, 국방 연구개발의 자체 추진은 연구-개발-양산-운영유지 등의 모든 과정에서 학습효과 제고 및 수입대체에 의한 비용절감 효과를 유발하게 된다. 또한 국내 연구개발 경험의 축적은 해외의 국방 관련 기술, 정보, 비용 등에 대한 정보력 강화로 이어져 해외 기술 및 무기체계 도입 시 협상력을 제고하는 효과를 갖는다. 이 외에도 자체 연구개발 성과의 성공적 실용화는 생산 및 고용 유발효과와 함께 독자 개발된 무기체계의 수출효과까지도 기대할 수 있게 한다.

넷째, 국방 연구개발의 기획과정은 전형적인 하향식(top-down) 절차에 따라 추진되고 있다. 국방 연구개발 기획은 최초 소요제기 단계에서부터 연구개발 수행 단계에 이르기까지 '군→합참·국방부→방사청→연구개발 수행주체' 등의 순으로 이루어지고 있으며, 이 모든 과정과 절차가 사실상 일방적, 하향식 기획방식에 따라 추진되고 있다고 볼 수 있다. 물론 기획 과정의 소요결정 단계에서는 합참·국방부가 그리고 사업추진 기본방향 수립 단계에서는 방사청이 실제 연구개발 수행주체나 관련 기술전문가들의 의견을 수렴하고는 있으나 그 반영 정도가 매우 제한적인

수준에 머물고 있다는 평가이다.[1]

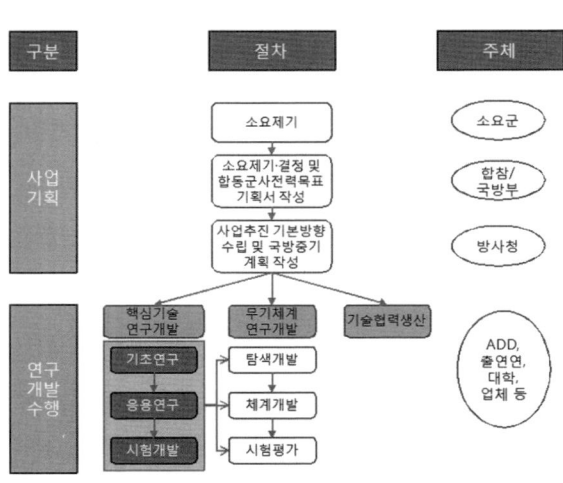

[그림1] 국방 연구개발사업 기획절차

출처: 국방전력발전업무훈령(2012.2) 내용을 필자가 재구성

국방 연구개발 정책방향

우리나라 국방 연구개발 정책의 기본방향은 국방 연구개발 경쟁력 제고를 목표로 적극적인 연구개발 투자 확대 및 관리의 효율화에 역점을 두고 있

---

1) 우리나라 방위사업관리규정에서는 국방 연구개발의 범위를 크게 핵심기술연구개발, 무기체계연구개발, 기술협력생산 등의 3가지 범주로 구분하고 있으며, 이 가운데 핵심기술연구개발은 상대적으로 기획단계에서 일정 수준 이상의 상향식 기술제안이 이루어지고 영역에 해당한다.

다. 국방 연구개발 정책 관련 최상위 장기기획서인 국방과학기술진흥정책서 및 중기계획서인 국방중기계획에 제시된 정책기조는 다음과 같다.

첫째, 목표지향적인 국방 연구개발 사업을 추진하겠다는 것이다. 여기에는 국가안보 및 첨단무기체계의 독자 개발능력 확보를 위해 필요한 재원을 안정적으로 확보하여 정책의 실효성을 제고하겠다는 정책의지가 담겨있다고 하겠다. 장기적으로 국방비 대비 국방 연구개발 예산 비중을 지금의 6.6% 수준에서 2018년에 8.5%, 2028년까지는 15% 수준으로 크게 확대하여 국방 선진강국 수준에 도달하겠다는 것이다. 또한 국내 수요가 크고, 해외 수출 가능성이 큰 일반 무기체계 개발에 국내 방산업체들의 적극적인 참여와 투자를 유도하고, 첨단 무기체계 기술개발 시 획득비 및 운영유지비의 상당 부분을 차지하는 소프트웨어에 대한 기술개발도 적극 추진하겠다고 한다.

둘째, 선택과 집중 전략으로 핵심기술 개발에 집중한다는 것이다. 선진국에서 기술이전 및 판매를 기피하는 지휘통제, 감시정찰, 정밀타격, 무인화 분야 등 미래 전장 환경을 고려한 전략적 육성 분야의 핵심기술 확보를 위한 연구개발 투자를 적극 추진할 계획이다. 이를 위해 무기체계 및 핵심 구성품 개발에 필요한 기술을 통합적으로 식별하고 국내 국방과학기술 수준을 고려하여 기초연구, 핵심기술, 민군겸용기술, 핵심부품국산화 등 다양한 연구개발 전략을 적용하여 개발을 추진하겠다는 것이다. 이와 함께 창의적 도전적 기술개발을 촉진하기 위해 성공할 경우 기술료 보상제도 및 고위험 고난이도 기술개발 사업에 대한 성실실패 인정제도를 도입할 예정이다.

셋째, 국방 연구개발 관련 기반도 지속적으로 확충할 계획이다. 합참의 소요기획 및 국내외 기술수준 조사를 바탕으로 한 하향식(top-down) 기획과정과 산 학 연 및 군 국방과학연구소 국방기술품질원으로부터의 과제 공모를 통한 상향식(bottom-up) 기획과정을 융합한 혁신적이고, 통합적인 기획관리체계를 구축하려고 한다. 또한 중 장기 국방과학기술 개발 로드맵과 연계한 국방과학기술 연구개발 인력 수급계획 수립하고 안정적인 국방과학기술 인력 양성 및 육성을 위해 국가 연구개발 체계와의 협력도 강화해 나갈 계획이다. 국방과학연구소의 시험장 시설 장비를 현대화함으로써 무기체계의 국내시험능력 강화 및 첨단 융 복합 무기체계 시험능력을 고도화하고, 한정된 국방자원을 효율적으로 운용하기 위해 연구개발성과에 대한 투자효율성 평가도 추진하겠다고 한다.

넷째, 민·군기술협력 활성화를 적극 추진할 계획이다. 민·군기술협력을 활성화하기 위해 부처 간 역할을 분담하고 민·군기술협력사업을 지원하기 위한 협조체제를 강화해 나가겠다고 한다. 국방과학연구소-정부출연연구소 간 공동기획을 통해 도출된 도전 창의적인 신기술개발사업을 지원하기 위한 민군기술협력 예산을 신설하여 산·학·연과의 연구개발 협력의 확대를 추진한다고 한다. 동시에 범정부차원의 국가과학기술 중 장기계획 작성 시 국방 연구개발 전문가들의 참여를 통해 국방관련 기술 식별, 민군겸용기술 추진 등 국가연구개발사업과의 연계활동을 강화하고, 국가과학기술지식정보서비스(NTIS)와 국방기술정보통합서비스(DTiMS) 간 연계 강화 및 민 군 기술교류회 등을 통해 과학기술정보의 공유 확대하겠다고 한다.

`이상의 국방 연구개발 관련 정책 기조 및 비전은 미래 지향적 자주국방 역량 강화 및 방위산업을 육성을 위한 세계적 수준의 국방과학기술

진흥으로 요약될 수 있다. 이를 위한 구체적인 국방 연구개발 추진전략은 미래선도형, 북한위협대응형, 수출활성화 기여형, 기술역량 확충형 등의 연구개발사업을 추진하여 군 전력 증가, 국가경제 기여, 기술력 기반 확충 등의 목표 달성에 기여하겠다는 것이다.

[그림 2] 국방 연구개발 비전체계

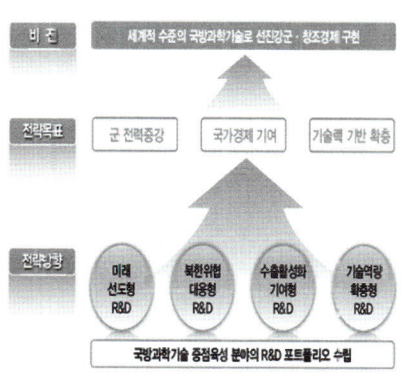

출처: 국방부(2014) '14~'28 국방과학기술진흥정책서

국방 연구개발 투자 규모의 문제점

우리나라 국방 연구개발 사업은 그 목적 및 내용을 기준으로 무기체계 연구개발 및 국방기술 연구개발 등 크게 2개 단위사업으로 구분되어 추진되고 있다. 이 가운데 국방과학기술 관점에서 엄밀히 말하자면, 국방기술 연구개발 사업만이 실질적인 국방 연구개발 사업에 해당한다고 보는 것이 타당하다. 무기체계 연구개발 사업의 경우 대부분이 무기체계

종합설계 및 시제품 제작 등 기 개발된 기술들의 통합 내지 생산기술의 개량으로 볼 수 있어 엄밀한 국방 연구개발을 통해 기대하는 본래의 역할과 기능을 제공하는 데는 상당한 한계가 있기 때문이다.

한편, 국방기술 연구개발 사업은 다시 그 목적 및 용도에 따라 기초연구, 핵심기술개발, 신개념기술시범, 민군겸용기술, 핵심부품 국산화 개발 등 5개 세부사업으로 구분되어 추진되고 있다. 기초연구는 주로 대학 및 정부출연연구소의 개별 연구자 및 국방특화연구센터(현재 17개 센터 운영)를 통해 수행되고 있고, 핵심기술개발사업은 주로 국방과학연구소가 중심이 되어 무기체계 개발에 필요한 핵심기술들에 대한 전략적 연구개발이 추진되고 있다. 특히, 이들 5개 세부사업 중에 국방 연구개발 전략상 가장 핵심이 되는 분야는 핵심기술개발 사업으로 무기체계연계형 8대 분야, 선도형 기술개발, 선행핵심기술, 핵심소프트웨어, 국제공동기술개발 등 5대 기술사업으로 구분되어 추진되고 있다.

[그림 3] 국방 연구개발 사업체계

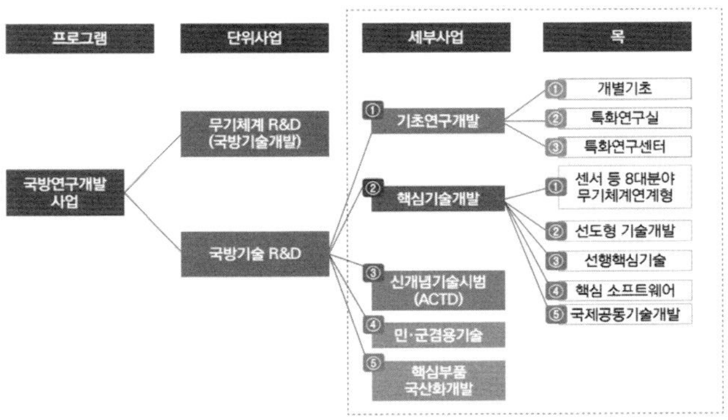

출처: 방위사업청 홈페이지

국방 연구개발 사업에 투입되는 정부예산은 2016년 기준 약 2.5조원으로 전체 국방비의 6.6%를 차지하고 있다. 2016년 우리나라 국방비는 정부재정의 약 14.5%의 비중을 차지하면서 전년 대비 3.6% 증가한 38.7조 원으로 책정되었다. 국방비의 부문별 예산구조는 병력운영비가 16.4조원(42%)으로 가장 크고, 방위력개선비가 11.6조원(30%), 전력유지비가 10.7조원(28%) 등으로 각각 구성되어 있다. 이 때 국방 연구개발비가 포함되어 있는 방위력개선비 부문은 전년 대비 5.7% 증가하여 전체 국방비 증가율인 3.6% 대비 상대적으로 높은 증가세를 보였다. 국방 연구개발 예산은 방위력개선 예산의 하부 구성요소로 2016년에 약 2.5조원으로 전년 대비 5.0% 증가하였고, 전체 국방비의 6.6%의 비중을 차지하고 있다.

현행 국방 연구개발 예산 분류체계를 따라서 보면, 우리나라의 국방 연구개발비가 정부연구개발 예산에서 차지하는 비중은 주요 국방 선진 강국과 비교하여 그렇게 낮은 수준은 아니다. 2013년 기준으로 전체 정부 연구개발 예산에서 국방 연구개발비의 비중은 14.8%로 비교 대상국 가운데 미국, 영국에 이어 3번째로 높은 수치다. 〈표 2-1〉은 미국과 일본을 제외한 대부분의 비교 국가들이 자국의 연구개발 예산에서 국방 연구개발비가 차지하는 비중을 점차 축소하고 있는 추세를 보여주고 있다.

그러나, 여기에는 몇 가지 간과해서는 안 될 사실들이 있다. 먼저, 미국의 경우 연방정부 연구개발 예산의 절반 이상을 국방 연구개발에 투자하고 있다. 미국 예산관리국(OMB; Office of Management and Budget) 자료에 의하면 1, 2차 걸프전 기간 중에 국방 연구개발비 비중은 60% 내외로 매우 높은 수준을 유지했던 것으로 나타나고 있다. 프랑스의 경우도 2010년 이전에는 그 비중이 20% 이상을 지속적으로 유지하였다는 점과 일본의 경우는 최근 다른 국가들의 국방 연구개발비 축소 추세에 반해 오히려 국방 연구개발비 비중을 꾸준히 증가시키고 있다는 점에도 주목할 필요가 있다. 여기에 더하여 이들 국방 선진강국들은 오래 전부터 국방 연구개발 투자에 적극적이었기 때문에 국방 연구개발 저량(stock) 관점에서 보면 우리나라와 비교할 수가 없을 정도로 높은 수준의 역량을 구축하고 있다는 점도 놓쳐서는 안된다.

〈표 1〉 주요국 정부 연구개발 예산 중 국방 연구개발비 비중

구분	2000	2009	2010	2011	2012	2013
한국	20.5	16.0	15.8	16.3	14.8*	14.8*
미국	51.6	51.6	57.3	56.8	54.7	52.7
프랑스	21.4	21.8	14.7	6.8	7.1	6.3
일본	4.1	3.7	4.8	2.6	2.9	4.6
스웨덴	7.1	8.4	7.6	7.8	8.1	4.0
영국	35.6	18.7	18.2	14.5	16.2	15.9
OECD 전체	27.7	28.1	28.8	27.1	26.3	24.6

출처: OECD(2014), Main Science and Technology Indicators 2014-2: Defense budget R&D as a percentage of Total GBAORD.
* 미래부(2013, 2015), 국가연구개발조사분석보고서.

한편, 우리나라 국방 연구개발 예산의 세부사업 구조를 살펴보면, 국방 과학기술 분야 연구개발에 해당하는 국방기술 연구개발 비중이 상대적

으로 매우 낮다는 것을 알 수 있다. 2015년 기준 국방기술 연구개발 예산은 8,360억 원으로 나타나고 있으나, 구성 항목 중 전용기술 사업은 사실상 무기체계 연구개발 사업에 해당해 실질적인 국방기술 연구개발 예산은 4,150억 원으로 국방 연구개발 예산 2조 4,795억 원 가운데 16.7% 비중을 차지하고 있다고 보는 것이 타당하다. 이러한 수치는 2015년 국가연구개발사업에서 기초 및 응용 분야 투자 비중이 58.8%에 달하고 있는 상황을 감안하면, 국방 연구개발의 목적이 궁극적으로 무기체계 탑재를 목표로 한다는 국방 분야의 특수성을 감안할 지라도 기초연구개발 및 핵심기술개발에 초점을 두고 있는 국방기술 연구개발 투자 규모가 지나치게 낮다는 점에 유의할 필요가 있다. 미국의 경우 기초연구, 응용연구, 시험개발 및 핵심기술부품 개발 등에 대한 투자 비중이 40% 수준에 이르고 있는 점을 고려하면, 이렇게 낮은 국방기술 연구개발의 투자 규모를 가지고는 우리의 과학기술 기반 국방력 건설은 구호에 거치고 말 수 있다는 우려가 높다는 점을 지적하지 않을 수 없다.

〈표 2〉 국방 연구개발 예산의 세부사업 추이

(단위: 억원)

	2011	2012	2013	2014	2015
■ 국방기술 연구개발	5,845	6,468	6,893	8,310	8,360
- 기초연구	406	437	442	513	514
- 핵심기술개발	2,327	2,522	2,720	2,824	2,682
- 민군겸용기술	350	409	416	590	660
- 전용기술	2,659	2,940	3,147	4,210	4,210

－ 신개념기술시범	74	100	93	78	295
－ 핵심부품국산화개발지원	30	60	75	95	
■ 업체주관 연구개발	5,954	7,054	2,566	997	1,022
■ 국책 연구개발	1,005	1,134	905	731	1,169
■ 국방과학연구소 운영	2,149	2,209	2,331	2,398	2,573
－ 인건비	1,895	1,961	2,072	2,131	2,242
－ 운영비	168	159	168	168	196
－ 시설건설유지	86	88	90	99	135
■ 국방과학연구소 주관 연구개발	4,942	5,393	5,044	4,485	4,524
－ 기술지원	26	7	8	22	733
－ 연구지원	502	480	654	674	
－ 연구인프라보강	582	676	848	754	938
－ 그 외 세부사업	3,832	4,230	3,534	3,035	2,853
■ 기술기획/품질경영	269	284	407	562	613
－ 기술기획	269	158	172	218	237
－ 품질경영	－88	126	235	344	376
■ 국방기술품질원 운영	－321	646	663	560	565
■ 연구개발 성능개량	－	23	5,663	5,303	5,969
합계	20,164	23,210	24,471	23,345	24,795

출처: 국회예산정책처(2014), 2015년도 예산안 분야별 분석.

국방 연구개발 투자 성과의 문제점

우리나라 국방 연구개발 투자는 1970년 국방과학연구소(ADD) 설립을 통해 시작되었다고 할 수 있다. 1970년대 소총 등 기본병기 모방개발에서 2,000년대 정밀유도무기 등의 첨단무기에 이르기까지 다수의 무기체계를 자체 개발하는 데 성공하였다. 최근에는 국방과학기술 역량이 지속적으로 발전하고 있는 가운데, 국산 무기체계 개발 및 수출을 통해 경제발전과 방위산업 경쟁력 강화에도 상당한 성과를 거두고 있다. 2012년에는 KT-1훈련기, K-2전차, 해성 미사일 등의 첨단 무기체계의 수출에 성공하였고, 2015년에는 35.4억 달러 방산수출도 달성하였다.

우리나라 국방과학기술은 세계 10위권 수준으로 국방 선진강국 대비 기술수준지수가 80 정도인 것으로 분석되고 있다. 감시정찰, 지휘통제통신, 항공우주 등 8대 무기체계 분야를 구성하는 27개 대표적 무기체계로부터 식별된 136개 대분류 기술에 대한 기술수준 분석결과에 따르면, 2016년 기준 기동(86), 함정(82), 항공우주(82), 화력(86), 방호(85) 등의 분야에서는 선진권에 진입한 것으로 나타났다. 특히, 136개의 대분류 기술 중 2013년에 조사된(139개 대분류 기술 대상) 기술수준에 비해 약 30% 정도가 중진권에서 선진권으로 진입한 것으로 나타났고, 결과적으로 2013년의 기술수준지수 평균인 78이 2016년에는 80으로 2만큼 상승한 것은 의미 있는 성과라 하겠다. 그러나 미래 전장 환경에서 그 역할과 중요성이 더욱 커지고 있는 감시정찰(77), 지휘통제통신(78) 등의 전략 분야에서는 2013년에 비해 오히려 기술수준이 더 낮아진 것으로 나타나 이에 대한 적극적 대응이 필요한 것으로 보인다.

〈표 3〉 우리나라 국방기술수준 현황(대분류 기준)

기술수준	2013년		2016년	
	기술수	비율	기술수	비율
90이상(최고 선진권)	0	0%	1	1%
80 이상~90 미만(선진권)	64	46%	83	61%
70 이상~80 미만(중진권)	59	43%	43	32%
60 이상~70 미만(하위권)	14	10%	8	6%
60 미만(최하위권)	2	1%	1	1%
계	139	100%	136	100%

출처: 국방기술품질원(2016), 국방과학기술 개발동향 및 수준.

　국방 연구개발 영역은 제한적 수요자, 고난이도, 장기간의 개발, 정보의 폐쇄성, 보험적 비용지출 성격 등의 고유한 특수성을 내재하고 있고, 국방기술은 최고 수준의 보안대책 하에 수급 활동이 이루어지고 있어 국방 연구개발의 효율성 문제를 다루는 것이 결코 간단치는 않다. 그 결과 지금까지 제시된 국방 연구개발 투자의 효율성 및 경제적 효과에 대한 분석은 대부분 사례 중심의 정성적 수준에서 이루어졌다. 예컨대, 1970~80년대 총포, 군용통신 전자장비, 군용차량 등의 개발경험 및 습득기술이 이후 1980~90년대 민간부문의 정밀금속 기계산업, 통신 전자산업, 자동차 산업발전의 원동력을 제공했다는 정도의 정성적 분석에 머물고 있다. 그러나 최근 들어서 일부 접근 가능한 정보 및 자료를 바탕으로 수행된 경제성 분석을 수행하였는데, 산업연구원(2010)은 1970~2009년 기간 동안 국방과학연구소가 총 16조 원의 연구개발 투자를 수행하여 약 187조 원의 경제적 파급효과를 거두었다는 분석결과를 제시한 바 있다. 또한 과학기술

정책연구원(2015)은 지난 10여 년(2005~2015) 간의 민군기술협력사업의 투자효율성을 분석을 통해 투자된 연구개발비 대비 경제적 편익의 크기가 14.2배에 달한다는 결과를 제시하였다.

[그림 4] 국내 방산기업의 영업이익 크기 및 증가율

(단위: 조 원, %)

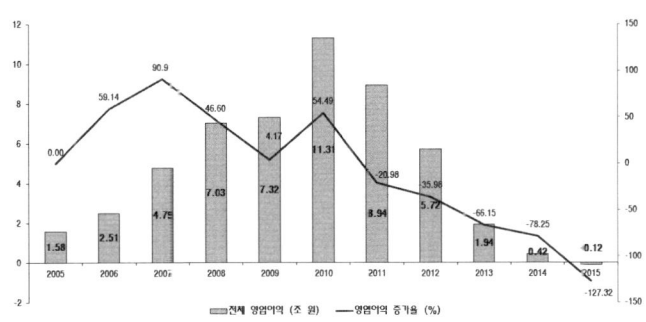

출처:하태정 외(2016), 『 래전 대응 국방연구개발시스템 발전 방안, 과학기술정책연구원.

한편, 국내 방위산업체의 연구개발 성과 및 혁신역량은 국내 여타 산업과 비교했을 때 경쟁력이 부족한 것으로 나타났다. 2016년 기준 방위사업법 제35조에 근거해 지정된 방산기업들을 대상으로 분석한 결과에 따르면, 방산 기업들의 매출액 대비 연구개발비 비중이 우리나라 전체 제조업 평균인 3.63%에 비해 낮은 상대적으로 낮은 2.81%로 나타났다. 결과적으로 연구개발 성과 중의 하나인 특허 출원 및 등록 건수도 최근 수년 간 하향 내지 정체 상태에 있는 것으로 나타났다. 이 같은 상황은 방산기업들의 매출 증가세 둔화 및 수익성 하락과도 연관되어 있다고 할 수 있는데, 방산기업들의 매출액은 2011년 이후 약 140조원 대에서 정체되어 있고, 영업이익도 2010년 이후 갈수록 악화되고 있는 추세를 보이고 있다. 방위산업의 경우 군 수요와 국방 예산의 영향을 많이 받기 때문에 상대적으로 국내외 시장 수요나 경기변동에 영향에 덜 민감하다고 할 수 있다. 그럼에도 불구하고, 국내적으로는 국방 예산이 꾸준히 증가하고 있고 국외적으로는 세계 방산시장이 지속적으로 성장하고 있는 상황을 감안하면 국내 방산기업들의 성장 정체(방산 수출 포함) 및 수익성 악화 추세에 대한 근본적인 원인 규명과 대응 방안이 필요할 것으로 보인다.

위와 같은 우리나라 국방 연구개발 성과 관련 다양한 측면은 현행 국방 연구개발 시스템의 한계 및 가능성을 동시에 보여주고 있다고 하겠다. 우선은 우리나라는 지금까지 국방 연구개발 투자를 통해 기본병기(소총, 박격포, 미사일, 장갑차 등)에서부터 첨단무기체계(K9 자주포, K2 전차, 순항미사일, 어뢰, 고등훈련기 등)에 이르기까지 국산화 및 자주국방 건설에 기여한 것은 분명하다. 또한 국방 연구개발 성과의 민간부문 이전을 통해 산업발전 및 방산수출에 이바지 한 바도 적지 않다고 하겠다. 그럼에도 불구하고 독자 개발한 명품 무기체계라 홍보되었던 K2 전자, K9 자주포, K11 복합형 소총 등에서 발생한 결함으로 인해 추락된 국방 연구개발에 대한 신뢰와 기대 그리고 국민들의 안보에 대한 불안감은 기존의 국방 연구개발 시스템에 대한 근본적인 점검과 보완을 요구하고 있다. 특히, 미래전의 양상이 과학기술 기반 첨단 무기체계를 이용한 원거리 정밀교전, 첨단 정보전, 네트워크전, 항공우주전 등으로 급변하고 있는 상황에서 미래 지향적인 국방 연구개발 시스템으로의 전환을 위하여 혁신과 개방이 필요한 때이다.

국방 연구개발의
혁신과 개방 방안

우리나라의 대내외 안보환경 및 미래전 양상의 급속한 변화는 기존의 획득 위주 추격형 국방 연구개발 시스템에서 새로운 선도형 국방 연구개발 시스템으로의 신속한 전환을 요구하고 있다. 여기서 선도형 국방 연구개발 시스템은 기존의 추격형(catch-up) 연구개발 시스템에 대비되는 개념으로 독자적이고 선도적 무기체계 개발을 위한 연구개발 거버넌스, 연구개발 사업체계, 연구개발 수행주체 및 주체간 협력방식, 제도 운영 등에 관한 것이다. 이러한 선도형 국방 연구개발 시스템은 미국, 영국, 이스라엘 등 국방 선진강국들에서 공통적으로 찾아볼 수 있는 특징들로서 적극적인 국방 연구개발 투자, 신속하고 창의적인 국방기술 기획절차, 개방형 국방 연구개발 추진전략, 효율적이고 일원화된 국방 연구개발 거버넌스 등이 그 핵심이 되고 있다.

● 국방 연구개발 예산의 구조 개편과 대폭 확충

우리나라 국방연구개발 관련 정책은 1970년대 이후 대북 전력열세 극복을 위한 군의 조기전력화라는 시급한 필요성에 따라 국외도입 위주의 획득사업 중심으로 추진되면서 국방 연구개발에 대한 투자는 상대적으로 소홀하였다는 것은 주지의 사실이다. 국방연구개발사업의 대부분은 핵심기술 개발보다는 무기체계 개발 위주로 진행되었고, 무기체계 개발을 위한 투자 비중은 지금도 전체 국방 연구개발 예산의 80% 이상을 차지하고 있는 상황이다.

그런데, 현행 국방연구개발 예산구조는 상위의 방위력개선비 예산의 하위 항목 중의 하나로 구성되어 있어 국방과학기술, 핵심기술 등의 전략적이고 기반이 되는 국방 연구개발 수행에 필요한 안정적 예산을 확보하는 데는 적잖은 한계를 가지고 있다. 즉, 예산구조 상 보다 상위의 가시적이고 시급한 방위력개선비의 하부항목으로 귀속됨으로 인해 보다 독립적이고, 중장기적 관점에서 국방 연구개발 사업을 기획하고, 추진하는 데 상당한 어려움이 발생하고 있는 것이다. 앞서 지적한 것처럼, 국방 분야의 기초 및 핵심기술에 대한 관련 연구개발 예산은 4,000억원 수준에 불과한 실정이다. 이 같은 국내 국방연구개발 예산 구조는 급변하는 미래 전쟁양상에 효과적으로 대응하기 위한 첨단무기체계 개발에 상당한 한계로 작용할 것이 분명하다.

따라서 국방연구개발의 고유한 특성과 갈수록 증가하는 국방연구개발 수요를 감안하고 또한 보다 개방된 국방연구개발 체제로의 전환을 고려하여 국방예산 구조에서 국방연구개발 항목을 방위력개선 항목과 구조적으로 분리할 필요가 있다고 하겠다. 이 같은 국방 연구개발 예산의 구조 개편은 지금까지 국방연구개발사업을 국방획득사업의 하위사업으로 인식하여 국방획득 관련 예산의 꾸준한 증가에도 불구하고 국방

연구개발 예산은 실제 수요 대비 충분히 증가하지 못하는 상황을 개선할 수 있을 것으로 사료된다. 여기서 미국의 경우, 국방부 및 육군의 국방연구개발 예산 중 과학기술과 핵심부품 개발에 투자되는 예산규모가 전체의 40% 정도에 이르고 있다는 점도 참조할 만하다.

그리고 앞에서 지적한 바와 국방 연구개발 중에서도 무기체계 연구개발에 비하여 지나치게 낮은 국방기술 연구개발의 투자 규모를 대폭 확대할 필요가 있다. 국방기술 연구개발 예산은 현재 실질적으로는 4,150억 원에 불과한 실정 (국방기술 연구개발 예산에서 전용기술 사업은 사실상 무기체계 연구개발 사업에 해당)이므로, 이를 차기 정부 5년 내에 대략 2조 5천억의 규모로 대폭 확충하는 방안을 검토하여야 한다. 이러한 국방기술 연구개발 투자의 확충은 국민의 세금 부담을 늘리지 않고서도 현재 19조 5천억의 규모까지 확대된 국가 연구개발 사업에서 국방기술 연구개발의 비중을 상대적으로 늘려서 조정한다면 충분히 가능할 것이다.

OECD 전체의 정부 연구개발 예산에서 국방 연구개발비가 차지하는 비중이 2013년 기준으로 24.6%(표 2-1)이라는 것을 감안한다면, 우리가 국방기술 연구개발에 대한 투자를 2조 1천억 가량 더 늘린다고 하더라도 2013년의 14.8% 수준에서 향후 5년 내에 25% 수준 정도로 높이게 되는 것이므로, 우리 정부의 연구개발 예산에서 국방 연구가발비가 차지하는 비중을 OECD 평균에 근접시키게 되는 셈이다.

이렇게 우리 정부의 연구개발 예산에서 국방 연구개발비가 차지하는 비중을 현재의 15% 수준에서 25% 수준으로 5년 내에 높이기 위해서는 별도의 국방연구개발 예산항목을 국방획득사업의 하위사업이 아닌 별도의 항목으로 신설하는 국방 예산의 구조 개편뿐만 아니라 국방연구개발 체제를 훨씬 더 개방하여 ADD뿐만 아니라 다른 정부출연연은 물론이고 대학과 민간 연구원도 국방기술 연구개발에 적극적으로 활용하는 변화를 함께 추진하여야 한다. 이렇게 할 경우 방향감을 상실하고 효율성이 떨어진다는 비판을 받고 있는 우리나라 전체 국가연구개발체제의 효과성과 효율성을 동시에 높일 수 있는 중요한 계기를 제공할 수 있는 것이다.

국방 연구개발 기획의 민첩성 강화와 개방

현행 국방기술기획 절차에 따르면, 무기체계개발사업과 핵심기술사업은 기획 후 착수까지 최소 3~7년의 기간이 소요되는 구조를 가지고 있어, 급속한 기술발전 속도에 대응하여 필요한 신기술의 신속한 개발과 무기체계에 대한 신속한 적용에 상당한 한계가 나타나고 있다. 또한 국방연구개발의 최상위 정책서인 국방과학기술진흥정책서는 중장기 국방연구개발의 비전과 목표를 제시한 선언적 내용 위주로 작성되어 있어, 내용의 구체성 및 방향성에 있어 실행계획과 다소 괴리가 발생하기도 한다. 실행계획서에 해당하는 핵심기술서도 미래전략 로드맵에 따른 전략적 핵심기술기획서가 아닌 소요과제 중심으로 핵심기술기획서가 작성되고 있어 미래전략 무기체계 개발을 위한 선도적 역할 수행에 한계가 있다는 지적들도 제기되고 있는 상황이다. 이 외에도 국방중기계획(안) 작성 및 예산안 편성 시 민간 부문의 참여가 제한적이고, 산학연 제안 기술과제들의 국방중기계획 반영률은 상당히 저조한 실정이다.

따라서 국방 연구개발 기획의 민첩성을 강화하기 위하여 현재 방위사업관리규정에 명시된 신속 기술개발 제도인 선행핵심기술연구사업을 확대하는 것을 고려해 볼 필요가 있다. 즉, 사전 기획되지 않은 신규 핵심기술 과제도 예산편성 단계에 원활히 진입할 수 있는 Fast Track 제도를 확대할 필요가 있다는 것이다.[2] 또한 민간 부문의 높은 과학기술 역량 및 자원을 국방 분야에 활용하기 위해 군소요 결정과정에 민간 부문의 역할 및 참여를 확대하고, 기존 군소요 위주의 연구개발사업 기획과정에 민간의 기술주도형(Tech push) 참여를 유도하기 위한 제도적 장치 마련하는 것도 중요하다.

그리고 이미 꾸준히 제기되어왔던 바와 같이 우리도 미국의 DARPA(Defense Advanced Research Project Agency)와 같이 매우 혁신적이고 독립적인 첨단국방연구기획기구를 설립함으로써 보다 근본적으로 국방과학기술 기획을 개방하는 방안을 제안한다. 물론 지금도 ADD에 국방고등기술원을 설립하여 국방 연구개발 기획을 강화하는 노력을 하고는 있지만 개방되지 못한 혁신에는 한계가 분명히 있다. 따라서 국방기술 연구개발에서 민간이 적극적으로 참여하는 개방형 혁신(open innovation) 체제를 도입하는 것을 목적으로, 국방기술 연구개발에 국책연구기관, 민간연구소, 대학 등의 참여를 통하여 고위험·고성과(high-risk, high-return) 연구개발을 통한 와해성 혁신을 추구하는 '첨단국방연구기획원(가칭)'과 같은 한국형 DARPA를 설립할 필요가 있다.

---

2) 현행 국방 R&D사업 중 Fast track에 해당하는 것은 선행핵심기술연구사업이 있으나, 관련 예산이 매우 적어 실제 추진 과제수가 매우 제한적임

예컨대 파격적으로 한국과학기술원(KIST) 내에 첨단국방연구기획원(가칭)을 설치하여 국방부의 연구개발을 담당하는 최고 책임자에게만 직접 보고하도록 하되 구체적인 사항들에 대하여는 국방부의 세부적인 지시를 받지 않고 독자적으로 결정할 수 있도록 법적으로 독립성을 부과하고, 앞에서 제안한 대폭적으로 증가된 국방 과학기술 예산 중 상당 부문을 향후 이 기관의 PM(project manager)들에게 독립적으로 기획할 수 있는 재량권을 부여하여, 국내외 최고의 과학자와 기술자들을 활용하여 거의 불가능하다고 여겨질 정도의 도전적 과제들을 기획하여 추진할 수 있도록 하여야 한다. 이제 우리나라의 국방 연구개발도 과거의 추격형 모델을 과감히 탈피하여 선도형 모델로 전환하여야 하는데, 첨단과학기술기획원(가칭)이야말로 이러한 대전환을 이끌 수 있는 기관으로 만들어야 한다. 이렇게 하여 우리나라 국방 연구개발을 ADD의 독점 체제에서 ADD와 첨단국방연구기획원(가칭) 간의 경쟁체제로 전환시키는 방안을 적극적으로 모색하여야 한다.

전주기적 민군기술협력 강화를 위한 제도 개선

현행 국방연구개발 관리규정은 국방연구개발 성과물의 정부 귀속을 원칙으로 하고, 대학이나 출연연의 경우 공동소유권을 인정하지만 민간부문의 방산기업들에게는 지식재산권을 허용하지 않고 있다. 이 같은 관련 규정은 국방연구개발에 주도적으로 참여한 방산기업들의 연구개발 성과에 대한 상업적 활용을 크게 제약하고 있어, 민간부문의 국방연구개발 참여를 소극적으로 만드는 결과로 이어지고 있다. 이와 함께 지금의 군소요 중심의 하향식 연구개발 소요 결정방식은 민간 부문의 참여를 유도하기 위한 경제적 타당성이 부족하고, 민간의 역할과 책임에도 제한적일 수밖에 없는 환경을 초래하고 있다. 지난 40여 년간 국방연구개발은 국방과학연구소(ADD)가 주도하고 민간 방산기업은 시제품 생산만을 담당하여 민간부문의 연구개발역량 축적이 이루어지지 못한 것도 일례라 할 수 있다.

그러나 국방연구개발사업의 효율성 제고를 위해서는 민간부문의 참여 확대와 국방연구개발 수행주체 간 협력이 필수적이다. 일례로, 살펴본 영국의 국방연구개발시스템처럼 우리나라도 이제는 민간부문의 다양한 연구개발 주체(대학, 출연연, 대기업, 중소벤처 등)들과의 협력을 촉진하기 위해 필요한 기술·정보·인력·시설 등 다양한 분야에서 협력체계를 구축하고, 이를 바탕으로 국방연구개발사업의 효율성과 효과성을 높이기 위한 새로운 접근이 요구된다. 더구나 우리가 제안한 바와 같이 국방연구개발에서 개방형 혁신을 추구하는 첨단국방연구기획원(가칭)을 설립하게 될 경우 이와 같은 전주기적 민군기술협력 강화를 위한 제도 개선은 필수적으로 함께 추진되어야 할 것이다.

효율적이고 개방적인 국방 연구개발 거버넌스의 재구조화

우리나라 국방 연구개발이 추격형에서 선도형으로 대전환을 이루기 위한 혁신과 개방을 위해서는 효율적이고 일원화 된 국방연구개발 거버 넌스 구축이 중요하다. 현재의 방위사업청 주도의 획득 위주 연구개발 및 운영 시스템이 작전계획, 군 운용, 국내 기술개발역량 등을 통합적으로 조정할 수 있는 국방부 중심의 일원화 된 국방 연구개발 시스템으로 전환되어야 한다. 이와 함께 국방 연구개발 수행주체의 개방도 동시에 추진해야 한다. 방위산업체의 연구개발역량 강화, 대학 및 정부출연연구 기관에 특정 국방연구개발 임무 부여, 기술경쟁력을 갖춘 민수산업체들의 국방연구개발 참여 등은 현행 국방 연구개발 수행방식의 한계를 상당부분 보완할 수 있을 것으로 사료된다.

[그림 5] 국방 연구개발 거버넌스 재구조화

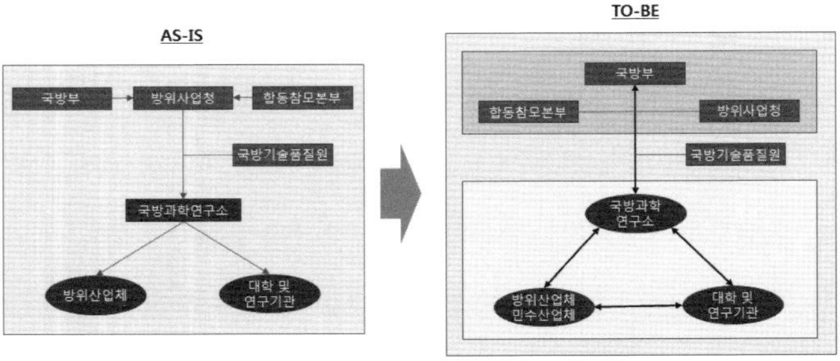

지금의 국방 연구개발 추진체제는 국방기술기획, 국방 연구개발 수행기관, 사업관리 등 연구개발의 각 단계를 주관하는 주체가 단계별로 상이하여 사업관리 상의 효율성 저하 문제가 발생하고 있다. 전략성과 통합성이 강조되는 국방 연구개발 특성상 기술기회, 연구개발 수행, 평가 및 성과관리 등의 과정에 대한 통합적이고 전문적인 능력을 갖춘 전문인력들의 역할이 그만큼 중요하다. 현재 방위사업청의 통합사업관리팀

(IPT: Integrated Project Team)이 연구개발 사업관리를 수행하고 있지만 관련 기술 분야에 대한 전문성 부족으로 기술관리에 한계가 노정되고 있다는 지적이 지속적으로 제기되고 있다. 여기에는 고기능, 고성능, 고도의 복잡성 등 첨단 무기체계가 갖고 있는 고유한 특성상 IPT가 해당 기술분야 전문성을 단기간에 확보하기 어려운 사정도 있지만, 현행 정부 부처의 순환보직 제도가 방위사업청 IPT 담당자들에게도 동일하게 적용되고 있어 관련 전문성 축적 및 활용에 심각한 한계가 존재한다는 측면이 더 강하게 작용하고 있는 것으로 보인다.

따라서 이에 대한 대응책으로 방위사업청 IPT 인력의 순환보직에 따른 전문성 약화를 최소화하기 위해 장기보직이 가능한 전문가 그룹을 육성하여 IPT 역할과 책임을 맡기는 것도 적극적으로 고려할 필요가 있다. 또한 국방 분야는 그 특성상 소요기획 및 사업관리 등에서 높은 전문성이 요구되므로 현행 IPT 인력의 핵심역량 강화를 위해 소요관리, 사업관리, 해당분야 기술지식, 기술기획과 예산편성 등에 대한 기본 지식, 관련 법·규정 등에 대한 체계적인 교육훈련을 통한 전문성 강화를 추진해 나가야 한다.

결 론

　대내외 국방환경 및 급속한 기술변화에 대응하기 위해 우리나라는 기존의 획득 위주 추격형 국방연구개발체제에서 새로운 선도형 국방 연구개발 체제로의 대전환이 필요하다는 인식 하에 다음과 같은 몇 가지 이행방안을 요약 제시하고자 한다.
　첫째, 명목상 국방 연구개발 예산이 아니라 실질적인 의미의 국방 연구개발에 해당하는 국방기술 연구개발 예산을 차기 정부 5년 내에 대략 2조 5천억의 규모로 대폭 확충하는 방안을 검토하여야 한다. 이를 위하여 국방예산에서 국방연구개발 항목을 방위력개선 항목과 분리하는 예산 구조의 개편도 추진하여야 한다. 미래 전장에서 요구되는 첨단 무기체계 확보를 위해서는 세계적 수준의 국방과학기술 역량 확보가 필수적이이며, 이를 위한 국방과학기술 분야 투자 확대가 꼭 필요하기 때문이다. 둘째, 급변하는 미래 국방환경 및 기술 변화에 대응하여 신속하고 혁신적인 국방 연구개발 기획절차를 강화해야 한다. 기존의 일방향적, 하향식 국방 연구개발 기획과정이 연구개발 수행주체의 기술제안이 적극 반영될 수 있는 쌍방향적 기획과정으로의 전환되어야 한다. 동시에 국방기술 연구개발에서 개방형 혁신(open innovation) 체제를 도입하는 것을 목적으로, 국책연구기관, 민간연구소, 대학, 등의 참여를 통하여 고위험·고성과(high-risk high-return) 연구개발을 통한 와해성 혁신을 추구하는, '첨단국방연구기획원(가칭)'과 같은 한국형 DARPA를 설립할 필요가 있다. 셋째, 기존의 기술개발 중심의 민군기술협력을 전주기적 민군기술협력 전략으로 확장해야 한다. 이와 함께 민수 분야에서의 급속한 과학기술 발전성과를 국방 분야에 적극적으로 도입·활용하기 위해서는 보다 과감한 개방형 혁신활동과 관련 정보공유가 확대되어야 한다. 넷째, 효율적이고 일원화 된 국방연구개발 거버넌스를 구축해야 한다. 즉, 지금의 방위사업청 주도의 획득 위주 연구개발체제가 작전계획, 군 운용, 국내외 기술수준 등을 통합적으로 반영할 수 있는 국방부 중심의 일원화 된 국방연구개발체제로 전환되어야 한다. 이와 함께 방위산업체의 연구개발역량 강화, 정부출연연구소에 특정 국방연구개발 임무 부여, 첨단기술력을 갖춘 민수기업들의 국방 연구개발 참여 유도 등을 통한 국방연구개발 수행주체의 개방도 추진해야 한다.

선도형 국방연구개발체제로의 전환은 급변하는 국가안보 및 국방과학기술 환경에 효과적으로 대응하기 위한 선택이 아닌 필수이다. 안타깝게도 아직까지 새로운 체제로의 전환을 위한 이해관계 당사자들의 공감대나 구체적인 로드맵이 마련되어 있지는 않은 상태이다. 지금부터라도 대내외 안보환경 대응 및 미래 자주국방의 초석을 놓기 위하여 국방 연구개발의 혁신과 개방의 구체적 방안들을 실현하기 위한 노력을 서둘러야 할 것이다.

| 참고문헌 |

- 국가과학기술심의회(2014), 2014~2028 국방과학기술진흥정책서.
- 국가과학기술심의회(2015), 2016년도 정부연구개발투자방향 및 기준.
- 국방과학연구소·과학기술정책연구원(2015), 민군기술협력사업의 투자효과 분석 및 제도개선 소요 발굴.
- 국방부(2012.2.3), 국방전력발전업무훈령.
- 국방부(2013), 국방개혁 기본계획 2014~2030.
- 국방부(2014), 2014~2028 국방과학기술진흥정책서.
- 국방부(2015), 2016~2020 국방중기계획.
- 국회예산정책처(2015), 2015년도 예산안 분야별 분석 Ⅱ. 예산안분석시리즈 6.
- 김지홍(2012), 국방개혁과 국방재원배분 합리화 방안, KDI.
- 미래부(2013, 2015), 국가연구개발 조사·분석 보고서.
- 방위사업청(2012), 2013~2017 방위산업육성 기본계획.
- 방위사업청(2014), 2014년 방위사업 통계연보.
- 방위사업청(2014), 국방기술 연구개발 소개.
- 방위사업청(2015.3.27), 방위사업법.
- 방위사업청(2015.8.31), 방위사업관리규정.
- 백재옥 외(2015), 국방예산 분석·평가 및 중기 정책 방향(2014/2015).
- 신진교(2013), 국방 R&D의 효율성 제고방안 연구.
- 이주호(2013), 고위험·고가치 연구의 활성화를 위한 국가전략: K-ARPA 도입을 중심으로, 김기환·이주호 편, 국가연구개발체제 혁신방안연구, KDI연구보고서 2013-07.
- 하태정 외(2016), 미래전 대응 국방연구개발시스템 발전 방안, 과학기술정책연구원.
- 한국공학한림원(2014), 국방연구개발 체계 개선: 국방기술시스템을 개방형으

로 전환하라, 한국공학한림원 연구보고서 13-02-04.
- 국방부 홈페이지 http://www.mnd.go.kr
- 방위사업청 홈페이지 http://www.dapa.go.kr
- 국방기술품질원 홈페이지 http://dtims.re.kr
- OECD(2014), Main Science and Technology Indicators 2014-2 (Defense budget R&D as a percentage of Total GBAORD).

CHAPTER

5

우수 부사관 확보와 유지를 위한 전략적 인적자원관리

김현준 (고려대학교 행정학과 교수)
심동철 (고려대학교 행정학과 조교수)
박현희 (국민대학교 행정정책학부 조교수)

요
約

 본 연구는 우수 부사관을 확보하고 유지하기 위한 방안을 전략적 인적자원 관리(Strategic Human Resource Management)의 관점에서 검토하고 부사관 확보, 교육, 평가 그리고 전역의 네 분야에서 주요 이슈와 문제점을 살펴보았다. 본 연구가 국방인력 중 특히 부사관에 주목하는 이유는 인구절벽을 눈앞에 둔 현실에서 부사관의 충원방식의 변화는 군의 정예화를 위한 노력에 궁극적으로 영향을 미칠 수 있기 때문이다. 본 연구는 다음의 정책적 제언을 마련하였다.

 첫째, 전략적 목표와 인사관리와의 부합성을 위해 군 전략과 연계하여 인적 자원의 개발과 관리를 기획하고 총괄하는 거버넌스 체계를 갖추는 방향으로 변화할 필요가 있음을 강조하였다. 현재 중앙정부에서는 인사혁신처가 전략적 인적자원 관리의 역할을 담당하고 있는 것처럼, 우리 군도 인적 자원 관리의 변화와 혁신을 주도할 조직의 신설을 심각하게 고려할 필요가 있음을 제언하였다.

 둘째, 군은 부사관의 정예화를 위한 승진 및 평가시스템을 확립해야 함을 제안하였다. 현재의 부사관 충원 계획은 자칫하면 군 예산에 많은 부담을 줄 수도 있으며, 이를 극복하기 위해서는 10년 복무 이후에도 승진의 결과별로 단계적으로 전역을 통한 분리가 계속해서 일어날 수 있는 구조를 만들어야 한다. 이러한 승진관리는 전직관리, 평가, 복지혜택 등이 종합적으로 추진되었을 때 가능할 수 있을 것으로 판단된다.

 셋째, 전략적 군 인적자원개발과 부사관 역량강화를 강조하였다. 특히 민간

기업이 평생교육과 직업교육 촉진법에 의해 종업원들에게 일정의 보편적 역량 교육을 제공해야 할 의두를 가지듯이 군에서도 군인의 보편적 역량강화에 대한 법령을 마련할 필요성을 강조하였다.

　마지막으로 본 연구는 제대군인 지원을 위한 법률적 사회적 지원의 확충이 절실함을 강조하였다. 부사관을 마치고 전역을 할 때 재취업이 가능한 사회적 구조가 마련되어져 있지 않은 상태에서는 부사관의 근무 동기를 더욱 낮아질 수 밖에 없다. 따라서 부사관들이 사회적 역량을 키우기 위해서는 국가 차원에서의 노력과 협력이 중요함을 지적하고, 군 가산점이나 대학과의 연계를 통한 교육 기회의 확대 등을 제안하였다.

서론

　인적 자원은 한 조직의 성공과 실패를 좌우하는 핵심적인 역량이다. 인적 자원의 개발과 활용은 기업의 경쟁력을 높이는데만 중요한 것이 아니다. 오히려 기업보다 더 복잡한 사회적 문제를 해결하고 시민들의 다양한 요구를 정책 과정에 균형있게 반영하고 만족시켜야할 정부에게 유능한 인적 자원을 개발하고 적재 적소에 배치하는 활동은 더 큰 중요성을 갖는다. 따라서 인적자원의 관리는 국가의 중요 자산의 관리이며 미래를 위한 투자로 인식되어야 한다.

　국방조직은 정부를 구성하는 조직체계 하에서 국가의 안정성을 확보하는 데 핵심적인 역할을 수행한다. 효과적이고 유능한 국방조직의 조건은 물적·제도적·인적 요소의 우수성을 확보하는 것임은 다른 여타의 조직 단위와 동일하다. 국방을 책임지는 군에게 우수한 인적 자원을 확보하고, 개발하고, 유지하는 활동의 중요성은 앞으로의 미래 환경에서 더욱 큰 중요성을 가진다. 미래학자 앨빈 토플러(1993)가 일찍이 주장한 바와 같이, 미래의 전쟁에서는 군의 인력에게 요구되는 역량이 더욱 강조될 뿐만 아니라 전통적인 역량을 넘어서는 스마트한 군인이 필요하다고 설파한다. 새로운 시대의 군인에게는 갈수록 교육과 전문지식의 중요성이 강조되며 애매모호한 상황에서 창의력을 발휘할 줄 아는 인력이 필요하다. 궁극적으로는 지식으로 전쟁을 억제하고 승리할 수 있다는 믿음을 가진 '지식무사'가 등장할 것이라고 토플러는 예견하였다. 우리 군도 이러한 문제의식 하에 군 인적자원개발을 위한 연구와 정책마련에 노력해 왔다. 일례로 2005년도에는 당시 교육인적자원부와 국방부과 공동으로 군 인적자원개발을 위한 정책연구를 시행하여 '군 인적자원개발 종합계획'을 발표한 바 있다.

군의 인적자원은 병사, 부사관, 장교 등 계급을 망라한 전체 인력을 포괄하기 때문에 국방 인적 자원의 개발과 유지의 과제는 국방인력 전체에 적용된다. 부사관에 대한 연구도 육군에서 1993년부터 부사관 종합발전 계획을 마련하고 시행에 온 것에서 나타나는 것처럼 중요한 정책 과제로 오랫동안 다루어졌다. 본 연구가 국방인력 중 특히 부사관에 주목하는 이유는 최근 들어 중요 정책 이슈로 등장하고 있는 병역제도의 변화에 대한 논의와 밀접한 관련이 있기 때문이다. 최근 병역제도에 대한 논의는 크게 보면 병사의 복무기관과 충원방식에 모아져 있다. 군복무 기간 단축에 대한 논의는 새로운 것은 아니며, 2011년에 군 복무를 21개월로 단축하면서 꾸준히 제기되어온 문제이다(김정연·박성만, 2013). 이와 맥락을 같이하여 최근에는 대한민국에서 모병제가 가능할 것인가에 논의가 진행되기도 하였고, 이에 대한 국민 정서적인 수용 가능성에서부터 모병제의 경제적 당위성 등 많은 논의들이 진행되면서, 병역체제개편의 가능성에 대한 논의가 활발히 이루어졌다.

병역제도의 개편은 철저한 준비와 계획이 없이는 쉽지 않은 것이 현실이다. 대만은 모병제 인력을 확보하기 위해 막대한 투자를 하였으나, 단순한 인력확보에만 중점을 둔 병역제도의 개편은 인력 관리의 첫 단계인 충원에서부터 어려움을 겪을 수 밖에 없다는 교훈을 안겨주었다. 모병제로 전환한 이후 다시 징병제로 환원을 발표한 스웨덴의 사례는 병역 체제 개편이 인적자원에 대한 투자와 지원이 없이는 유지가 어렵다는 점을 보여주고 있다. 이렇듯 병역제도의 변화는 매우 높은 불확실성을 띠게 되므로 대안적 병역제도를 탐색하는 것과 동시에, 어떻게 하면 우수한 군 인력을 확보하고 유지할 수 있을 것인가에 대한 보다 구체적인 고민이 수반되어야 한다.

인구절벽을 눈앞에 둔 현실에서 병사들의 복무 기관과 충원방식을 둘러싼 병역제도의 개편은 어떠한 방식으로 이뤄질 수밖에 없다. 우리가 예상할 수 있는 여러 대안 중에 무엇이 선택되던지 그와 연계되어 추진되어야할 개혁은 부사관 제도이다. 부사관은 부대관리의 전문가이자 전장에서의 전투력 발휘를 위한 일선 간부로서, 평시와 전시를 막론하고 군의 전략과 명령을 실행하는 역할을 한다는 점에서 군 전투력의 핵심이다 (김영종, 2013). 병사의 수와 충원방식의 변화는 결국 병사들의 역할과 이에 요구되는 역량의 변화를 초래할 것이며, 이러한 변화는 병사들을 관리하고 책임을 지는 부사관 인적 자원의 관리에도 새로운 과제를 제시할 것이다.

일차적으로는 이미 국방개혁에 포함되어 있는 것처럼 부사관의 규모가 확대하기 위한 충원 전략의 마련이 필요하다. 새로운 국방 환경에 부합하는 중간 간부로서의 부사관의 책임과 기술적 전문성에 대한 새로운 정의가 필요하며, 주어진 과업을 성공적으로 수행하기 위한 부사관의 역량 확보와 개발 계획이 수립되어야 한다. 또한 확보된 우수한 부사관 자원이 잠재적 역량을 군 조직에서 온전히 발휘할 수 있도록 재직 중뿐만 아니라 전직과 전역 이후의 경력 관리가 치밀하게 설계되고 집행되어야 한다.

우수 부사관을 확보하고 유지하기 위한 인적 자원 관리의 전 활동은 우리의 국방목표와 연계될 때 부사관 인적자원관리의 바람직한 방향성을 확보할 수 있다. 인사관리를 조직의 최종목표와 인적자원관리 시스템을 연계함으로써, 개인의 자기계발과 조직의 목표를 함께 극대화 할 수 있는 방안을 찾는 전략적 인적자원관리 패러다임(강성춘·박지성·박호환, 2011)을 부사관 인적 자원 관리에 적용할 때, 부사관 인적 자원을 위한 정부와 사회의 투자가 가장 큰 효과를 발휘할 수 있다.

이러한 전제 하에 본 연구는 우수부사관 확보와 유지를 위한 정책 방향을 탐색하고자 한다. 우선 전략적 인적자원개발의 관점에서 현행 부사관 관련 제도들을 살펴보고자 한다. 전략적 인적자원관리는 기존의 채용, 교육, 경력개발, 평가 등의 기능별 관리의 관점에서 벗어나, 각각의 인적자원관리 분야들이 전략적 일관성을 가지고 조직 목표와의 연계되어야 함을 강조한다. 본 연구는 이러한 전략적 인사관리의 관점에서 현 부사관의 채용, 교육, 그리고 경력개발에 어떠한 문제가 있는지 살펴보고 이에 대한 정책적인 제언들을 제공한다. 이를 위해 기존의 부사관 인사에 관한 우리 군의 인적자원관리제도를 정책자료와 연구보고서를 중심으로 분석한다. 또한 부사관을 중심으로 한 군 간부 인적자원관리에 관하여 공개된 정책 연구 및 학술 연구를 검토하여 우수 부사관 확보와 유지를 위한 정책적 과제를 식별하는 데 활용한다. 다만 국방정책의 특성상 공개된 자료가 제한적이어서 각 군 별로 현황을 균형있게 분석하지 못한 한계가 있다.

전략적 군 인적자원관리
(SHRM: Strategic Military Human Resource Management)

 이론적 틀

전략적 인적자원관리(Strategic Human Resource Management)란 조직 목표 달성을 위한 전략 수립과 인적자원관리 기능을 일관적으로 연계, 통합하는 접근법이라고 할 수 있다(Guest, 1989; McMahan, Bell, & Virick, 1992; Wright, McMahan, Snell, & Gerhart., 1997). 전략적 인적자원관리는 채용, 교육, 보상 등의 인적자원관리 활동을 계획함에 있어서 조직의 비전과 미션(mission)에 각 활동이 기여하는 정도를 최우선적으로 고려해야 하며, 다른 조직 관리 전략과 연계된 인적자원 관리 전략을 수립하고 집행할 때 그 효과성을 극대화할 수 있다는 관점이다. 효과적인 전략적 인적자원관리 계획을 수립하기 위해서는 특히 다음과 같은 요인에 대한 고려가 필요하다.

미래 인적자원 역량에 대한 이해

급변하는 환경 속에서 조직의 생존 가능성은 조직을 둘러싼 환경 변화에 적응하느냐의 여부에 달려 있다고 할 수 있다. 따라서 인적자원의 전략적 관리는 조직이 처한 외부환경과 조직의 내부환경에 대한 이해가 선행되어야 하며, 그러한 분석을 바탕으로 조직이 환경 변화에 적응하고 조직의 미래가치를 창출하기 위해 조직에서 필요로 하는 인재상과 핵심 역량이 무엇인지에 대한 명확한 정의가 이루어져야만 그에 적절한 인적 자원의 수급과 관리에 대한 세부적인 전략의 수립이 가능할 것이다.

합리적인 계획

전략적 인적자원 관리에서는 조직의 인사관리 계획이 전체조직 전략의 틀 안에서 실현 가능성이 높은가를 중요하게 평가한다. 따라서 전략적 인적자원관리에서는 미래의 인재상에 대한 이해를 바탕으로 실행 가능하고 합리적인 인사관리 제도를 만드는 것이 중요하다. 앞으로 군이 인구절벽에 의한 인력 획득에 어려움을 겪을 것이고, 군의 정예화가 중요한 군 전략의 핵심이라고 한다면, 전략적 인적자원관리에서는 이에 필요한 바람직한 군 인재상이 무엇인가를 정의하고 이를 구현하기 위한 군 인력자원을 획득하고 개발하고 유지할 방안에 대한 합리적인 계획을 세워야 한다는 뜻이다.

연관성과 체계성

효과적 전략적 인적자원관리의 또 하나의 중요한 특징은 인사조직의 시스템과 조직의 목표 간의 정합성을 강조한다는 점이다. 이는 조직의 사명과 인사관리의 사명이 일치해야 함을 의미하며, 인사행정의 각각의 시스템이 일관되게 조직의 목표에 부합해야 함을 의미한다. 예를 들어, 군의 정예화라는 전략적 당면 과제를 수행하기 위해서는 부사관의 획득에서부터 교육, 평가, 그리고 보상에 이르기까지 인적자원관리 시스템이 군의 정예화라는 목표의 달성에 최적화된 형태로 구성되어야 한다.

혁신성

전략적 인적자원관리는 조직의 끊임없는 학습과 성장을 모색할 수 있는 방향으로 인사조직시스템을 설계해야 함을 강조한다. 즉, 전시를 대비하여 군 조직에서 반드시 필요한 핵심 역량을 학습하고 개발할 수 있도록 인적자원관리가 이루어져야 함을 의미한다. 만일 현행 인사제도가 군조직의 새로운 기술 변화와 전략적 변화, 혁신을 저해하는 구조로 이루어져 있다면 이는 바람직한 시스템이라고 말할 수 없다.

몰입과 학습

전략적 인적자원관리에 기반한 인사제도는 조직 구성원 개개인의 사기를 진작하고 학습을 유도하도록 설계되어야 한다. 만일 우리 군의 인사관리 시스템이 구성원들로 하여금 새로운 역량을 습득하고 조직을 위해 헌신하고자 하는 동기부여를 저해하고 있다면, 이는 바람직한 인적자원 관리라고 할 수 없다.

종합하면 전략적 인적자원관리의 핵심은 조직의 목표를 위해 개인의 역량을 최대한 끌어낼 수 있는 인사시스템을 설계하는 것이라고 할 수 있다. 따라서 전략적 인적자원관리를 위한 인사관리자의 역할은 조직이 미래에 필요한 기술과 지식을 예측하고, 이를 습득 유지하기 위한 인적자원관리 시스템을 기획하고 실행하는 것이다. 또한 인사관리 담당자는 인적자원관리의 목표를 조직 외부의 이해관계자들과 조직구성원들에게 이해시키고 참여를 유도하는 변화관리의 역할까지도 포함한다고 할 수 있다 (Rothwell & Kazanas, 1989; Edvinsson & Sullivan, 1996; Gilley & Maycunich, 2000).

〈그림 1〉은 전술한 전략적 인적자원관리를 군의 관점에서 개념화한 것이다. 무엇보다 전략적 군 인적자원관리를 위해서는 군의 국방 전략과 인적자원관리 시스템이 잘 연계된 방향성을 갖고 구성되어야 한다. 또한 이러한 군의 인적자원관리 제도를 통해 군복무자의 동기 및 요구(needs)와 조직의 전략적 필요성 간의 조화를 추구해야 한다. 이러한 조건이 갖추어질 때 군이 보유한 인적자원의 가치를 극대화할 수 있다.

〈그림 1〉 전략적 군 인적자원관리의 개념도

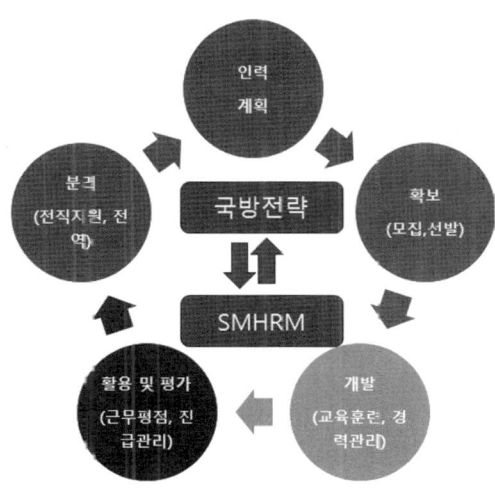

현재 우리 군의 인사관리제도는 인적자원관리의 기능별 전문화를 위하여 세부 분야로 나뉘어 관리되고 있다. 현재 각 군의 인사시스템은 각 군 참모총장의 권한 아래 관리되고 있으며, 각 군 본부는 인사시스템을 **인력의 확보**(모집, 선발), **개발**(교육훈련, 경력관리), **활용 및 평가**(근무평정, 진급관리, 보직 및 동기부여), **분리**(전직지원, 전역) 등의 기능별로 세분화하여 각 분야별로 관리한다. 이러한 시스템은 인사관리의 전문성과 지속성을 유지하는 데는 강점을 가지지만, 국방부나 각 군 본부에서 전략적인 시각에서 인사관리 시스템을 조망하고 밑그림을 그리는 것에는 한계가 있을 수 있다. 즉 새로운 환경변화나 거시적인 차원에서 인력개발을 추진하는 데에는 군 전체의 인사관리를 조망할 수 있는 전략적 인사관리 시스템이 필요하다고 판단된다.

부사관 인적자원관리 현황과 문제점

🔹 부사관 인적자원관리 제도개선 노력

우리 군의 부사관 발전을 위한 제도 개선의 노력은 꾸준히 진행되어 왔다. 병력 규모가 가장 큰 육군의 경우 지난 1999년부터 5년마다 부사관종합발전계획을 수립하였으며 2013년에 4개 분야 22개 과제를 마련하여 부사관의 위상과 역량강화를 위해 노력해왔다 (〈표 1〉 참조). 이러한 종합발전계획은 단순한 각론적인 인사관리를 넘어서 종합적이고 미래지향적인 계획을 만든다는 점에서 전략적 인적자원관리와 맥을 같이 한다고 할 수 있다.

〈표 1〉 육군의 신부사관종합발전계획- 22개 과제

분야		세부추진과제
가치관 정립	신부사관역할 및 의식 전환	1) 부사관 가치관 정립
		2) 계급별 육성목표 및 구비역량 설정
		3) 의식전환 교육 강화
		4) 부사관에 의한 부대행사계획 및 시행체제 정립

역량 강화	부사관 인력계획-정원구조 개선 지침 편제 최적화	1) 부사관 전문성에 맞는 편제 직책군 재설정 및 확대
		2) 병과유형별 정원구조 보완
	부사관 확보 – 소요인력의 안정적 획득	3) 소수획득–장기 활용을 위한 인력관리체계 개선
		4) 맞춤형 부사관 획득추진
		5) 우수인력획득 홍보강화
	부사관 개발 – 능력개발 및 교육발전	6) 양성–보수 교육체계 개선
		7) 전문 교육체계발전
		8) 자기계발 여건조성 및 활성화
		9) 민–군 협력지원 역량강화 프로젝트 추진
여건 보장	부사관 활용 – 인사관리제도 보완	1) 복무활성화를 위한 인사관리제도 개선
		2) 여군부사관 효율적 운영
	평가 및 보수체계	3) 보수체계 개선
		4) 삶의 질 향성
	분리 – 전직지원강화	5) 전직직종개발 확대
		6) 맞춤식 전직교육체계 정립
건전복무 문화정착	성실 복무문화 기반 조성 및 강화	1) 성실 복무문화 기반 조성
		2) 부사관 복무 길라잡이 제작 및 활용
		3) 성실 복무기풍 진작활동 강화

출처: 김재욱, (2014), 신부사관발전제도의 성과와 과제.

육군은 종합발전계획을 기본정책서 인사부록에 반영함으로써 일관성 있는 부사관제도 마련을 위해 노력해 왔으며, 그 결과 부사관의 위상과 역할의 확대에 많은 변화가 있어왔다. 예를 들어 2013년 신부사관 종합발전계획에서 부사관의 역할이 부대관리에서 전투중심으로 변화한 것은 부사관이 군 전략과 전술의 수행에 있어서 핵심으로 인식되고 있음을 보여준다(김재욱, 2014). 또한 『국방백서』에서 '부사관의 정예화와 사기진작'이 부사관 종합발전계획의 가장 중요한 목표임을 명시하고 있는 것 역시 이러한 변화를 반영한다.

국방개혁 기본계획과 육군의 부사관 종합발전계획 등을 종합하여 보면 현재 추진되고 있는 부사관 발전제도의 과제는 크게 세 가지로 나누어 볼 수 있다. 첫째 과제는 부사관 규모의 증대이다. '국방개혁 기본계획 14-30'에 따르면 부사관을 현재 11만6천명에서 15만2천명까지 3만 6천 명을 증원하기로 되어 있다. 이들의 사기진작을 위해서 중장기 복무자를 확대함으로써 숙련성과 직업의 안정성을 보장하는 것이 중요 과제로 포함되었다 (김재욱, 2014). 또한 군협약제도를 더욱 확대하여 부사관의 충원이 가능하도록 하였고, 양질의 부사관을 획득하는 시스템을 갖추기 위해 노력이 계속되어 왔다. 둘째, 부사관의 보수와 교육을 개선하는 과제에 관심을 기울이고 있다. 국군은 미래군 무기체계에 닿는 제병 합동능력을 배양하기 개발하기 위하여 이에 맞는 보수체계를 보완하고, 전문하사 양성을 위해 부사관 학교를 신설하여 양질의 교육을 체계적으로 실현할 수 있도록 하였다. 셋째, 부사관의 경력관리 모델을 개발이 중요한 과제로 대두되고 있다. 부사관을 군 전력의 핵심으로 파악하고 계급별 병과별 필수 직위를 이수하게 함으로써 부사관의 전문화를 통한 역량 강화를 도모하고 있다. 이는 첫 번째 과제의 목표인 충원을 위한 유인 체계로서도 큰 중요성을 갖는다.

신부사관종합발전계획에 수록된 22개 과제의 구성을 분석해 보면 부사관 제도 발전의 방향이 주로 부사관의 획득-확보-개발에 초점을 맞추고 있는 것을 알 수 있다. 22개의 과제 중 15개의 과제가 군인사행정과 직접적인 관련이 있다고 할 수 있으며, 이들 중 9개의 과제는 인력계획-확보-개발에 초점을 맞추고 있다. 반면, 여군 관련 과제를 제외한 5개의 과제만이 활동-평가-관리 전반에 관련된 문제에 초점을 맞추고 있다.

부사관 학교를 통한 인력의 확보가 최근 5년간 가장 성공적인 제도였다는 평가를 받는 것도 현재의 부사관 제도의 발전이 인력의 확보에 치중을 두고 있음을 방증한다고 볼 수 있다. 비록 계획이나 과제의 명칭에 대한 해석만으로 부사관 제도 개선의 방향이 계획-확보-개발에 상대적으로 더 높은 비중을 두고 있다고 단언할 수는 없을 것이다. 비록 과제의 제목과 내용으로부터 파악할 수 있는 정보는 제한적이지만 활용-평가-분리 영역에 대한 과제는 제한적으로만 제시되어서 앞으로 보다 세부적인 과제의 발굴이 필요할 것으로 보인다. 전략적인 관점에서 군이 부사관 관리에 있어서 어디에 집중을 하고 있는가를 가늠해 보는 것은 의미가 있다고 생각된다. 다음 장에서는 인사제도의 분야별로 부사관 관리의 현황과 문제점을 살펴보도록 한다.

부사관 인적자원관리의 현황과 문제점

우수 부사관의 확보

획득(acquisition)은 인력 채용을 의미하는 군사용어로 인력계획을 통해 추산된 군 인력소요를 충원시키기 위한 과정이다. 따라서 부사관 획득은 부사관 확보를 위한 인적자원관리의 첫 단계이다. 유능한 부사관 확보가 가능할 때 나머지 인사관리 제도가 원활히 이루어 질 수 있다는 점에서 가장 중요한 인사제도라고 할 수 있다.

부사관 모집은 창군기에는 현역병으로 복무하는 병사 중 우수자원을 군에 장기복무시키는 방법으로 시행되었다. 그리고 각 군에서 현장의 필요에 따라 유동성 있게 배치할 수 있는 인원이라는 점에서 장교와 구별된다. 부사관 모집 방법은 꾸준히 개선되어 왔다. 1961년에는 특수분야(통신분야) 확보를 위해 공업고등학교 출신자 위주로 부사관을 모집하는 제도를 마련하였다. 기술 부사관을 적극적으로 확보하기 위해 1976년에는 금오공고를 중심으로 학군단 부사관후보생(RNTC) 제도를 신설하였으며, 1982년에는 전투병과에 부족한 부사관 확보를 위해 일반 인문계 고등학교까지 부사관의 문호를 넓혔다. 또한 1996년부터는 보다 우수한 부사관의 확보를 위해서 고교장학생제도를 폐지하고 100여 개의 전문대학교와 협약을 맺어 전문대 장학생을 모집하고 있다. 또한 2006년부터는 전문대에 부사관 학과를 설치하여 보다 전문화된 군 인력을 양성하여 채용하는 방식을 단계적으로 확충해 가고 있다.

현재 우리나라의 부사관은 신분별, 목적별로 다양한 채용체계를 가지고 있으며 현재 육군에서는 크게 5가지의 경로로 부사관을 획득하고 있다 (김영종, 2013). 〈그림2〉는 다양한 부사관 획득 경로를 정리한 것이다.

〈그림 2〉 육군부사관 모집경로

모집 경로	대상	양성 교육 기관 / 기간		하사임관
현역 모집	현역 일병~병장	생략	육군부사관학교 양성 과정 12주	
민간 모집	모병 * 여군	육군훈련소 군인화 과정 5주	육군부사관학교 양성과정 12주	
장학생	전문/기능대 장학생	육군훈련소 군인화 과정 5주	육군부사관학교 양성과정 12주	
예비역	의무복무 후 전역자	생략	육군부사관학교 양성 과정 문서 이상 1주, 하사 이하 1주	
전문 하사	의무복무 후 전역 예정자	자대 신병교육대 신분화 과정 4주	생략	

출처: 김영종(2013), 우수 인력획득을 위한 육군 부사관 제도연구, p.145

각 모집경로별 특색은 다음과 같다:

민간모집

여군을 포함하여 일반인이 각 지역별 군이나 병무청을 통해 지원하는 방법으로 고졸 이상의 학력을 소유한 경우 부사관으로 자원할 수가 있다. 이 경우 육군 훈련소 군인화 과정을 5주간 받은 후 육군 부사관학교 12주 과정을 거친 후 자대로 배속되게 된다.

현역모집

현역병(일병에서 병장 대상)을 통한 모집으로 육군부사관학교 양성과정을 12주를 거쳐 부사관으로 임용된다.

전문대(기능대) 장학생과 대학교 부사관 학과를 통한 획득

현재 51개 대학에서 부사관 학과에서 우수 인재발굴을 통해 부사관이 되는 방법으로 이 경우도 육군 훈련소와 부사관 학교를 거쳐 임관이 된다. 특히 부사관학과를 통한 지원은 군에서의 핵심역량이 될 수 있는 전투관련 능력이나 기술을 군입대전에 자원자가 준비할 수 있도록 함으로써 연간 3000여 명의 우수인재 발굴과 교육의 시간을 단축했다는 평가를 받고 있다.

예비역 장교들의 재획득

예비역 장교들을 다시 부사관으로 활용하는 제도로써, 중사 이상의 예비역 장교들이 육군부사관학교 양성과정에서 3주의 훈련을 받고 다시 부사관으로 임용되는 방법이다.

전역예정자

의무복무후 전역을 예정하고 있는 병들을 부사관으로 획득하는 방법으로 자대신병교육대의(4주) 신분화 과정을 통해서 부사관이 되는 제도이다.

현행 우수부사관획득제도는 군 인력의 안정적인 획득 채널을 다양화 하였다는 점에서 긍정적으로 평가할 수 있다. 또한 현행 제도는 부사관 지원자들에게 의무복무 기간을 충족시키는 동시에 안정적인 직업 기반을 제공한다는 점과 부사관 학과의 개설을 통해 직무와 직접적으로 연관된 기술을 습득할 수 있도록 제도적 기반을 만들었다는 점에서 강점이 있다. 그럼에도 불구하고 현행 제도의 실효성에 대해서는 몇 가지 의구심이 제기되고 있다.

첫째, 부사관 인력의 지속적 획득의 가능성 여부이다. 『국방개혁 기본계획 2014-2030』에 따르면 국방부는 부사관 인력을 11.6만에서 15.2만으로 증원할 계획을 세우고 있다. 이처럼 2020년까지 군 인력의 40% 이상을 간부화하고자 한다면 부사관과 전문하사의 수가 매년 3,000명 정도 증가해야 함을 의미한다. 김종탁과 유명기(2013)는 인구 절벽의 문제와 더불어 의무복무기간이 단축됨에 따라 현행 부사관 지원의 장점이 적어지는 시점에서 이러한 국방부의 부사관 충원 목표를 달성하기가 현실적으로 쉽지 않음을 지적하였다.

둘째, 인력충원을 위한 재정확보의 어려움을 들 수 있다. 2015년을 기준으로 전체 군 인건비 지출은 13.5조원으로 이는 전체 국방예산의 30%가 넘는 수치이다. 이 가운데 부사관 인건비가 차지하는 비율은 4.5조로 전체 국방 인건비의 33%를 차지하고 있으며 영관급장교의 비중인 3.9

조원 (29%)보다 높은 수치이다 (그림 3 참조, 월간조선 2015년 11월호).

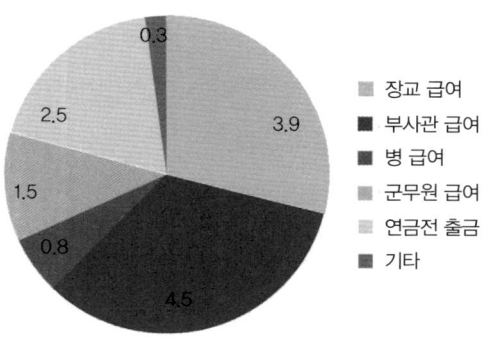

<그림 3> 군 인건비 지출내역

- 장교 급여: 3.9
- 부사관 급여: 4.5
- 병 급여: 0.8
- 군무원 급여: 1.5
- 연금전 출금: 2.5
- 기타: 0.3

출처: 월간조선 2015년 11월호

　　국방부의 계획대로 부사관 인력 3만5천명을 증원하고자 한다면, 현행 인건비 수준을 유지하더라도 하사 1년차의 충원 인력의 인건비로 대략 7천 7백억원의 추가 예산이 필요할 것으로 예상된다. 향후 충원된 인력의 호봉과 진급으로 인한 임금 인상분까지 고려한다면, 매년 1조원 이상의 추가 비용이 소요될 것으로 예상된다. 만일, 장기적으로 부사관 정예화를 목적으로 부사관의 근무형태를 단기복무에서 장기복무로 그 무게 중심을 옮기려고 한다면, 이들에 대한 연금 지급분에 대한 재원 확보도 추가로 고려되어야 한다. 현재 이미 군인 연금의 적자보전이 1조 3천억원(2014년 기준)인 상황을 고려하면, 부사관의 확보와 정예화를 위해서는 현재의 군 예산의 확보가 무엇보다 중요하다고 할 수 있다. 그러나 동시에 국방 예산은 경기 침체로 인해 그 증가율이 지속적으로 둔화되는 추세(월간조선 2015. 11)에서 1조원 이상의 추가 예산 확보는 쉽지 않을 것으로 판단된다.

부사관의 역량 개발

군에서는 업무역량을 전투임무수행분야, 직무수행분야, 자기계발분야로 구분하고 병사들의 각 부분 업무역량을 강화하기 다양한 교육을 제공한다. 전투임무 분야는 부사관을 포함한 전 장병에게 적용의 전투기량에 대해 취득한 결과에 바탕을 둔 것으로 태권도, 유격, 특공무술, 공수 등 14개 항목이 포함되어 있다. 직무수행 역량은 병과와 특기별로 성취 정도가 달라지며 주로 군사관련 전문 학위, 국외 군사교육 등이 포함된다. 자기계발분야에서는 21세기에 첨단화되고 전문성 있는 부사관이 되기 위해 부사관이 어떠한 역할을 가져야 할 것인가를 파악하고, 개인 스스로가 군에서의 역량강화를 위해서 자기계발을 하도록 강조한다.

현재 군의 부사관 교육 프로그램은 주로 전투 임무 수행분야 교육 집중되어 있는 것으로 보인다(이상율, 2015). 전투 임무 수행분야 교육은 크게 양성교육과 보수교육으로 구분된다. 〈표 2〉는 부사관에게 제공되는 주요 교육 내용을 요약한 것이다. 양성교육은 최초 임관하기 전에 부사관이 받는 교육이며 보수교육은 진급이 결정되었을 때 받는 교육이다. 교육의 내용을 보면 양성교육과 초급 교육은 전투 기술, 전투 지휘능력 그리고 부대생활에 관한 교육으로 주로 구성되어있으며, 상사나 원사를 대상으로 한 상급 교육은 리더나 멘토로서의 역할에 관한 교육으로 이루어져 있다.

〈표 2〉 부사관의 주요 전투임무 수행분야 주요 교육내용

구분	교육기간	주요내용
양성	16주 (기본반)	• 본전투기술 –개인화기, 구급법, 화생방, 독도법, 경계, 유격 훈련 • 전투지휘능력 : 분대전투, 정훈 • 교육훈련지도 능력 • 기타 : 부대관리, 제식등
초급	20주	기본전투기술 : 개인화기, 편제화기, 체력단련 • 전투지휘능력 : 분대전투, 국지도발, 정훈, 리더십 • 교육훈련지도 능력 • 기타 : 부대관리, 병영상담, 지휘훈육
중급	7주	• 소대전투, 국지도발 대비작전, 적전술 • 편제화기, 교육훈련, 부대관리, 정신교육 • 리더십, 병영상담, 군사보안
고급	6주	• 중대전투, 국지도발 대비작전 • 참모업무, 교육훈련, 부대관리 • 리더십, 정훈, 병영상담, 군사보
관리자	4주	• 제병협동 • 참모업무, 교육훈련, 부대관리, 리더십

출처: 육군 부사관학교, 『'14년 학교교육 계획』(2014.4), 이상율 (2015), p. 193에서 재인용

최근 전 세계적으로 군의 기술화와 정예화가 이루어지고, 기술의 수명주기가 짧아짐에 따라 개인이 새로운 기술이나 방향을 습득할 수 있는 장기적인 역량의 강화의 중요성도 강조되고 있다. 예를 들어 미국 육군의 경우, 이상적인 부사관을 근대오종경기 선수(pentathlete)로 규정하고, 전장에서 창의적인 리더가 되기 위해서는 하나의 주특기가 아닌 최소한 세 가지의 주특기를 융합할 수 있는 부사관이 되기를 강조하고 있다. 또한 부사관의 역량 증대가 궁극적으로 전투력의 증강을 가지고 온다는 인식 아래 일정 수준 이상의 진급을 위해서는 부사관에게 학사학

위를 요구하는 등 끊임없는 자기계발을 요구하고 있다.

국방부도 간부들의 역량강화를 위하여 다양한 프로그램을 제공하고 있다. 예를 들어 부사관의 경우 학점 인정 등에 관한 법률 시행령 제16조(학위수여 요건)에 따라 군사학 분야 전공학점 36학점 이상 취득한 경우 군사학 전문학사 학위를 수여하고 있다. 또한 부사관은 사이버대학교에서의 학사 취득에서부터 해외 대학에서 대학원 석사 취득까지 군사교육을 지원하는 등 다양한 기회를 열어놓고 있다. 또한 군복무 중 능력개발을 돕기 위해 간부를 위한 신개념 지식복지프로그램인 M-Kiss를 제공하고 있으며 여기에 다양한 상시학습 프로그램을 통해 온라인 교육이 가능하도록 하고 있다.

우리 군도 부사관 교육에 대한 투자와 연구를 늘려가고는 있지만 더 높은 수준의 부사관 교육에 대한 필요성을 인식할 필요가 있다. 일반적으로 그 간 부사관 교육은 체계적인 교육보다는 각 부대의 상황에 맞는 프로그램 중심으로 운영이 되어 왔으며, 이는 야전 및 실전 경험을 중시하는 군의 전통으로부터 기인된 것이 크다고 할 수 있다(이상을, 2015). 또한 전통적으로 부사관의 위치는 병과 장교의 가교 역할 정도로만 인식되어 리더로서의 역할은 상대적으로 부각되지 않았던 것이 사실이다. 이와 같은 부사관의 역할에 대한 인식은 부사관 교육 제도에도 고스란히 반영되어, 부사관의 경우 군 경력이 쌓일수록 군사 관련 교육시간이 줄어드는 것으로 나타났다. 즉, 초급 교육의 경우 20주, 중급 교육은 7주, 그리고 고급 교육의 경우 6주로 점차 교육 일수가 줄어드는 것을 볼 수 있다. 또한 인사 적체 현상도 심각하여 상사에서 원사가 되는 데까지 대략 10년이 넘게 걸리는 것으로 나타났다. 이상을(2015)은 이 기간 중에 보수교육이 이루어지지 않으며 고급과정에서 리더십교육이 적극적으로 이루어지지 않는 점을 비롯하여, 종종 교육기관의 여건으로 인해 먼저 승진을 한 후 교육을 받게 되는 등, 교육의 효과성을 반감시키고 있는 것으로 지적하였다.

부사관이 직무수행에 필요한 전문지식을 갖추도록 하기 위해 군에서는 분야별로 자격증 취득을 독려하여 역량 개발을 지원하여 왔다. 그러나 이러한 자격증이 군 외부에서도 인정을 받고 가산점을 받을 수 있는 연계제도가 미흡하다는 점이 아쉽다. 특히 복무를 마치고 사회로 나가야 하는 부사관의 입장에서는 취득한 자격증이나 군에서의 교육이 사회와 연결되어질 것이라는 확신을 가질 수 있을 때 교육에 대한 동기부여가 더 강하게 될 수 있다. 따라서 군에서의 경력을 교육의 일환으로 인정해주는 국가의 법적기반을 마련할 필요가 있다. 또한 같은 맥락에서 단순히 군의 임무수행만을 위한 인적자원교육이 아니라 부사관의 전직 관리와 연계된 프로그램의 개발이 절실하다. 이를 위해서는 군 내부에서의 노력뿐만 아니라 거시적인 국가수준의 역량개발 정책의 일부로 군인력의 전직 관리가 다뤄지는 것이 바람직하다.

부사관의 동기부여와 승진

동기부여는 인사관리의 핵심이 되는 부분이라고 할 수 있고, 승진, 보수, 복지 등의 여러 인사 관련 정책에 대한 군인들의 해석과 이에 대한 반응으로 나타나게 된다. 군에서는 국가적 사명과 의무를 바탕으로 동기부여마저도 의무화 되는 경향이 있는 것이 사실이다. 그러나 군인들도 자신들의 승진가능성, 보수의 적절성, 복지 등에 영향을 끊임없이 받는 개인임을 상기할 필요가 있다. 개인이 조직에서 동기부여가 되는 가장 핵심적인 부분은 자신이 조직에서 과연 성공할 수 있을 것인가에 대한 기대에서부터 시작된다고 할 수 있다. 군에서의 성공을 가늠할 수 있는 가장 중요한 척도는 진급이며, 역량개발과 평가와 보상이 진급에 어떻게 연계되는지가 부사관의 동기부여의 핵심인 것으로 판단된다.

부사관의 경우 큰 문제가 없는 상사까지는 형평성의 원칙에 따라 근속 진급을 하는 것이 보통이다. 중사진급은 하사 2년, 상사진급은 중사 5년을 최저 복무기간으로 적용하고 있으며, 또한 하사를 6년 이상 근속한 경우는 중사, 중사로 12년 이상 근속한 경우는 상사로 진급을 시켜주고 있다. 이는 미국처럼 철저한 평가와 계약 그리고 정원관리를 통해 진급을 허용하는 시스템과는 근본적으로 다르다고 할 수 있다. 따라서 한국 부사관들은 진급 누락에 따른 부담은 상대적으로 낮다고 할 수 있으며, 이러한 인사구조에서 부사관에게 가장 큰 관심사는 장기근속이 가능한가에 대한 여부이다.

현재 육군은 2012년부터 병과별 표준 정원구조를 난이도를 고려하여 2019년까지 직책군 별로 정원구조의 개선하는 노력을 하고 있다. 이러한 정원구조개선의 핵심은 중사와 상사의 구성비를 증가시킴으로써 장기복무 선발 비율을 현재의 30%에서 60% 정도 늘인다는 것이다. 또한 현재 4개의 계급으로 이루어져 있는 구조에 원사 위에 선임원사의 계급을 추가함으로써 5계급제도로 구조로의 변화도 계획하고 있다 (김대희, 2016).

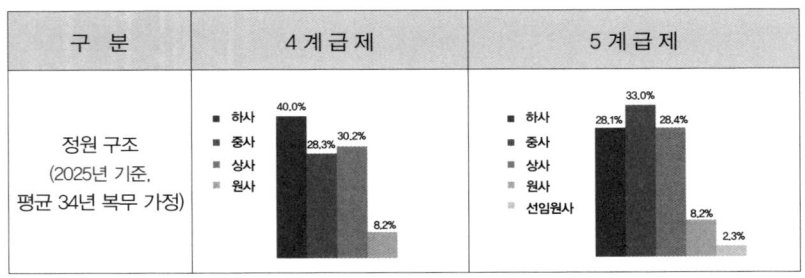

〈그림 4〉 계급체계에 따른 정원 구조 변화

출처: 육군본부, 『신부사관종합발전계획』, 김대희, (2016), p.34에서 재인용 및 재구성

 이러한 노력은 부사관의 직업안정성과 동기부여를 이끌어낼 수 있다는 점에서 긍정적이다. 그러나 앞서서 지적하였듯이 부사관 정원조정은 예산의 문제와 연결이 될 수밖에 없다. 특히 10년 이상의 장기 복무가 많아지는 '항아리구조'로 부사관 인력구조를 변화시키려고 할 경우 예산의 급격한 증가가 일어날 수 있다. 또한 현재 부사관의 진급은 사실상 근속진급에 바탕을 두고 있는 상태에서 장기 근속자가 많아지는 구조는 자칫 군 조직의 경직화를 가지고 올 수 있다. 특히 상사와 중사가 많아지면 이들의 인사적체가 문제 될 수도 있다.

부사관 전직 지원

 전직 지원은 전역을 앞둔 군인이 사회로 재편입이 될 수 있도록 돕기 위한 서비스이다. 현재 대한민국에서는 국방부, 국가보훈처, 고용노동부에서 다양한 전직지원교육을 제공하여 전역 군인들의 성공적인 사회적 응이 가능하도록 돕고 있다 (정영철 외, 2011). 주로 제대 전에 제공되는 전직지원 서비스는 국방부에서 제공하며, 제대 후에 필요한 서비스는 보훈처와 고용 노동부에서 제공하고 있다. 〈표 3〉은 이러한 전직 지원 서비스들을 정리한 것이다. 주로 전역 2~3년 전에 제공되는 교육은 전직준비를 위한 목표 설정과 진로 결정을 위한 정보를 제공하는 서비스가 주를 이룬다. 본격적인 직업능력향상에 대한 일반 교육과 컨설팅, 취업관련 위탁교육은 주로 제대 1년 전부터 본격적으로 제공되기 시작한다. 대부분의 전역지원 프로그램은 이 시기에 전역관련 집합교육으로 시작하는 경우가 많으며, 이후 개인의 경력개발에 도움을 줄 수 있는 맞춤 컨설팅 서비스 등이 제공된다. 또한 최근에는 V-tap, M-kiss등의 온라인 교육 등을 통해서도 서비스를 확장 제공하고 있다.

〈표 3〉 전직지원 교육체계

구분		국방부			보훈처/고용노동부
	전역 2-3년전	전역 1년- 5개월			전역후 3년 이내
제목	전직준비	기본교육	개인역량교육 (과정별)		직업능력개발 교육
주요 활동	개인별 전직준비 진로 목표 설정	· 전직기본교육 (장기 10일) · 취업기본교육 (중기, 5일) · 전직컨설팅 (4주 집중교육, 48주 사후관리) · 전방부대 (순회교육)	개인교육과정 단체교육과정 보훈처주관 단체과정 기타 폴리텍대학 야간 직업능력교육과정 개인취업역량교육비 (150만원)		보훈처/고용노동부지원 직업훈련바우처제도 (120만원) 내일배움카드 (200만원)
주관	개인별	국방부/각군 (희망자)	국방부/각군 취업지원센터 (희망자)		보훈처 재대군인 지원센터, 각지역 고용지원센타
실시	인터넷	소집, 1:1 컨설팅	위탁기간 시설과정 수강		개별과정수강

출처: 한국전략문제연구소, (2014). "인사관리제도와 전직지원교육 연계 방안 연구』p. 68.

특히 현재 정부에서는 2013년 대통령에게 보고된 「'13~'17 군인복지기본계획」을 바탕으로 제대 군인 취업 지원을 국정과제로 선정하여 전역 지원 서비스를 개발하고 있으며, 제대군인 일자리 5만개 확보라는 목표를 가지고 제대군인 지원에 많은 노력을 기울이고 있다.

정부가 최근 군인 복지계획의 일환으로 제대군인 전직교육 문제에 관심을 가지고 노력을 하고 있으나 아직은 효과가 미미한 것으로 보인다. 문제의 핵심은 실질적으로 전역군인의 취업이 매우 어렵다는 것이다. 최근 전역 군인의 취업률은 2010년에서 2014년까지 59.2% 수준이었던 것으로 조사되었다 (뉴시스, 2016. 12. 28). 이는 미국이나 유럽의 취업률이 95%에 육박하는 것과 비교해 크게 떨어지는 것으로, 부사관의 경우 그 취업률이 더욱 낮아서 같은 기간 동안 50.8%, 준사관의 경우 49.2%의 취업률에 그쳤던 것으로 나타나, 소위 이상 장교의 재취업률(소위의 63.9%, 소령의 72.5%)에 비해 상대적으로 크게 떨어지는 것으로 나타났다. 4년에서 7년의 복무 기간을 마치고 제대를 하는 부사관의 경우 대략 30대 초반의 나이로 추정할 수 있는데 이는 일반적으로 결혼이나 자녀 출산 등으로 생애 최대 지출시기 가운데 하나이다. 이러한 시기에 재취업 준비 기간이 길어지는 등의 경제적으로 불안정한 여건이 조성되는 것은 분명 우수한 부사관 유입의 장애요인으로 작용할 것으로 예상된다.

부사관 전역자 중에서도 특히 단기 부사관에 대한 전직지원 교육이 취약하다. 우리나라 군의 전직지원 서비스는 대부분 그 대상이 중·장기 복무 부사관 및 장교로 한정되어 있다. 따라서 5년 이하의 복무자에게는 전직 지원 서비스가 극히 제한적으로 제공되고 있다. 또한 국방부는 지원 교육 대상을 '전직 지원 교육을 원하는 사람'으로 정의함으로써, 전직교육의 출발점이나 시작점은 개인의 의지로 규정하고 있다.

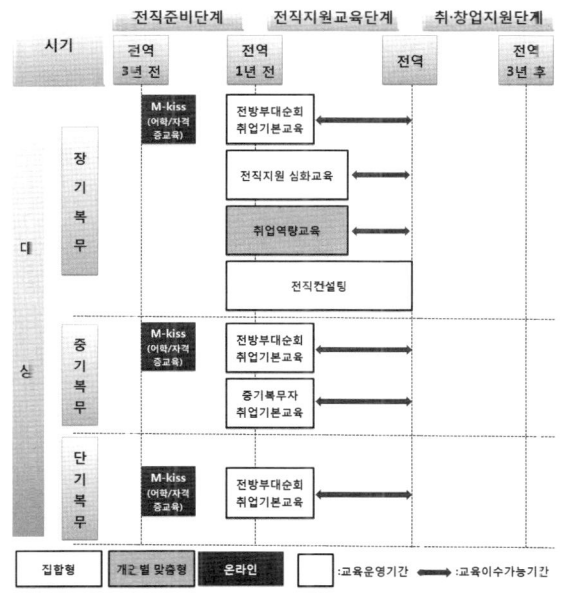

〈그림 5〉 국방부의 전직지원 교육체계

출처: 한국전략문제연구소, (2014) 『인사관리제도와 전직지원교육 연계 방안 연구』, p. 59.

〈그림 5〉는 국방부에서 제공하는 전직지원 교육체계를 보여주고 있다. 여기서 보면 장기복무자의 경우 전직지원 심화교육과 취업 역량 교육, 전직 컨설팅 등의 서비스가 제공되고 있는 것을 확인할 수 있으나, 단기 부사관이 받는 교육은 전역하는 해에 국방부 취업지원센터에서 제공하는 취업 기본 교육 5일이 전부이며 중기 부사관의 경우는 여기에 중기복무자 취업기본 교육을 한 가지 더 받을 수 있어 영관 장교와 비교했

을 때 그 지원이 많지 않은 것을 알 수 있다 (정영철 외, 2013). 제대 군인의 전직지원 서비스를 위해서는 전역 전까지 재대 군인의 심리적 준비가 중요한데, 심리적 변화와 고충을 겪고 있는 제대 군인이 효과적인 전직 준비를 하기 위해서는 보다 빠른 전직 지원 교육이 필요하다 (한국전략문제연구소, 2014). 따라서 기존에 장기 복무자 위주로 설계되어 있는 전직교육은 단기부사관 이상 제대군인으로 확장되어져야 하며, 그 시기도 생애 전주기의 관점에서 군에서 주도적으로 만들어 나가는 것이 바람직하다.

부사관 관리에 대한 정책적 제언

　군은 향후 인구절벽과 군 기술과 전략의 변화에 맞추어 새로운 수요에 적합한 군인력을 확보하고 군이 필요로 하는 인적자원으로 개발·유지할 수 있는 시스템을 마련해야 한다. 이러한 도전에 효과적으로 대응하기 위해서는 군 인적자원관리방식의 적극적인 변화를 모색할 필요가 있다. 우리 군이 오랜 기간 부사관 제도의 개선을 위한 노력과 연구를 꾸준히 수행해 온 것 역시 이러한 군의 새로운 환경에 적응하려는 노력의 하나로 이해될 수 있다. 하지만 기존의 부사관 인적자원관리가 대량 획득에 중점을 둔 관리였다면, 향후 요구되는 부사관 인사관리제도는 이러한 가정에 대한 본격적인 재검토가 필요하다.

　앞으로 군 인적자원의 획득은 전략적인 관점에서 "인력유인(recruitment)"의 개념으로 이해하여야 한다. 획득이 군의 시각에서 인력을 징집하는 개념이라면, 인력유인은 어떠한 병역제도를 채택하던지 간에 병력자원이 군에 오고 싶어 하도록 하는 요인을 식별하고 활용하는 개념이라고 할 수 있다. 즉 군의 인적자원관리는 군의 목표와 달성 뿐 아니라 개인들의 발전을 함께 도모해야 한다는 점에서 이전의 패러다임과 차별화된다. 이러한 관점은 병사와 간부를 막론하고 공히 적용되어야 할 개념이지만 특히 우수 부사관의 확보와 유지에 시사하는 바가 크다.

부사관 관련 획득, 교육, 유지 그리고 분리의 노력들이 기능별로 분산되어 군의 인력관리를 대비할 수 있는 인력관리 조직을 체계적으로 가지고 있지 못하기 때문이다. 따라서 이러한 한계를 극복하기 위해서 군은 다음의 부분에 초점을 맞추어 부사관 제도를 개선해 나아가야 한다.

● 전략적 군 인적자원관리를 위한 거버넌스 구축

전통적인 관점에서 인사관리는 군사 전략과 크게 연결이 되어 있지 않았다. 향후 인력수급과 국가 안보전략에 큰 변화가 예상되는 시점에서 국가 안보전략에 맞는 군 인력을 어떻게 확보하고 개발할 것인가는 군 전략의 중요한 부분을 차지하게 될 것이다. 현재 군에서는 부사관제도 뿐 아니라 해결해야 할 많은 군 인력관련 개혁 문제들을 가지고 있으며 이들은 서로 밀접하게 연결되어 있다. 얼마만큼의 부사관 인력을 확보하고, 이들에게 어떠한 임무를 부여할 것인가의 문제는 우수 장교와 병사를 확보하고 유지하는 인적자원관리와도 밀접히 관련되어 있다. 또한 이 문제는 향후 우리 군의 대북 군사전략이 어떠한 기조로 형성되어질 것 인가와도 직접적인 연관이 있을 것이다. 따라서 향후 군은 소극적 인사관리의 기능을 벗어나 군 전략과 연계하여 인적 자원의 개발과 관리를 기획하고 총괄하는 체계를 갖추는 방향으로 변화할 필요가 있다.

현재 중앙정부의 부처 수준에서는 인사혁신처가 전략적 인적자원 관리의 역할을 담당하고 있는 것처럼, 우리 군도 인적 자원 관리의 변화와 혁신을 주도할 조직의 신설을 심각하게 고려할 필요가 있다. 본 연구를 위한 자료 수집 과정에서 직간접적으로 관찰한 바로는 우리 군의 인적자원관리는 국방부-각 군 간의 수직적 분업과 각 인사업무별로 수평적 분업이 공고히 자리잡고 있다. 이러한 방식의 인적자원관리는 기존의 인사관리체계를 효율적으로 유지하는 데는 매우 큰 장점을 가진다. 하지만 현재의 체계로 군의 전략 계획과 개별적인 인적자원관리활동을 유기적으로 연계시켜서 미래 국방 수요가 요구하는 인적 자원을 확보하고 개발하는데는 큰 한계를 가질 수밖에 없다. 이제는 우리 군이 전략적 인적자원관리의 거버넌스 모형을 구상할 단계에 와 있다고 판단된다. 우수 부사관의 확보와 유지 방안 역시 이러한 체계의 일부로 구상될 때 다른 국방정책과 제도와 높은 정합성을 갖게 되고 궁극적으로 국방의 전략적 목표 달성에 기여하게 될 것이다.

부사관의 정예화를 위한 승진 및 평가시스템의 확립

현재의 부사관 충원 계획은 자칫하면 군 예산에 많은 부담을 줄 수도 있으며, 군 인력의 경직화를 가지고 올 수도 있다는 점은 앞서서 지적하였다. 이러한 문제를 해결하기 위해서 군에서도 부사관의 특기별로 필요한 정원구조를 파악하고 이에 맞추어 부사관의 수를 적정수준으로 유지하려고 노력하고 있는 것으로 보인다. 그러나 현재 장기복무로 들어서면 어느 정도 직업군인으로서의 군 생활이 보장되는 구조에서 장기복무를 더 늘리는 방안으로 갈 경우 경직화는 피할 수 없을 것으로 보인다. 따라서 장기복무의 비율은 늘리되, 평가를 통해서 10년 복무이후에도 승진의 결과별로 단계적으로 전역을 통한 분리(attrition)가 계속해서 일어날 수 있는 구조를 만들어야 한다. 미국의 경우 부사관은 계급별 계약 제도를 따르고 있으며, 각 계급 진급이 근속년수에 의하지 않고 성과와 역량에 바탕을 둔 진급을 시행하고 있다. 따라서 각각의 진급에 따라 분리의 가능성이 항상 존재하며 이에 따라 보다 유연한 부사관 제도를 유지하고 있다.

또한 계약에 기초한 부사관 제도를 정착시키기 위해 공정하고 합리적인 진급관리가 뒷받침되어야 한다. 현재 육군에서 시행하고 있는 장기근무자 선발평가요소를 살펴보면 대부분의 평가가 상급자에 의한 질적 평가에 의존하고 있는 것을 알 수 있다(〈표 4〉 참조). 따라서 진급별 평가요소를 보다 강화하고 이에 따른 분리가 실제로 일어나도록 하기 위해서는, 교육과 근무평정의 평가를 보다 강화하고 모호한 인사기준이 아닌, 객관적 인사평가기준을 마련하는 것이 필요할 것이다. 특히 장기복무가 결정된 이후에도 합리적인 진급기준을 마련하는 것이 중요하다. 또 하나 합리적인 진급관리를 위해 강조할 사항은 진급에 의미있는 혜택을 주는 것이다. 승진이 어려운 것이기는 하지만 승진을 하는 경우에 연봉이나 복지혜택에 의미있는 차이가 있어야 승진이 동기부여를 위한 유용한 수단이 될 수 있다.

<표 4> 장기근무자 선발평가요소

평가요소	근무평정	교육	상훈	지휘추천	격오지근무	의견서	체력검정	잠재역량	심사위원 질적평가
배점	40점	10점	3점	25점	5점	5점	5점	2점	5점

출처:2012년 인사사령부 자료, 김정연·박성만 (2013)에서 재인용. p. 3.

물론 미군의 경우에서처럼 완벽한 계약중심의 부사관 제도를 그대로 한국에 적용하는 데에는 무리가 있을 것이다. 특히 부사관을 마치고 전역을 할 때 재취업이 가능한 사회적 구조가 마련되어져 있지 않은 상태에서는 부사관의 장기복무에 대한 직업 안정성마저 낮으면 근무 동기는 더 떨어질 수 우려도 있다. 결국 전략적 인사관리의 관점에서 성공적인 승진관리는 전직관리, 평가, 복지혜택 등이 종합적으로 추진되었을 때 가능할 수 있을 것으로 생각된다.

전략적 군 인적자원 개발과 부사관 역량강화

군에서의 교육의 효과성은 군 직무능력 향상을 위한 군의 전략적 요구와 부사관의 자기계발을 통한 경력개발 욕구가 일치할 대 극대화 될 수 있다. 따라서 인적자원 개발은 부사관의 전문화를 통해 군의 전투능력 향상에 기여하면서도, 국가 인력개발의 큰 틀과도 그 기조를 같이 할 때 그 효과성이 극대화 될 것이다. 부사관이 향후 군 정예화를 위한 핵심 전문 인력이라고 한다면, 현재의 직무관련 역량뿐 아니라 부사관이 미래에 어떠한 역량을 가져야 하고 이를 개발하기 위해 어떠한 지원을 해야 하는가에 관한 체계적이고 지속적인 고민이 필요하다.

아쉽게도 현 부사관 획득의 패러다임은 대량 획득, 대량 손실이다. 이러한 패러다임 하에서는 투자 손실의 염려 때문에 부사관 교육에 소극적일 수밖에 없다. 따라서 현실적으로 부사관 교육을 강화하기 위해서는 부사관 획득의 패러다임의 변화가 먼저 실행되어져야 할 것으로 판단되며, 이후 부사관 정예화를 위해서 강화되어야할 부사관의 핵심 역량이 무엇인지 그 비전을 정확히 가질 필요가 있다.

김원대와 김인국(2014)은 군교육 기본법 제정의 필요성을 지적하면서, 군에서의 교육도 직업적 역량개발과 보편적 역량개발이 모두 강조되어야 함을 지적하였다. 부사관의 직업적 역량개발은 군에서 부사관의 역할을 수행하는데 필요한 역량이다. 부사관은 전통적으로 장비와 전투에서의 전문가가 되어야 하고, 병사의 전투력 향상을 위한 병사 훈련의 책임자가 되어야 하며, 장교와 병사를 잇는 가교 역할을 해야 하는 것으로 인식되었다. 이러한 역할을 수행하기 위해 개발되어야 할 역량이 직업적 역량 개발이라 할 수 있다.

보편적 역량 개발은 부사관이 사회의 인적자원으로서 본인의 역량을 개발해 사회로 복귀하거나 군에서 미래에 역할을 수행하고자 할 때 필요한 역량으로 주로 평생교육이나 직업교육 등을 통해 향상될 수 있다. 전통적으로 군에서의 교육은 직업적 역량개발에 초점을 맞추었으나, 향후 국방부의 계획대로 부사관의 역할을 강화하기 위해서는 리더십 또는 관리자로서의 보편적인 역량개발도 매우 중요할 것으로 판단된다 (이상을, 2015).

김원대와 김인국(2014)은 민간 기업이 평생교육과 직업교육 촉진법에 의해 종업원들에게 일정의 보편적 역량교육을 제공해야 할 의무를 가지듯이 군에서도 군인의 보편적 역량강화에 대한 법령을 마련할 필요가 있다고 주장하였다. 특히 부사관의 경우 대량 유입, 대량 손실의 전제 하에서는 교육의 사각지대에 놓일 수가 있으므로 이들에 대한 향후 직업과 관련된 보편적 교육을 육·해·공 3군 모두에게 적용하도록 규정함으로써 리더로서의 부사관의 역할을 더 강화하는 것도 고려해 볼만 하다. 이러한 규정은 한국군이 어떠한 인사행정의 철학으로 부사관을 운영하는지에 관한 전반적인 틀이 될 수 있다는 점에서도 중요하다.

제대군인 지원을 위한 법률적·사회적 지원의 확충

제대군인의 취업률 향상을 위해서는 단순히 개인이나 군에서의 노력뿐 아니라 국가 차원에서의 노력과 협력이 중요하다(한국전략문제연구소, 2014). 예를 들어 부사관이 군에서 습득한 지식을 실제로 적용할 수 있는 산업 분야에 대한 파악과 이들의 기술 정도 등에 따라 직무의 관련성이 있는 경우 취직 시에 실질적 가산점을 주는 방안을 법률적으로 마련할 필요가 있다(정철영 외, 201). 또한 군에서 습득한 학점이 제대 후 학교 교육을 받으려고 할 때 관련 학점이 인정될 수 있는 방안이 마련되어야 한다. 특히 중·단기 부사관들의 경우 전역 후 나이가 20대에서 30대 초반인 경우가 많으므로, 부사관에게는 학교로 돌아갈 수 있는 제도적 장치를 만드는 것이 중요한 방법이 될 수 있다. 미국을 포함한 많은 국가들의 경우 전역 후 재교육을 위한 비용은 물론, 학교에 입학하는데 있어서 군 재직경력에 따른 가산점을 줌으로써 부사관들에게 교육과 재취업의 길을 열어주고 있다. 한국에서도 부사관들의 재교육과 궁극적인 사회복귀를 위해서는 국방부-교육부-대학 간의 군 경험 학점인정에 대한 연계 프로그램을 구축이 절실하다.

〈표 5〉는 유럽과 미국 등 선진국들의 제대지원 서비스를 요약한 표이다. 이스라엘은 민간기업들과 네트워크가 잘 구축되어져 있어 제대 후 취업이 수월한 것이 주목할 만하다. 특히 군이 전략적 인적자원개발을 바탕으로 양산한 정보통신 관련 인력들은 이스라엘의 정보통신 산업의 근간이 되었다는 것은 잘 알려진 바이다. 영국은 민간전문민간 기업과 협약을 체결하여 4년 이상 군에 근무한 모든 인력에게 전직교육지원을 하고 있으며, 일대일 상담서비스와 온라인 서비스를 통해 기업들과 개별 병사들이 정보를 교환할 수 있도록 하고 있다. 독일과 프랑스는 군 복무시기에 군사교육의 일부를 전직교육에 사용하고 있는 것이 특징이다. 프랑스는 일대일 상담사들이 제대군인의 관심 직군별로 상담서비스를 제공하고 있으며, 자격증 취득 등 자기개발을 강조하고 자격증 미취득시에는 승진에서 제외하는 정책을 펴고 있다. 독일은 연방전문학교와 연계하여 군 복무 중 교육서비스 이용을 의무화 하고 있다. 이들은 취업상담 및 개인별 경력개발 목표설정이 군복무 중에 이루어지도록 함으로써, 제대를 결정한 후 겪게 되는 심리적인 변화를 미리 준비시키고 사회복귀를 위한 체계적인 준비가 가능하도록 하고 있다.

〈표 5〉 해외 국가들의 제대지원 서비스

구분	항목	전직지원교육정책
독일	교육지원	군 복무중 교육강조 - 전직지원실 지정 또는 외부 교육기관의 교육과정 수강 - 직업보도교육과 제대 후의 학교보충 및 직업교육 - 연방전문학교의 학교교육/정규과정형태의 직업교육
	정보 및 상담지원	- 취업지원 승인을 위한 개별상담 필수 - 최초상담, 직종선택상담, 직업교육 상담, 민간직장 취업상담 등 다양한 형태의 상담
	군경력인증지원	- 군 특기교육 및 업무를 민간직업자격으로 활용 가능한 각종 증명서 및 교육/업무 기간 기록된 증명서 발부
	자격증획득지원	민간직업자격취득교육과정(ZAW) 운영
프랑스	교육지원	- 개인 단체별 진단평가 및 오리엔테이션강화 실시 - 취업계획 세미나, 구직기술, 기업체 취업 및 적응 강좌, 청년군인, 고위직 대상 계급별 강좌 실시
	정보 및 상담지원	- 1대 1 상담사 지정 - 직종별 전문 상담사 운영
	군경력인증지원	- 개별준비 군인의 경력 인정(VAE): 승인기관에서 결정 - 군 직무와 민간 직무와의 연계 위한 작
	자격증획득지원	- 군복무 중 자격증 미취득시 진급에서 제외
영국	교육지원	- 직업교육전문 민간기업과 협약 체결(CTP)하여 4년 이상 근무군인에게 군외직업교육 실시 - 교육/지역별 재취업교육 - 견습기간/외부교육 제도 - CTP 취업지원센터의 40개 직업훈련코스
	정보 및 상담 지원	- CTP를 통한 Right Job 온라인 서비스 지원 - 개인별 취업컨설턴트 지원

미국	교육지원	- 현역군인에 대한 자발적 교육프로그램(VEPMMP) - 육군 계속교육제도(ACES)/국방부교육지원(DANTES) - 통신교육 프로그램 - 노동부 취업 및 교육지원 서비스(VETS)
	정보 및 상담지원	- 국방부의 적성정보 제공시스템(CAGIS) 제공 - 노동부의 제대군인 원스톱 지원사이트(ACINet), - 전역예정자를 위한 직업은행서비스 운영
	군경력인증지원	- 복무기간 학점인정제도(Military Evaluation Program) - 복무 중 학위취득지원(SOC) - 군 경력 및 교육인증제(VEMT) 공식 인증 문서 통용
	자격증획득지원	- 자격증 취득 관련 온라인 정보제공 서비스(COOL) 운영 - 교사자격증 획득 지원(TTT) - 1인당1자격증발급비용지원
이스라엘	교육지원	- 훈련과 기술적 훈련을 결합한 탈피오트(Talpiot) 프로그램 시행 - 군 복무를 통한 첨단 직업훈련의 실험실습장 역할 수행 - 군을 기반으로 한 전략적 국가인적자원개발 정책 추진
	기타	- 전직지원 프로그램이 필요 없을 정도인 군민 직업 네트워크 체제 유지

출처: 한국전략문제연구소 (2014) 『인사관리제도와 전직지원교육 연계 방안 연구』p. 106

　해외에서 이러한 서비스의 제공은 군에서 근무하고 사회로 복귀하는 인력자원을 소중히 여기는 사회적 공감에서부터 시작되었음을 주목하여야 한다. 현재 국내에서 군에서의 경력을 인정하거나 가산점을 주는 것에 대해 특혜시비가 거론되고 이를 회피하는 기업이 많음에 따라 군에서 중·장기 봉사를 하고 사회로 복귀할 때 이들이 역차별을 받는 것은 매우 안타까운 부분이다.

결론

　본 연구에서는 부사관과 관련된 인사제도를 전략적 인적자원관리의 관점에서 살펴보았다. 이를 위해서 우선 부사관 확보, 교육, 평가 그리고 전역의 네 분야에서 주요 이슈와 문제점을 살펴보고 이러한 문제점을 해결하기 위한 정책적 제언을 마련하였다. 현재 대한민국의 군은 기술적 그리고 한국사회의 인구통계학적인 변화 등으로 인해 많은 변화를 요구 받고 있으며, 그러한 근의 변화 요구에 능동적으로 대처하기 위해 부사관의 인적자원관리를 위한 새로운 정책방향의 정립은 매우 중요하다. 특히 인력의 획득이 상대적으로 쉬웠던 과거의 인사관리방식에서 적극적으로 군 인력의 유치를 책임져야하는 시점에서 군에서의 비중이 날로 증가하고 있는 부사관에 대한 인적자원관리는 국방 정책에서 매우 높은 우선 순위로 다뤄져야 한다. 군이 이러한 변화에 능동적으로 대응하기 위해서는 개인의 욕구와 조직의 목표를 함께 추구할 수 있는 세심하고 일관성있는 인적자원관리 제도의 마련이 무엇보다도 필요하다. 전략적 인적자원관리에 바탕을 두고 본 연구가 제시한 정책 제언들이 우수한 부사관을 유치하고, 군과 사회 모두에서 환영받을 수 있는 인적자원으로 개발하기 위한 인적자원관리 제도의 구축과 실행계획을 마련하는 데 유의미한 문제제기로서 역할을 하기를 기대한다.

참고문헌

- 강성춘 박지성 박호환. (2011). 전략적 인적자원관리 국내 연구 10 년. 인사조직연구, 19, 51-108.
- 김대희 (2016). 부사 전문성과 역량 강화 방안에 관한 연구 : 조직발전의 주도적 역할을 중심으로. 조선대학교 정책대학원 석사학위 논문
- 김성우. (2008). 우수 부사관 획득방안에 관한 연구. 군사발전연구, 2(1), 251-281.
- 김영종. (2013). 우수 인력획득을 위한 육군 부사관 제도 연구-인력획득과 연계한 전문대학의 부사관학과 활성화 중심으로. 융합보안논문지, 13(2), 111-120.
- 김원대 김인국. (2014). 군 교육훈련 기본법'제정 필요성과 추진방향, 주간국방논단, 1521. 14-26. http://www.kida.re.kr/?sidx=382&stype=1&pageNo=14&skey=&sword
- 김원대 유명기 (2012.) 전략적 사고에 기초한 군 인적자원개발정책 분석과 발전방안. 국방정책연구, 28(1), 101-127.
- 김재욱. (2014). 신부사관종합발전계획추진 성과와 과제: 육군 10만 부사관 시대의 청사진. The Republic of Korea Army. http://blog.naver.com/PostView.nhn?blogId=armymagazine&logNo=220071808499
- 김정연 박성만. (2013). 현역병 복무 단축 추진에 따른 부사관 인력확보 방안. 한국정부학회 2013 년도 학술발표논문집, 1(단일호), 506-521.
- 노양규. (2014). 전역군인 적합 일자리 및 취업지원체계 구축방안 연구. 국방발전연구원.
- 이상을. (2015). 육군 부사관 교육제도 변천과정과 개선에 관한 연구. 한국군

사학논총, 8, 185-205.
- 정철영 이용재 방재현 양안나 김영은 주홍석. (2011). 제대군인의 구직경로와 지원방안 연구. 진로교육연구, 24(2), 115-137.
- 토플러, 앨빈. (1993). 전쟁과 반전쟁 (이규행 역). 한국경제신문사.
- 한국전략문제연구소. (2014). 인사관리제도와 전직지원교육 연계 방안 연구. http://www.prism.go.kr/homepage/main/retrieveMain.do
- 뉴시스 (2016. 12. 28). "5년간 제대군인 취업률 59.2%...軍 "제대군인 지원 관심 가져 달라" http://www.newsis.com/ar_detail/view.html/?ar_id=NISX20160721_0014237033&cID=10301&pID=10300
- 월간조선 2015년. 11월호. "대한민국 국방예산의 문제점: 이명박 박근혜 정권 국방예산 증가율 노무현 때보다 낮아". http://www.newsis.com/ar_detail/view.html/?ar_id=NISX20160721_0014237033&cID=10301&pID=10300
- Edvinsson, L., & Sullivan, P. (1996). Developing a model for managing intellectual capital. European management journal, 14(4), 356-364.
- Gilley, J. W., & Maycunich, A. (2000). Organizational learning, performance, and change: An introduction to strategic human resource development. Da Capo Press.
- Guest, D. (1989). Personnel and HRM. Personnel Management, 21(1), 48-51.
- McMahan, G. C., Bell, M. P., & Virick, M. (1998). Strategic human resource management: Employee involvement, diversity, and international issues. Human Resource Management Review, 8(3), 193-214.
- Rothwell, W. J., &Kazanas, H. C. (1989). Strategic human resource development. Prentice Hall.
- Wright, P. M., McMahan, G. C., Snell, S. A., & Gerhart, B. (1997). Strategic human resource management: Building human capital and organizational capability. Technical report, Cornell University.

CHAPTER

6

제4차 산업혁명 시대의 사이버안보 정책

김승주 (고려대학교 정보보호대학원 교수)

要
約

 사회 전반에 인공지능(AI), 사물인터넷(IoT)과 사이버물리시스템(CPS), 빅데이터 등이 주도하는 4차 산업혁명의 바람이 거세게 불고 있다. 1784년 영국에서 일어난 '1차 산업혁명'이 증기기관의 발명을 통한 육체노동의 기계화를 가능케 하였다면, 1870년 시작된 '2차 산업혁명'은 전기를 이용한 대량생산체계가 이루어진 시기로 생산성을 비약적으로 향상시켰다. 이어 1969년 이후 반도체와 인터넷을 필두로 한 '제3차 산업혁명'은 정보화 및 자동화의 혁명을 불러왔으며, 이제 세상은 사이버 세계(cyber space)와 현실 세계(physical space)가 완전히 통합돼 끊임없는 상호작용하는 '4차 산업혁명'의 소용돌이로 들어가고 있다.

 4차 산업혁명 시대에는 사람과 사물, 공간 등이 인터넷을 매개로 물샐틈없이 연결돼 정보의 생성·수집·공유·활용이 수시로 이뤄지는 '초연결사회'(hyper-connected society)로 진화할 것이며, 이는 곧 우리 군이 지켜내야 할 대상이 단순히 군대 내의 컴퓨터나 인터넷 정도가 아니라 이를 매개로 한 모든 사람과 사물, 공간으로 확대된다는 것을 의미한다.

 우리 정부에 따르면 2016년 11월 현재 북한의 사이버전을 담당하는 해킹 인력 규모는 1,700명, 이들을 지원하는 인력은 5,000명 규모라고 한다. 또한 국내에 들어오는 일평균 해킹공격 시도 건수는 140만건 가량되며, 이는 꾸준히 증가하는 추세이다. 현재의 수준이 이럴진데 전화기는 물론, TV, 자동차, 항공기에 이르기까지 일상생활의 모든 기기들이 인터넷에 연결돼 소통하는 4차 산업혁명 시대에 북한의 사이버 공격 또한 전방위적으로 확대될 것임은 너무나도 자명한 사실이다.

그러나 최근 발생한 일련의 군 해킹 관련 사고로 봤을 때, 우리 군의 사이버 안보 태세는 아직 터무니없이 부족한게 사실이다. 여전히 우리 군은 '정보보호' (information security)라는 80년대의 좁은 시각으로 '사이버보안'(cyber security) 과 '사이버안보(cyber defense)' 관련 정책들을 논하고 있으며, 4차 산업혁명 시대의 핵심 기술인 인공지능, 빅데이터 분석 등을 어떻게 군 시스템에 적용할 지에 대한 중·장기 계획은 전무하다. 또한 사이버 강군의 초석이 되는 고품질 사이버무기 확보나 체계적인 인력 확보 계획은 미흡하며, 사이버안보 관련 조직 체계 또한 완전히 정비되어 있지 못해 업무의 중복, 컨트롤타워의 부재 등과 같은 문제가 나타나고 있는 실정이다.

이에 본 고에서는 4차 산업혁명이란 과연 무엇이고, 이것이 우리의 사이버 안보 환경에 어떠한 변화를 초래하게 되며, 향후 우리 군의 대응과 발전 방향 방향은 어떠해야 하는지를 ▲정보보호 패러다임의 전환, ▲인공지능, 빅데이터 등 4차 산업혁명 핵심기술의 군 적용 방안, ▲4차 산업혁명과 모순되는 군 망 분리 정책의 개선, ▲고품질 사이버 무기 확보, ▲양질의 사이버안보 인력 양성, ▲군 독립성 확보 및 조직 체계 정비 등의 관점에서 살펴보고자 한다.

제4차 산업혁명이란?

🐢 요즘 4차 산업혁명이 화두다.

'4차 산업혁명'이라는 용어는 지난 2012년 독일의 '인더스트리(industry) 4.0' 정책에서 처음 등장해, 2016년 1월 스위스 다보스에서 열린 세계경제포럼(WEF 다보스포럼)의 주제로 선정되면서 전 세계적 화두로 떠올랐다.

1784년 영국에서 일어난 '1차 산업혁명'이 증기기관의 발명을 통한 육체노동의 기계화를 가능케 하였다면, 1870년 시작된 '2차 산업혁명'은 전기를 이용한 대량생산체계가 이루어진 시기로 생산성을 비약적으로 향상시켰다. 이어 1969년 이후 반도체와 인터넷을 필두로 한 '제3차 산업혁명'은 정보화 및 부분 자동화의 혁명을 불러왔으며, 이제 세상은 '4차 산업혁명'의 소용돌이로 들어가고 있다.

물론 아직 4차 산업혁명에 대한 개념이 확립된 것은 아니다. 혹자는 아직도 3차 산업혁명시대라고 주장하기도 한다. 하지만 그것이 3차 산업혁명의 최종 단계든 4차 산업혁명의 시작이든 간에 최근의 비약적인 정보통신기술(ICT)의 발전은 우리에게 다가올 변화에 대한 준비를 요구하고 있는 것이 사실이다.

4차 산업혁명에 대해 다양한 정의와 예측들이 쏟아지고는 있지만, 필자의 생각에 이를 가장 잘 표현하는 키워드는 '사이버물리시스템(CPS: Cyber-Physical System)을 통한 완전 자동화'가 아닐까 한다. 사이버물리시스템 또는 우리에게 좀 더 친숙한 용어인 'O2O'(Online To Offline)란 사이버 세계(cyber space)와 현실 세계(physical space)가 완전히 통합된 세상을 뜻하는 것으로서, 우리가 살아가는 실제적인 물리 세계와 컴퓨터상에 존재하는 가상 세계와의 끊임없는 상호작용을 강조하는 시스템이라 할 수 있다.

예를 들어 과거에는 컴퓨터를 이용해 자동차나 항공기 설계를 하고, 그 설계 데이터를 토대로 공작기계 등을 작동시켜 이를 자동으로 생산해 냈다. 이렇게 생산된 자동차나 항공기는 계획된 시일이나 지정된 운행 거리에 따라 정기적으로 정비된다. 그러나 다가오는 4차 산업혁명 시대에서는 컴퓨터를 이용해 설계하고 생산해낸 자동차나 항공기가 우리가 살아가는 현실 세계에만 존재하는 것이 아니라, 이와 똑같은 일종의 '디지털 쌍둥이'(digital twin) 혹은 '아바타(avatar)'가 제조사의 컴퓨터 안, 즉 사이버 공간상에서도 존재하게 된다. 일단 현실 세계의 자동차나 항공기가 운행을 시작하면 사이버 공간상의 자동차와 항공기도 똑같이 운행을 시작하며, 현실 세계에서 발생하는 모든 일들은 센서를 통해 실시간으로 수집돼 디지털 쌍둥이인 사이버 공간상의 자동차와 항공기에게도 전달되게 된다. 제조업체에서는 이렇게 수집된 운행 관련 정보들을 디지털 쌍둥이를 통해 분석하고 이를 다시 장비 고장 예측 및 운영 효율성 향상, 능동적인 수리 및 제조 공정 계획 수립, 개선된 제품 개발에 활용하게 된다. 더욱이 이 모든 일련의 과정들은 인공지능에 의해 자동화

된다.

　실제로 미국의 철도 가동률은 73% 정도이며, 나머지 27%는 고장으로 운행하지 않는 형편이다. 따라서 철도와 차량에 센서를 연결하여 사전에 고장을 감지하고 예측하여 철도 가동률을 1% 높이면 매년 6억 달러 이상의 비용을 절약할 수 있으며, 기관차 속도를 시속 1마일 올리면 연간 최대 2억 달러를 절감할 수 있다고 한다. 화물 차량과 기관차들의 상태를 원격 진단하기 위해 현재 미국의 GE는 기관차의 화물 차량에 다수의 정교한 센서들을 부착하고 있다. 지금 GE가 생산하는 기관차는 20만 개 부품으로 구성되고, 250개 센서가 있으며, 이들을 연결하는 내부 연결선은 10여 킬로미터에 이르고, 한 시간에 900만 개 데이터를 발생시킨다. 이러한 센서들로부터 데이터를 수집하여 장애가 되는 문제점을 사전에 인식하고 각 차량 점검 서비스 추진 일정을 수립하여 제공함으로써, 각 기관차의 운행 중지 시간을 최대한 줄이려 하고 있는 것이다.[1]

　철도뿐만이 아니다. GE의 차세대 항공기 엔진이라는 'GEnx' 한 쌍에서 발생되는 데이터는 매일 테라바이트(terabyte)에 이른다. 장거리 비행에 더욱 안락한 여행을 제공하기 위해서는 장거리 여객기가 매일 발생하는 수 테라바이트의 방대한 데이터를 저장하고 유형별로 분류하고 분석하는 작업이 필요하다. 기존에는 운행 중의 모든 데이터를 항공기에 저장하고 항공기가 착륙한 후에 운행 중에 발생했던 정보를 다운받아 지상에 있는 컴퓨터에서 분석하는 방식이었다. 따라서 항상 과거의 정보만을 접해야 했으며, 2,000시간을 운행하고 나면 엔진을 모두 분해하

---

[1] 한국전자통신연구원(ETRI), 전자신문사, "사물인터넷의 미래", 2014. 11. 28.

여 재정비해야 했다. 또한 이와 같은 일련의 작업들을 모든 항공기에 장착된 엔진에 대해 수행했어야 하므로 재정비에 소요되는 시간과 경비가 상당했다.

제4차 산업혁명 시대에는 여객기에 장착된 센서와 구동 장치가 인터넷에 연결되어 있으므로 비행 중의 정보들을 즉시 지상의 디지털 쌍둥이에게 전송하게 된다. 이러한 데이터에는 항공기의 연료 재고량, 연료 소모 기록, 엔진 상태 및 운항 경로 등에 대한 데이터가 모두 포함되어 있다. 따라서 사이버물리시스템을 활용하면 실시간으로 모든 여객기의 현재 운행 상태에 대한 정보를 수집하고 분석하여 운행 시간 단축을 위한 속도 조정, 연료 소모량 제어와 엔진 수명 진단을 통해 효율을 극대화할 수 있다. 더 나아가서는 예측되는 엔진의 이상 징후를 조기에 발견할 수 있게 되어, 매 2,000시간 운행 후에 일률적으로 엔진을 분해하고 재정비하는 일이 줄어들게 된다. 이러한 결과로, 항공 연료를 1.5% 절약하는 것이 가능하게 되며, 이를 금액으로 환산하면 1,500만 달러에 달할 것으로 예측된다. 또한 서비스적인 측면에서는 매년 1,000건에 달하는 지연 출발이나 항공편 취소를 사전에 예방할 수 있게 된다. 물론 이러한 배경에는 센서 기술 및 끊김 없는 초고속 통신기술, 이를 통해 수집되는 방대한 데이터의 실시간 자동 분석을 위한 빅데이터 기술과 인공지능 기술이 필수적으로 수반된다.[2]

이렇듯 4차 산업혁명은 모든 것이 연결되는 보다 지능적인 사회로의

---

2) 한국전자통신연구원(ETRI), 전자신문사, "사물인터넷의 미래", 2014. 11. 28.

진화라고 볼 수 있으며, 가까운 미래에 우리 삶의 대부분을 바꿔놓을 것이다. 4차 산업혁명 시대에는 사람과 사물, 공간 등이 인터넷을 매개로 물샐틈없이 연결돼 정보의 생성과 수집, 공유와 활용이 이뤄지는 '초연결사회'(hyper-connected society)로 진화할 것이며, 이는 곧 우리 군이 지켜내야 할 대상이 단순히 군대 내의 컴퓨터나 인터넷 정도가 아니라 이를 매개로 한 모든 사람과 사물, 공간으로 확대된다는 것을 의미한다. 그러나 최근 발생한 일련의 군 해킹 관련 사고로 봤을 때, 우리 군의 사이버안보 태세는 아직 터무니없이 부족한게 사실이다. 이를 위해 우선 우리가 흔히 사용하는 '사이버안보'(cyber defense)의 개념부터 살펴보고, 다가오는 4차 산업혁명 시대에 우리 군의 사이버안보를 강화하기 위한 방안에 대해 논의해 보고자 한다.

사이버안보의 정의

우리가 보안과 관련해 잘못 혼용해 쓰고 있는 말 중에 대표적인 것이 '정보보호'(information security), '사이버보안'(cyber security) 그리고 '사이버안보'(cyber defense)이다.[3]

국내에서는 'cyber security'라는 용어가 '사이버안전' 또는 '사이버안보'로 쓰이고 있으며, 이와 관련해 대통령훈령인 '국가사이버안전관리규정(제2조 제1호)'에서는 '사이버안전'을 "사이버공격으로부터 국가정보통신망을 보호함으로써 국가정보통신망과 정보의 기밀성 무결성 가용성 등 안전성을 유지하는 상태"로 정의하고 있다. 또한 '국방사이버안보훈령'에서는 '국방 사이버안보'를 "국방 사이버영역의 안전이 보장되는 상태나 안전을 보장하는 제반 행위로 사이버안전뿐만 아니라 관련 위협정보를 수집하고 능동적으로 대응하는 것을 포함하며, 국방사이버안보 업무는 사이버방호와 사이버작전 업무로 구분한다"로 정의하고 있다. 최근에는 '사이버안보'에 대한 개념을 국방뿐만 아니라 민간부문에도 적용하기 위해 국가정보원에서 "국가사이버안보기본법제정(안)"을 입법 예고

---

3) 이외에도 '정보보증'(information assurance)이라는 용어가 있다. 정보보증이란 신뢰성(trustworthiness)을 확보케 하고 이를 검증하기 위한 관리적 기술적 수단 또는 행위를 말한다.

하기도 하였다.

일반적으로 '정보보호'(information security)란 악의적인 해킹, 즉 무단 액세스, 사용, 공개, 중단, 수정 또는 파기로부터 정보 및 정보 시스템을 보호하는 행위를 일컫는다.

반면 '사이버보안'(cyber security)은 이에 더해 컴퓨터 등 정보통신기술(ICT)을 이용해 인간의 심리, 물리적 시설 등과 같은 '비정보자산'(non-information based assets)을 공격하는 행위까지도 막는 것을 일컫는 개념이다. 그러므로 사이버보안에는 기존의 정보보호에 더하여 '사이버 왕따'(cyber bullying)[4], '사이버 테러'(cyber terror), '거짓 뉴스' 등이 포함된다.[5] 끝으로 '사이버안보'(cyber defense)란 사이버보안에 전략(strategy)의 개념을 더한 것이다. 일반적으로 개인이나 단일 기관은 정보보호나 사이버보안의 관점에서 충분히 보호할 수 있다. 그러나 보호해야 할 대상이 국가 전체라면 전략 전술의 개념이 없이는 불가능하다. 사이버안보란 바로 국가 전체를 사이버 위협으로부터 보호하는 것을 말한다.[6]

---

4) 사이버 왕따 (cyber bullying): 특정인을 사이버상에서 집단적으로 따돌리거나 집요하게 괴롭히는 행위. 사이버상에서 특정인을 집요하게 괴롭히는 행동 또는 그러한 현상을 일컬음. 즉, 소셜네트워크서비스 (SNS), 카카오톡 등 스마트폰 메신저와 휴대전화 문자메시지 등을 이용해 상대를 지속적으로 괴롭히는 행위를 말함. 사이버 왕따의 행위가 더 확대되면 인터넷 게시판에 피해 상대에 대한 허위사실을 유포하거나 성매매 사이트 등 불법 음란 사이트에 피해 상대의 신상정보를 노출시키기도 함. 이렇게 온라인상에 한번 올라온 욕설과 비방은 수많은 사람들이 동시에 보고 퍼나르기 때문에 완전 삭제가 어려우며, 또 짧은 시간에 광범위하게 확산되는 것은 물론 동영상과 합성 사진 등으로 인한 시각적 충격을 가하는 등 심각한 사회문제가 됨. (출처: 시사상식사전, 박문각)

5) Rossouw von Solms, Johan van Niekerk, "From information security to cyber security", Elsevier Computers & Security, Volume 38, October 2013, Pages 97102

6) Andrei Bujaki, "Cyber Defense it is not the same with Cyber Security", https://www.linkedin.com/pulse/cyber-defense-same-security-andrei-bujaki

이렇듯 각 용어마다 개념의 차이가 있음에도 불구하고 우리 정부나 군은 이를 명확히 인식하지 못한체 여전히 정보보호의 관점에서 사이버보안이나 사이버안보를 논하고 있는 실정이다.

이미 외국은 1960년대와 1980년대 '컴퓨터보안'(COMPUSEC: Computer Security)의 시대와 '정보보호'(INFOSEC: Information Security)의 시대를 거쳐 1990년대 후반부터는 이미 '정보보증' 및 '사이버보안', '사이버안보'의 시기로 진입하였으며, 이와 관련해 다양한 정책들을 쏟아내고 있다.

이제는 정보보호라는 좁은 시각, 즉 오로지 컴퓨터와 인터넷만을 보호하는 것이 전부라고 생각하는 편협한 시각에서 벗어나 보안에 대해 보다 넓은 안목을 키워야 할 때다.

제4차 산업혁명 시대에서의
우리 군의 사이버안보 정책 방향

앞서 언급했듯이 4차 산업혁명 시대에는 사람과 사물, 공간 등이 인터넷을 매개로 물샐틈없이 연결되는 초연결사회로 진화할 것이며, 이는 곧 우리 군이 지켜내야 할 대상이 단순히 군대 내의 컴퓨터 서버나 인터넷 정도가 아니라 이를 매개로 한 모든 사람과 사물, 공간으로 확대된다는 것을 의미한다. 그러나 우리 군의 준비는 아직 터무니없이 부족한게 사실이다. 본 절에서는 우리 군의 대응 방향을 ▲정보보호 패러다임의 전환, ▲인공지능(AI), 빅데이터 등 4차 산업혁명 핵심기술의 군 적용 방안, ▲4차 산업혁명과 모순되는 군 망분리 정책의 개선, ▲고품질 사이버 무기 확보, ▲양질의 사이버안보 인력 양성, ▲군 독립성 확보 및 조직 체계 정비 등의 관점에서 살펴보고자 한다.

정보보호 패러다임의 전환

미 국가안보국(NSA: National Security Agency)의 구인공고에는 '정보보호'(information security) 분야가 없다. 대신 '정보보증'(information assurance)

분야가 있다. 미국의 대표적인 보안인력양성 프로그램인 NIAETP도 풀어쓰면 National 'Information Assurance' Education and Training Program이지 National 'Information Security' Education and Training Program이 아니다. 실제로 미국 정부와 군에서는 90년대 후반부터 '정보보호'라는 표현보다는 '정보보증'이라는 표현을 더 자주 사용하고 있으며 이는 점차 산업체와 학계로 확대돼 나가고 있다.[7] 도대체 정보보증이란 무엇이길래?

정보보증이 본격적으로 주목을 받게 된 것은 1991년 걸프전(Gulf War) 때로 거슬러 올라간다. 걸프전을 통해 전 세계에 정보전(information war)의 위력을 유감없이 보여준 미국은 정보 시스템의 신뢰성(trustworthiness) 확보 방안 마련에 골몰하게 된다. 여기서 '신뢰성'이란 security, privacy, safety, reliability, resilience 등을 종합적으로 일컫는 말로서, 한마디로 해킹에 안전하고, 기계 오작동 등의 오류도 없으며, 문제가 발생했다 하더라도 이것이 인명사고 등의 재해로 연결되지 않고, 문제 발생 후 다시 원상으로 재빠르게 복원될 수 있는 시스템을 의미한다.[8] 또한 '정보보증'이란 바로 이러한 신뢰성을 확보케 하고 이를 검증하기 위한 관리적 기술적 수단 또는 행위를 말한다.

---

7) Yulia Cherdantseva and Jeremy Hilton, "Information Security and Information Assurance. The Discussion about the Meaning, Scope and Goals.", Organizational, Legal, and Technological Dimensions of Information System Administration, IGI Global Publishing. September, 2014.

8) Algirdas Avizienis, Jean-Claude Laprie, Brian Randell, and Carl Landwehr, "Basic Concepts and Taxonomy of Dependable and Secure Computing", IEEE Transactions on Dependable and Secure Computing, VOL.1, NO.1, 2004.

사실 다양한 악조건속에서 임무를 수행해야 하는 군으로서는 단순히 해킹만 잘 막는 시스템보다는 그것이 해킹으로 인한 것이던 기계 오류로 인한 것이던 간에 어떠한 환경에서도 정상적으로 잘 동작하는 정보 시스템을 확보하는 일이 매우 중요한 요소이다. 특히나 사이버 공간이 실제 생활과 아주 밀접하게 연결돼있어 사이버상의 혼란이 곧 현실 세계의 혼란과 직결되는 4차 산업혁명 시대에는 더욱 그렇다. 바로 이러한 이유로 미 군 당국은 90년대 후반부터 보안의 관점을 '정보보호'에서 '정보보증'으로 바꾸고 있는 것이며[9], 최근에는 소위 CPS(Cyber-Physical System)로 통칭되는 스마트 그리드, 드론, 스마트 카, 첨단 의료자동화기기, 인터넷전문은행 등에 대한 관심이 증대됨에 따라 이러한 경향이 민간에 까지도 확대되고 있다.

그런데 문제는 정보보증을 달성하는 일이 생각보다 쉽지 않다는 것이다. 신뢰성을 구성하는 요소인 security, privacy, safety, reliability, resilience 등은 서로 독립적인게 아니기 때문에, 기존 시스템에 단순히 security 기능을 덧붙이게 되면 프로그램 코드(code)의 복잡도(complexity)가 증가하게 되고, 이는 다시 전체 시스템의 reliability를 떨어뜨리는 결과를 초래하게 된다. 예를 들어 소형기기에 첨단 보안기능을 넣으려다 회로가 복잡해져 과도한 발열현상이 생긴다면 이는 security를 추가하려다 제품의 reliability를 떨어뜨린 격이 된다. 그러므로 정보보증을 달성하기 위해서는 요구사항 분석 및 설계 단계에서부터 security, privacy, safety,

---

9) 미 국방부가 정보보증이란 용어를 최초로 공식 정의한 것은 1996년 U.S DoD Directive 5-3600.1 에서임.

reliability, resilience 등의 요소를 종합적으로 고려하는 소위 '보안의 내재화'(security by design 또는 policy-design assurance)라는 것이 매우 중요하며, 이를 바탕으로 시스템을 구현하고 (일명 'implementation assurance'), 테스팅하고, 운용해야만 한다 (일명, 'operational assurance'). 바로 이러한 것들을 가르치는 학문 분야가 보안공학(security engineering)이며, 이를 표준화시킨 것이 CMVP(Cryptographic Module Validation Program), CC(Common Criteria), SSE-CMM(Systems Security Engineering Capability Maturity Model), C&A(Certification & Accreditation) 등이다.

최소 250억개 이상의 기기가 네트워크에 연결되고 사이버전이 본격적으로 전개되는 스마트사회, 즉 4차 산업혁명 시대가 오면 보안 위협은 단순히 개인 정보의 유출이나 금전적 피해뿐만 아니라 사람의 생명과도 직결되게 된다. 그러나 지금처럼 업체에서는 CC나 CMVP 등의 각종 평가제도를 문서놀이라다 폄하하고, 군과 정부부처에서는 정보보증의 의미조차도 제대로 파악하지 못하고 있으며, 학교에서는 정보보증인력(Information Assurance Engineer)을 체계적으로 양성할 준비도 되어 있지 못한 실정에서 우리의 대비는 너무도 허술하다. 이제는 우리도 보다 큰 관점에서 보안을 바라봐야 할 때이다.

자동화 및 인공지능을 통한 사이버안보의 고도화

시장조사 전문업체 가트너에 따르면 인터넷에 연결되는 기기의 수가 2014년 37억5천만대에서 2015년에 49억대로 증가했고, 4차 산업혁명 시대가 오는 2020년에는 250억대를 넘어설 것이라고 한다. 이중 스마트폰과 스마트TV를 필두로 한 가전 분야가 131억7천2백만대, 스마트카로 대변되는 자동차 분야가 35억1천1백만대로 2020년 전체 인터넷 접속 기기의 약 66.7%를 차지할 것으로 전망하고 있다. 또한 시장조사기관 IDC는 전 세계 사물인터넷(IoT) 시장을 2013년 1.9조 달러에서 2020년 7.1조 달러로 성장할 것으로 분석하고 있다.

그러나 이러한 4차 산업혁명 시대의 장밋빛 미래 뒤에는 그에 따른 그늘 또한 존재한다. 지금까지 벌어진 해킹사고의 대부분은 개인정보 유출이나 금전적 손해 정도에 그쳤지만, 사물인터넷 환경에서 문제가 생기면 이는 인명 사고나 큰 재해로 번질 수도 있기 때문이다. 실제로 스마트카 같은 경우에는 이미 2010년에 해킹 가능성이 제기된바 있으며, 2015년 이후 국제 해킹 대회에서는 실제 차량을 대상으로 한 해킹 시연도 심심치 않게 볼 수 있다.[10] 스마트TV도 예외는 아니어서 실제로 실내 도촬이나 해적 방송을 내보내는게 가능하다는 것이 2013년에 국내 연구진에 의해 시연된바 있다. 또한 심장병 환자들이 많이 하고 다니는 심박조절기의 경우 해킹을 통해 15m 정도 떨어진 곳에서 원격으로 심장에 전기 충격을 가할 수 있게 악용될 수 있다는 사실이 2012년에 발표된 적이 있으며, 최근에는 다른 의료기기나 항공 시스템에 대한 해킹도 증가하고 있는 추세이다.

---

10) WIRED, "Hackers Remotely Kill a Jeep on the Highway – With Me in It", https://www.wired.com/video/2015/07/hackers-wireless-jeep-attack-stranded-me-on-a-highway/

〈그림 1〉 고려대 연구팀의 스마트TV 해킹을 통한 도청(盜聽)·도촬(盜撮) 시연

(사진 (상) TV를 시청하는 일반인 모습, (하) 이를 도촬하는 해커의 PC 화면)

〈그림 2〉 고려대 연구팀의 스마트TV 해킹을 통한 해적방송 시연

더욱 심각한 것은 이러한 사물인터넷 시대에 보안대책을 마련하는 일이 그리 쉽지 않다는 것이다. 250억대 이상의 기기가 인터넷과 연결되는 상황에서 모든 기기에 대한 취약점 분석과 이에 대한 업데이트를 지금과 같이 사람이 수동으로 일일이 처리하기에는 너무나 벅차기 때문이

다. 이러한 이유로 보안 분야에서 최근 화두가 되고 있는 것이 '자동화와 인공지능(AI)'이다.

〈그림 3〉 DARPA CGC(Cyber Grand Challenge) 대회 전경

2016년 8월 미국 국방성의 고등연구계획국 DARPA는 '사이버 그랜드 챌린지(Cyber Grand Challenge)'라고 불리는 해킹대회를 열었다. 사이버 그랜드 챌린지는 사람이 아닌 해킹로봇(정확히는 자동화 된 해킹 소프트웨어)들이 사람의 도움 없이 자동으로 서로를 공격하고 방어해 해킹 실력을 겨루는 대회로서, 2014년에 총 104개 팀이 대회 참가의사를 밝혔고, 이후 2번의 리허설을 거쳐 살아남은 28개 팀이 2015년 6월3일에 열린 예선에 참여했으며, 그 가운데 선발된 7개 팀이 지난 2016년 8월 라스베가스에서 본선 대회를 열어 이중 포올시큐어(For All Secure)사에서 만든 메이햄(MAYHEM)이 최종 우승을 차지했다.

이번 사이버 그랜드 챌린지 본선 대회를 시작으로 미국은 ▲3년 안에 해킹으로 악용될 가능성이 있는 취약점(정확히는 known zero-day 취약점[11])을 자동으로 찾아주는 프로그램을 개발할 계획이며 ▲10년 이내에 탐지된 취약점의 원인을 분석해서 자동으로 보안 업데이트를 해주는 시스템을 개발하고, ▲최종적으로는 20년 안에 완전 자동화된 네트워크 방어 체계를 만들어 낼 계획이다.

사실 인공지능 로봇과 인간의 싸움은 이미 시작된지 오래다. 1997년 인공지능을 탑재한 IBM의 슈퍼컴퓨터 '딥블루(Deep Blue)'가 세계 체스 챔피언을 꺾었고, 역시 IBM사의 '왓슨(Watson)'은 2011년에 미국의 유명 퀴즈쇼에서 우승을 했다. 2015년 6월, 미국에서 열린 세계 재난구조로봇대회 'DARPA 로보틱스 챌린지'에서 한국과학기술원(KAIST)의 '휴보(Hubo)'가 우승했으며, 최근 구글의 인공지능 프로그램인 '알파고(Alpha Go)'는 세계 최강 이세돌 9단에게 승리했다. 이번 사이버 그랜드 챌린지 대회는 그동안 불가능하다고 여겨졌던 소프트웨어 자동 검증 분야에서 자동화 기술의 수준을 시험했다는 점에서 그 의미가 남다르다.

---

11) 제로데이(zero-day) 취약줌 알려지지 않은(unknown) 보안 취약점 또는 이미 그 방법이 알려진 (knnown) 취약점이지만 각 개발업체들이 패치를 내놓기 전인 취약점.

〈그림 4〉 최종 본선에 진출한 7대의 해킹 로봇   〈그림 5〉 우승한 메이햄

최근 우리나라는 사이버 보안 분야에 있어 괄목할만한 성과를 내고 있다. 으레 법대나 의대에 진학하던 상위 1% 영재들이 보안관련 학과에 지원하고 있으며, 각종 국제 해킹대회에서 좋은 성적을 내고 있다. 특히 2015년에는 고려대 사이버국방학과 및 정보보호대학원 재학생들과 국내 보안업체 연구원들로 구성된 한국 연합팀 '데프코(DEFKOR)'가 세계 최고 권위의 국제해킹대회 '데프콘(DEF CON)'에서 아시아 국가로는 처음으로 우승을 차지하기도 했다. 그러나 세계는 벌써 차원이 다른 사이버전 준비를 하고 있다. 전문가들에 따르면 소프트웨어 취약점 자동 검증 분야에서 해외와의 격차는 족히 10년은 된다고 한다. 우리도 현재의 조그마한 성과에 자만하지 말고 더 큰 미래를 대비해야 할 때다.

빅데이터 분석을 통한 사이버위협의 예측

"휴대전화 번호, 가능하다면 사용자의 거주지 주소도 찾아라. 계정 사용자가 ISIS(Islamic State of Iraq and Syria, IS와 같은 의미) 관련자임을 입증할 수 있는 스크린 샷도 초 대한 확보하라."

이슬람 국가(IS)와의 전쟁을 선포한 국제 해커조직 어나니머스(Anonymous)는 지난 2015년 11월 23일 홈페이지 등을 통해 그동안 밝혀낸 IS 관련 페이스북 및 트위터 계정 등을 공개하고, 이러한 SNS 계정과 연관된 사용자들의 휴대전화 번호 및 거주지 주소 등도 추적하여 각국의 경찰 혹은 정부에 전달하겠다고 밝힌바 있다. 이렇듯 인터넷이나 사이버 공간에 떠다니는 정보를 수집 분석함으로써 범죄자나 테러리스트들을 추적해 나가는 것을 '사이버 인텔리전스(Cyber Intelligence 혹은 CYBINT)'라고 한다. 흔히 우리가 얘기하는 사이버위협정보(Cyber Threat Intelligence)는 사이버 인텔리전스의 극히 일부이다.

현대 사회에서 사람들은 인터넷을 통해 서로 의사를 전달하고 토론하고, 채팅 등을 통해 실시간으로 대화를 나눈다. 사람들은 사이버 공간에서 비즈니스와 쇼핑을 하고 교육을 받는가하면 영화나 음악 감상 혹은 게임을 즐기면서 휴식을 취하기도 한다. 범죄자들은 인터넷을 통해 마약과 포르노를 팔고, IS와 같은 테러리스트들은 인터넷상의 소셜 네트워크 서비스(SNS)로 그들의 이념 주장 목표를 선전하며 조직원을 모집하고 테러계획을 모의한다. 이뿐만이 아니다. 해킹을 통해 자신의 정치적 의사를 표현하는 핵티비즘(Hacktivism)이 등장했는가 하면, '스턱스넷(Stuxnet)'과 같이 해킹으로 국가의 주요 사회기반시설을 마비시킬 수 있는 사이버 무기도 등장했다.

이처럼 오프라인의 현실 세계와 온라인의 사이버 공간을 구분하는 것조차 이미 낡은 것이 되어버린 4차 산업혁명 시대에 인적 네트워크 즉 휴민트(HUMINT: Human Intelligence)로 불리는 정보분석(Intelligence Analysis) 방식은 이미 한계에 다다랐으며, 사이버 인텔리전스의 도움없이 휴민트만으로 IS처럼 진화한 디지털 테러조직을 상대하는 것은 불가능하다. 이에 미국, 영국, 캐나다 호주, 뉴질랜드 등은 꽤 오래전부터 프리즘(PRISM)[12]이라 불리는 사이버 인텔리전스 수집 분석 시스템을 가동해오고 있었으며, 중국과 러시아 등도 이와 관련된 사이버 역량을 키우기 위해 노력하고 있다.

〈그림 6〉 스노든이 폭로한 글로벌 사이버 감시 프로그램 '프리즘' 관련 문건의 일

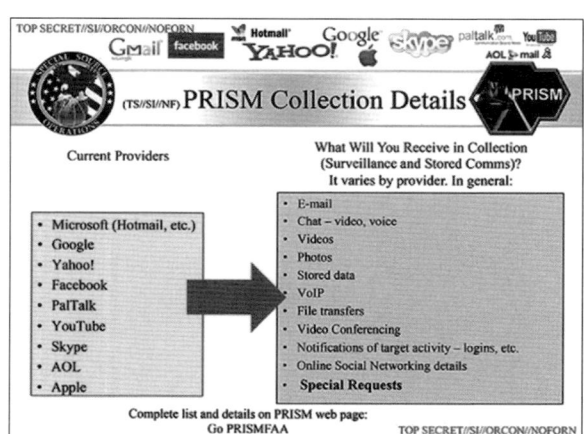

---

12) 미국 국가안보국 NSA가 페이스북, 구글, 애플, 야후, 스카이프를 비롯한 세계 최대 인터넷 기업들로부터 사용자의 사적인 통신을 수집하는 것을 가능하게 하는 글로벌 감시 프로그램의 코드 네임. 2013년 6월 6일 전직 요원이었던 에드워드 스노든이 프리즘에 대해 폭로했음. 이후 미국 시민들을 비롯해 전 세계 사람들의 반발이 일자 당시 NSA 국장이었던 키스 B. 알렉산더는 "프리즘은 전 세계 50회 이상의 잠재적인 테러 공격을 방지하는 데 도움(미국의 경우 10회 이상)이 되었으며, 2001년부터 2013년까지 테러의 90%를 방지하는 데에 기여한 셈"이라고 주장하기도 하였음.

그런데 우리는 어떠한가? 인터넷 활용도가 높고 지정학적 특성상 불리한 위치에 있어 인터넷이나 사이버 공간을 활용한 첨단 범죄나 테러에 취약한 구조를 갖고 있으면서도, 여전히 정부나 군 당국은 휴민트를 중심으로 한 정보분석 방식에 의존하고 있으며 기술개발 또한 사이버 인텔리전스 수집 분석 보다는 국가 주요 기반시설에 대한 해킹 사고 대응 및 예방에 치우쳐 있다.

록 존슨(Lock K. Johnson)은 그의 논문 "Preface to a Theory of Strategic Intelligence"에서 "정보분석(intelligence analysis)에 사용되는 정보(information)의 약 90%는 비밀(secret)이 아닌 공개된 원천으로부터 나온다"고 말한바 있다. 클라우드 컴퓨팅이 등장하고 사이버물리시스템 시대가 다가오는 21세기 스마트 사회에 이러한 공개된 원천은 바로 사이버 공간이다.

물론 미국의 프리즘 시스템을 폭로해 큰 반향을 일으킨 에드워드 스노든(Edward Snowden) 사건에서도 볼 수 있듯, 사이버 인텔리전스를 논할 때면 어김없이 등장하는 것이 '국민 사생활 보호'와 '국가안보 및 사회안녕' 사이의 균형점은 어디인가 하는 논란이다. 그러나 사이버 인텔리전스 능력은 하루아침에 만들어질 수 있는 것이 아니다. 칼이 흉기로 사용될 수 있다고 해서 아예 연구하지도 만들지도 못하게 해서야 되겠는가? 빠른 속도로 다가오는 스마트사회를 맞아 우리도 빅데이터 분석을 통한 사이버 인텔리전스 기술 확보에 보다 더 적극적인 관심을 가져야 할 때이다.

🌑 4차 산업혁명과 모순되는 군 망분리 정책의 개선

　2014년 7월 지하철 1~4호선을 운영하는 서울메트로의 직원 업무용 PC관리 서버가 해킹당했다. 국가정보원에 따르면 통합로그관리 시스템 등이 갖추어져 있지 않아 정확한 해킹 시점을 알 순 없지만, 최소 3월 전에 해킹이 이뤄져 다섯달 넘게 해킹상황이 유지됐으며 북한 정찰총국의 소행으로 추정된다고 한다. 그럼에도 불구하고 서울메트로 측은 열차운행의 핵심인 종합관제시스템이 인터넷과 연결되지 않은 별도의 독립된 망으로 분리 운영되고 있어 해킹 피해가 없다고 단정했다.

　이뿐만이 아니다. 같은 해 12월에는 한국수력원자력 및 관련업체의 PC가 해킹당해 원전자료를 유출당한 바 있지만, 이때도 정부는 원전 제어시스템은 인터넷과 분리된 폐쇄망으로 운영되고 있어 안전하다는 말만 되풀이 했다.

　기관 내부의 '업무용 망(내부망)'과 '인터넷 망'을 물리적으로 분리하는 일명 '망 분리'를 할 경우 해킹으로부터 상당히 안전해 지는 것은 사실이다. 이에 우리 정부는 지난 2007년 공공기관의 망 분리 방안에 대해 논의를 시작한 이래 이미 상당수 주요 중앙 정부 부처들 및 군의 망 분리 사업을 끝마친 상황이다. 그러나 망 분리는 해킹을 다소 어렵게 하는 것이지 해킹을 불가능하게 하는 만병통치약은 아니기에 이에 대한 맹신은 오히려 더 큰 사고를 부를 수 있다.

　인터넷과 분리된 폐쇄망일지라도 노후된 내부 업무용 시스템을 최신버전으로 업데이트 하기 위해서는 잠시 동안 인터넷망에 연결하거나 USB 등으로 패치해야 하는데, 이 과정에서 내부망으로 접근할 수 있는 통로가 마련되기에 해킹에 100% 안전한 폐쇄망은 사실상 존재하지 않는다. 또한 일반적으로 업무를 위해 내부망의 업무자료를 외부로 보내야 하는 일이 비일비재한데 이 과정에서 자료를 옮기다가 해킹사고가 발생할 수도 있다. 즉, 망 분리는 중요정보를 다루는 곳이라면 반드시 해야 할 '최소한의 보안대책'이지 모든 해킹 문제를 해결할 수 있는 '전가의 보도'는 아닌 것이다.

더욱이 망 분리를 할 경우 인터넷을 이용해 업무용 망에 접속할 수 없게 되므로 원격근무(알명, 스마트워크) 또는 클라우드 서비스를 제공하는 것 자체가 불가능하다. 그럼에도 불구하고 현재 우리 정부는 원격근무 및 클라우드 서비스 도입이라는 모순되는 정책을 추진하고 있어 해킹의 발생 위험을 높이고 있다. 더 큰 문제는 인터넷을 매개로 일상의 모든 것들을 물샐틈없이 연결한다는 4차 산업혁명의 개념이 본질적으로 망분리 정책과는 맞지 않는다는 것이다.

미국 등 선진국의 경우에는 공공기관의 전산망을 단순히 '업무용'과 '비업무용'으로 구분하는 것이 아니라 '기밀 데이터가 유통되는 망'과 '기밀이 아닌 일반 데이터가 유통되는 망'으로 분리하고, 이중 기밀이 아닌 일반 데이터가 유통되는 망에 대해서만 적절한 보안시스템과 유 무선 인터넷을 이용해 외부에서 접속하는 것을 허용함으로써 보안성도 강화하고 업무의 효율성도 극대화 할 수 있도록 하고 있다. 또한 4차 산업혁명 시대의 정책들과 모순되지도 않는다.

사실 우리의 현재 상태를 개선하는 것이 쉽지는 않다. 우리나라는 1978년 이후 행정전산화사업, 국가기간전산망사업 등을 통해 어느 정도 국가 정보화의 기반을 갖추었으며, 특히 2001년부터는 본격적으로 전자

정부 사업을 추진해 왔다. 그러나 이 과정에서 너무 전산화에만 몰두한 나머지 보안에는 상대적으로 소홀했으며, 그 결과 현재에는 이미 무차별적으로 입력된 방대한 정부·군 전산 데이터들을 중요도에 따라 다시 분류할 엄두조차 내지 못하고 있는 실정이다.

하지만 시작이 반이라고 하지 않았던가? 이제 우리 군과 정부도 현재 망분리 정책의 근본적 한계를 인식하고, 하루빨리 자산 중요도(가치) 중심의 정책으로의 전환을 모색해야 할 때다.

스마트 강군(强軍)을 위한 고품질 사이버무기 확보

'국방사이버안보훈령'[13]에 따르면 우리 군은 사이버작전을 "특정 목표 달성을 위해 사이버영역 내부에서 또는 사이버영역을 이용하여 사이버능력을 운용하는 군사작전"이라고 규정하고 있다. 또한 사이버무기는 "사이버작전수행에 직접 운용되거나 훈련용으로 운용하는 장비, 부품, 소프트웨어 등으로서, 사이버영역의 감시·정찰, 사이버작전 지휘통제 및 능동적 대응을 위한 장비·부품·소프트웨어 또는 사이버전 훈련

---

13) 2015년 12월 30일 발간된 국방 사이버안보훈령은 「국방정보화기반조성 및 국방정보자원관리에관한 법률」, 「정보통신기반보호법」, 「전자정부법」, 「개인정보보호법」, 「국가사이버안전관리규정」에 근거하여, 국방 사이버영역의 보호, 사이버 침해 대응 및 위기관리, 국방사이버안보 역량의 발전을 위한 제반 업무의 기본절차를 규정하고 지침을 제공함을 목적으로 함. 국방 사이버안보훈령은 국방사이버안보의 업무 범위를 사이버방호 업무, 사이버작전업무, 국방사이버안보 기반환경 발전업무로 구분하며, 사이버방호 업무는 다시 국방 사이버영역의 안전한 보호, 방어를 위한 수단의 구축 및 운영에 관한 업무와 국방 사이버영역에서의 사이버 침해대응 및 위기관리에 관한 업무로 구분하여 다루고 있음.

을 위해 운용되는 모의공격체계, 모의훈련모델, 훈련용 장비 시설 등"으로 정의하고 있다.

이를 다른 말로 하면, 사이버무기는 "네트워크와 연결된 모든 무기체계"를 의미하는 것으로서, 국방사이버안보훈령상의 '사이버무기체계 세부 분류'에 따르면 C4I[14] 등의 전술지휘자동화체계, 무인기(UAV: Unmanned Aerial Vehicle) 및 군 위성통신체계, 위성전군방공경보체계, 해상작전위성통신체계 등과 같은 통신체계, 그리고 전술용전자식교환기, 야전용전화기, 휴대용·차량용 FM/AM 무전기 등 각종 유·무선 통신장비 및 연습훈련용·분석용·획득용·워게임 모델 및 전술훈련도의장비 등이 모두 이에 포함된다.

이렇듯 사이버무기의 범위가 무척 넓고 포괄적임에도 불구하고 국내의 사이버무기에 대한 개발 및 시험 평가 체계는 외국과 달리 명확하게 마련되어있지 않으며, 관련 기술 개발 또한 부족한 것이 사실이다.

미국의 경우에는 네트워크와 연결된 것 뿐 만이 아닌 독립형(stand alone)장치도 사이버 무기에 포함시키고 있으며, 4차 산업혁명 시대를 대비해 이미 오래전부터 정부 차량 및 드론, 핵미사일 탑재 원자력 잠수함과 인공위성 등의 사이버무기에 대한 보안기술 개발 및 이들의 시험, 평가 그리고 관련 전문인력 양성에 막대한 예산을 투입해 오고 있다. 특히 2015년 미국 육군 시험평가 사령부는 사이버공격에 대응할 수 있는 무

---

14) Command, Control, Communication and intelligence의 약자인 C3I에 Computer가 합쳐져 만들어진 용어. 지휘, 통제, 통신 및 정보의 4가지 요소를 유기적으로 통합하고 전산화함으로써 군 지휘관의 실시간 작전대응능력을 지원하는 체계를 일컬음.

기체계 획득을 위한 사이버보안 시험 평가 가이드라인(Cybersecurity Test and Evaluation Guidebook)을 공개했으며, 사이버무기에 대한 시험 평가 및 인력 양성을 위한 각종 Cyber Range도 구축 운영하고 있다.

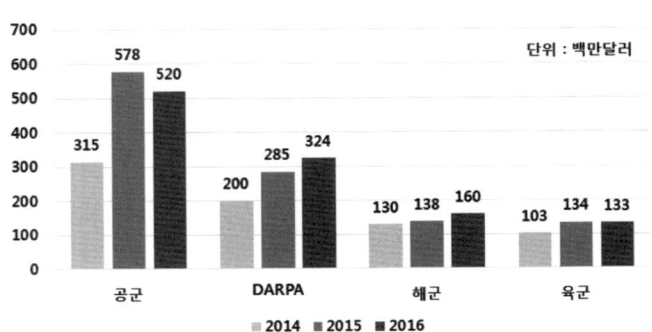

〈그림 7〉 미 국방부 사이버보안 연구,개발, 테스트 및 평가 예산

미 국방부의 사이버무기 시험 평가 체계의 특징을 요약해 보면, 우선 기존 재래식 무기에 대한 시험 평가 및 획득 체계와 사이버무기의 시험 평가 체계가 서로 단독으로 구성되어 있는 것이 아니라 위험관리프레임워크(RMF: Risk Management Framework)를 기반으로 서로 유기적으로 맞물려 있으며, 더 나아가 CC(Common Criteria) 등과 같은 기존의 연방정부 시스템에 대한 시험 평가 체계와도 연결되어 있다.

둘째로 단순히 security 관점에서만 장비를 평가하는 것이 아니라 trustworthiness(신뢰성) 관점에서 security, privacy, safety, reliability, resilience 등을 종합적으로 평가한다. 즉, 그것이 단순히 해킹만 잘 막는 장비인지를 검사하기 보다는 그것이 해킹으로 인한 것이던 기계 오류로 인한 것이던 간에 어떠한 환경에서도 정상적으로 잘 동작하는 장비인지를 종합적으로 평가한다.

셋째로 평가 과정이 실험실에서 장비의 신뢰성을 시험 평가하는 개발시험평가(DT&E: Developmental Test and Evaluation) 단계와 실제 운용환경에서 시험 평가하는 운용시험평가(OT&E: Operational Test and Evaluation) 단계로 이원화 되어 있으며, 각 단계는 다시 또 블루팀(blue team) 평가와 레드팀(red team) 평가로 세분화되어 있다. 특히 이때 Cyber Range가 테스트베드로 적극 활용되며, 운용시험평가는 제품의 수명이 다할 때까지 지속적으로 이루어진다.

지난 2015년 새누리당 주호영 의원이 국방부에서 제출받은 자료를 보면 최근 5년간 우리 군의 C4I 컴퓨터 7천 대가 컴퓨터 바이러스에 감염되었다고 한다. 강건한 군을 위해서는 우수한 무기의 획득 운용이 필수이듯, 사이버영역에서는 양질의 사이버무기가 필수이다. 특히 다가올 스마트 사회에서는 네트워크와 연결되지 않는 것이 없는 만큼 더욱 그렇다. 이제는 우리도 사이버무기에 대한 구체적인 시험 평가체계 마련 및 기술 확보가 시급하다.

고급 사이버안보 전문인력 양성

"정보보호전문인력 양성이 시급하다." 매년 연말 예산 배정 시즌이나 정권 교체기가 되면 어김없이 등장하는 단골멘트중 하나다. 국내 정보보호전문인력은 과연 부족한가?

제품에만 의존하는 보안은 한계가 있으므로 양질의 보안전문인력 확보는 매우 중요한 요소이다. 국방의 경우 더욱 그렇다. 실제로 2007년 미국 국무부와 상무부에 기존에 알려지지 않은 일명, 제로데이(zero-day) 취약점을 이용한 해킹이 발생하였다. 두 기관 모두 FISMA(Federal Information Security Management Act) 법률에 따라 정부로부터 안전성이 평가 인증된 최신 보안제품들을 설치해놓고 있었지만 해커가 제로데이 취약점을 이용한터라 모두 무용지물이었다. 그런데 흥미로운 것은 국무부의 경우 네트워크 포렌식 조사관, 패킷 분석 전문가, 보안 프로그래머 등으로 구성된 전담 보안팀이 해커의 침입시도를 즉각 탐지하고 조치를 취한 반면, 이러한 보안팀이 없는 상무부의 경우에는 해커의 침입이 있었는지 파악조차 못하고 있었다는 사실이다.

이 사건 이후 미국 정부는 조직의 보안을 단순히 제품에만 의존하는 경우 날로 발전해가는 해킹에 효과적으로 대응하기 어렵다고 판단, 검증된 보안 전문인력을 체계적으로 발굴 육성 및 채용하기 위한 계획에 착수하게 된다. 이 계획에 따르면 미국 정부는 다음 4가지를 주요 실천항목들로 제시하고 있는데, ▲첫째, 국가안보국(NSA : National Security Agency)과 국가과학재단(NSF : National Science Foundation)을 중심으로 각 학교의 정보보호교과과정에 대한 품질인증제도(일명, 보안교육 인증 프로그램)의 구축, ▲둘째, 각종 보안 관련 자격증들 중에 실제 현장 실무에 도움이 되는 자격증을 선별할 수 있도록 하는 보안자격증 품질 인증제도의 도입, ▲셋째, 이렇게 검증된 보안교육, 보안자격증 등이 고용과 연결될 수 있도록 정부 및 공기업의 직원채용 방법을 개선함으로써 우수한 보안 전문인력들에게 안정적인 취업기회를 제공, ▲넷째, 의대 또는 법대와 같이 미래 진로에 대한 확신과 강한 동기부여를 제공할 수 있는 방안 마련 등이 그것이다.

특히 이중에서 'NIAETP'(National Information Assurance Education and Training Program)로 대변되는 보안교육 인증 프로그램의 경우, 보안교육의 품질 관련 표준을 정립하고, 각 학교가 학생들을 제대로 가르칠 수 있는 역량이 되는지(예를 들어, ▲보안 분야를 가르치는 전임교수 및 과목 수, ▲보안 관련 교육 커리큘럼의 완성도 및 과목 개설 빈도, ▲보안 관련 각종 실습장비 및 연구자료 제공 여부 등)를 진단 평가하며, 이를 통과한 학교에 대해서는 우수 교육기관으로 지정해준다. 또한 이렇게 지정된 학교의 학생들에게는 미 국방부나 국립과학재단(NSF)의 장학금 혜택이나, 국가안보국(NSA: National Security Agency)의 인턴쉽 기회를 제공하며, 한번 인증 받은 학교라 하더라도 일정 주기로 재평가를 받아야 한다.

〈그림 8〉 NIAETP에 따라 우수 교육기관으로 인정받은 대학에 수여되는 인증서

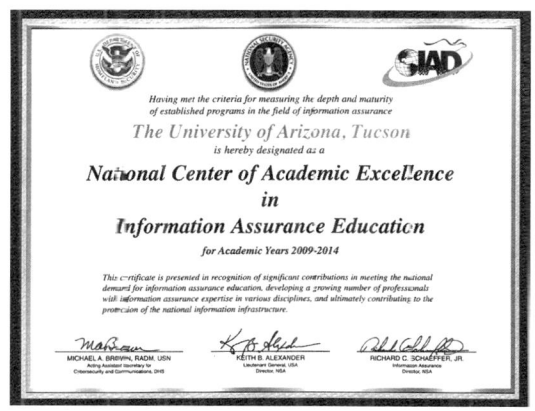

반면 우리는 어떠한가? '국가정보보호백서'에 따르면 2016년 현재 고려대학교 '사이버국방학과'[15]를 비롯해 전국 54개의 4년제 대학과 14개의 전문대학에 정보보호 관련 학과가 설치되어 있고, 대학원과정으로 40개의 학과가 정보보호 관련 전공을 운영하고 있다고 한다. 등록된 학생수는 4년제 대학 7,256명, 대학원 1,329명, 2년제 대학 1,216명 등 대학 및 대학원에만 총 9,801명이다. 게다가 한국인터넷진흥원(KISA: Korea Internet & Security Agency) 아카데미 등 4개의 공공교육기관 및 17개의 사설교육기관에서도 정보보호인력을 양성하고 있다. 7.7조원의 시장 규모에 701개의 관련 업체[16]를 가진 우리나라의 현실에서 사실 이 정도 배출인력은 결코 작은 수가 아니다.

그럼에도 불구하고 왜들 항상 정보보호인력이 부족하다고 하는가? 문제는 그동안 정부가 '화이트햇 해커(white-hat hacker) 10만명 양성에 몇 개 교육기관 선정'과 같은 보여주기식의 양적인 성장에 집착한 나머지 정작 질적인 성장에서는 소홀해 왔으며, 그 결과 기업이 필요로 하는 실무 역량과 학교 및 교육기관에서 가르치는 내용 사이에 상당한 괴리가 생겼다는 점이다. 또한 유행에 편승해 그 동안 인력 양성의 초점이 주로 '화이트햇 해커', 즉 보안취약점을 찾는 공격수에 맞춰져 있었지, 시스템을 방어하는

---

15) 2011년에 국방부는 상위 1%의 IT인재를 선발해 사이버테러나 사이버전쟁으로부터 국가를 방어할 사이버보안 전문장교로 양성한다는 목표로 고려대학교에 '사이버국방학과'를 만들었다. 본 학과의 학생들은 4년간 100% 장학금을 지급받게 되며 졸업 후 7년 동안 사이버사령부나 군의 사이버 보안 관련 부서에서 근무하게 된다. 특히 사이버국방학과는 고려대 이공계 중 의예과를 제외한 최상위학과로 합격자는 거의 대부분 영재고, 과학고 출신이며, 서울대 한국과학기술원(KAIST) 의대 등의 진학을 포기한 경우도 많다.

16) 정보보안 기업 수: 299, 물리보안 기업 수: 402

고급 수비수, 즉 지켜야 할 정보자산을 식별하고, 그에 맞는 보안대책을 종합적으로 수립, 구현, 점검하는 인력의 양성에는 소홀했다.[17]

그러면 어찌해야 하는가? 우선 교육기관에 대한 평가지도를 마련해야 한다. 배출 인력수, SCI급 논문 건수 및 국내 외 특허 출원 및 등록 건수 등 단순한 수치만으로 제한적인 평가를 하고 있는 현실에서는 교육 커리큘럼의 완성도나 학생들의 성취도 만족도를 파악하기 힘들기 때문에, 공 수 양면에 걸쳐 정보보호교육의 품질을 제고할 수 있도록 평가지표를 마련하는 게 필요하다.

다음으로 어린 학생들을 위한 교육에 보다 더 집중적인 투자가 필요하다. 우리는 흔히 "영어와 수학은 가능한 한 어릴 때부터 기초를 잘 닦아야 한다"고 말한다. 정보보호 분야도 마찬가지이다. 해커 또는 보안 전문가에 관심을 갖기 시작하는 나이인 중학생, 고등학생때부터 학교생활과 병행하며 양질의 정보보호 조기교육을 받을 수 있도록, '차세대 보안 리더 양성 프로그램(BOB: Best Of the Best)', '해커스쿨(hacker-school.org)'과 같은 선 후배 멘토링 중심, 커뮤니티 중심의 교육기회가 보다 더 많이 제공되어야 한다.

끝으로 정보보호 교육이 단순히 기술 지식만을 습득하기 위한 교육이 아니라 실제 법률적으로 위배되는 사례를 들어 보안교육을 시키는 등 학생들이 올바른 길로 갈 수 있도록 하는 윤리교육과 사람간 상호 협력하는 자세를 배우고 우대 관계를 형성할 수 있도록 하는 공동체 의식 함양 교육이 병행되어야 한다.

---

17) 강은성, "[CxO를 위한 정보보안] 이제 수비 전문가가 필요하다.", 디지털데일리, 2017년 1월16일

그간 우리는 너무도 생산성에만 몰두한 나머지 질적인 정보보호인력 양성에는 다소 소홀했던 것이 사실이다. 250억개 이상의 기기가 인터넷에 연결되는 4차 산업혁명시대에 이제는 우리 정부와 군도 양적인 확대에서 벗어나 보다 더 체계적이고 중장기적인 양질의 보안전문인력 양성 체계를 마련해야 할 때다.

사이버공간에서의 군 위상 정립 및 조직 체계 정비

미국의 경우 사이버안보 정책을 이끌고 있는 양대 축은 국가안보국(NSA: National Security Agency)과 국방부(DoD: Department of Defense)이다. 반면 우리나라의 경우 2011년 8월 15개 정부 관계부처가 합동으로 마련한 '국가사이버안보마스터플랜'에 따라 민간 영역의 정보보호는 미래창조과학부와 한국인터넷진흥원(KISA)이, 공공 영역은 행정안전부와 국가정보원, 국가보안기술연구소가, 또한 금융부문은 금융위원회, 국방부문은 사이버사령부가 맡고 있기는 하나 중심축은 국가정보원이다.

과거 우리나라의 정보보호 업무를 군이 주도하던 때가 있었다. 1948년 12월 육군이 창설되면서 육군본부 직할부대에 전파감시소를 설치하고 미군의 도움을 받아 최초로 암호장비를 제작하여 전군에 배포하기도 했으며, 1950년 6월 육군 전파감시소는 북한의 암호문을 최초로 해독해내기도 하였다. 그러던 것이 1961년 국가정보원의 전신인 중앙정보부가 창설되고 암호장비 제작업무가 이리로 이관되면서 우리나라의 보안업무는 국가정보원이 주도하게 되었다.

현재 우리 군에는 사이버사령부를 비롯해 국군기무사령부, 통신사 등 사이버보안 업무를 담당하는 다수의 부서가 있기는 하지만, 여전히 국가정보원(산하 국가보안기술연구소)이 제작 또는 승인한 암호 보안 장비를 사용하는 등 기술적 자립도가 매우 낮은 실정이다. 그러나 그것이 현실세계이든 사이버공간이든 간에 일반적으로 군에서 다루는 정보는 정부 부처내에서 생산 유통되는 정보들에 비해 중요도가 높고 국가 안보와 직결되는 경우가 많으므로, 사이버보안과 관련한 군의 기술력은 다른 기관들에 비해 가장 높아야 하며, 사고 발생시 처벌은 훨씬 더 엄격해야 한다.

사이버공간상에서 군의 위상을 높이는 것과 더불어 시급히 해결해야 할 일은 사이버보안 관련 군내 조직의 업무분장 및 컨트롤타워 지정이다. 앞서도 언급했듯이 현재 군 내에는 사이버사령, 국군기무사령부, 통신사 등 다수의 기관이 사이버보안 업무를 담당하고 있다. 하지만 '국방사이버안보훈령'[18]상의 업무 분장이 명확치 않아 많은 업무가 중복 할당되어 있으며, 사고 발생시 책임을 질 컨트롤타워 조한 명확치 않다.

실제로 지난 2016년 12월12일에 있었던 국방통합데이터센터(DIDC) 해킹 관련 국정감사에서 민주당 이철희 의원은 "총체적 난관임에도 책임라인에 있는 국방부 정보화기획관, 기무사, 사이버사령부가 서로 책임

---

18) 2015년 12월 30일 발간된 국방 사이버안보훈령은 「국방정보화기반조성 및 국방경보자원관리에관한법률」, 「정보통신기반보호법」, 「전자정부법」, 「개인정보보호법」, 「국가사이버안전관리규정」에 근거하여, 국방 사이버영역의 보호, 사이버 침해 대응 및 위기관리, 국방사이버안보 역량의 발전을 위한 제반 업무의 기본절차를 규정하고 지침을 제공함을 목적으로 함. 국방 사이버안보훈령은 국방사이버안보 업무 범위를 사이버방호 업무, 사이버작전 업무, 국방사이버안보 기반환경 발전업구로 구분하며, 사이버방호 업무는 국방 사이버영역의 안전한 보호, 방어를 위한 수단의 구축 및 운영에 관한 업무와 국방 사이버영역에서의 사이버 침해대응 및 위기관리더 관한 업무로 구분하여 다루고 있음.

떠넘기기에 바쁘다"며 군 내부의 컨트롤타워 부재 문제를 질타하기도 하였다.

사이버 공격에도 골든타임이 있다. 특히 최근 발생한 사이버 공격들은 특정인의 컴퓨터에 은밀히 침투해 수개월간 잠복해 있다가 일단 공격 개시 명령이 내려지면 신속하게 임무를 수행한 후 하드디스크 파괴 등을 통해 자신의 흔적을 지우는게 특징이다.[19] 평상시 철저한 보안관제를 통해 잠복기에 탐지해 내는 것이 최선이나, 그렇지 못할 경우 공격의 조짐이 보이자마자 즉각적으로 대응하고 추적해야 한다. 그러므로 명확한 업무 분장 및 컨트롤타워의 지정은 매우 중요하며, 인터넷에 연결돼 관리해야 할 기기의 수가 기하급수적으로 늘어날 4차 산업혁명 시대에는 더욱 그렇다. 골든타임을 놓쳐서 피해가 커지는 경우를 우리는 이미 수없이 봐오지 않았는가?

---

19) 일명, '지능적 지속 위협(Advanced Persistent Threats, 이하 APT)' 공격

결 론

　우리 정부에 따르면 북한은 이미 인민학교(초등학교) 영재들을 대상으로 중　고교-대학-군부대로 이어지는 조직적이고 체계적인 해커 선발 및 양성 체계를 구축해 놓았으며, 2016년 11월 현재 사이버전을 담당하는 해킹 인력 규모는 1,700명, 이들을 지원하는 인력은 5,000명 규모라고 한다. 또한 국내에 들어오는 일평균 해킹공격 시도 건수는 140만건 가량되며, 이는 꾸준히 증가하는 추세이다.

　현재의 수준이 이럴진데 전화기는 물론, TV, 자동차, 항공기에 이르기까지 일상생활의 모든 기기들이 인터넷에 연결돼 소통하는 4차 산업혁명 시대에 북한의 사이버 공격 또한 전방위적으로 확대될 것임은 너무나도 자명한 사실이다.

　이제는 우리 군도 그간의 낡은 사고를 버리고 보다 더 적극적으로 다가올 4차 산업혁명 시대에 걸맞는 선진화 된 군의 모습으로 탈바꿈해야 할 때다.

CHAPTER

제4차 산업혁명 시대의 대북·통일정책

-남북한 정보환류체계
구축을 중심으로-

조영기 (한반도선진화재단 선진통일연구회장
고려대학교 북한학과 교수)

要
―
約

　전체주의의 일반적 특징은 하나의 절대적 이데올로기만 용인되며, 독재자는 모든 국민이 하나의 이데올로기에 복종하도록 폭력을 행사하며, 사회의 총체적 지배를 위해 연좌제와 강제수용소를 운영하고, 가상의 적을 만들어 국민을 선전 선동하여 허위를 진실로 착각하게 만드는 것이다. 또한 전체주의체제는 지도자를 중심으로 동심원 형태의 계층구조가 정립되어 있다. 이런 측면에서 북한체제도 전체주의체제이다. 왜냐하면 북한체제는 '수령'을 핵심으로 하는 주체사상, 숙청과 테러의 만연, 연좌제와 자아비판, 정치범수용소의 존재와 가상의 적인 반미(反美)의 일상화 등의 특징이 있기 때문이다. 뿐만 아니라 백두혈통과 이를 둘러싼 외곽의 핵심 및 동조계층과 적대계층의 동심원 구조가 형성되어 있다.

　북한의 전체주의가 지속되는 것은 인간성 파괴를 허용하기 때문에 절대 악이다. 따라서 북한의 전체주의체제는 해체되고 인간성을 소중히 여기는 자유민주주의체제로 전환되어야 한다. 이때 관건은 북한이 스스로 체제전환을 선택할 수밖에 없는 상황을 만드는 것이다. 경험적으로 체제전환의 전제조건은 경제의 구조적 위기, 시민사회와 종교단체의 역할, 불평등의 확산, 외부정보의 유입, 체제에 대한 불신 등이다. 따라서 한국과 국제사회가 북한의 체제전환을 강제하기 위해 국제사회의 적극적 대북경제제재와 한국의 적극적 정보유입이 요구된다. 특히 정보유입은 북한 주민의 사고와 의식을 바꿀 수 있는 '정신적 지원'이며, 북한 정상화의 기반을 마련하고 통일지향의 대토정책을 수행하기 위한 인프라 구축이라는 점에서 중요하다. 이를 위해 북한지역에 외부정보가 유입될 될 뿐만 아니라 유입된 정보가 북한지역 내에서 유통되고 유통된 정보가 외부로 유출되는 '남북한 정보 환류체계'를 구축하는 것이 필요하다. 이는 전체주의의 동심원 구조의 경계선을 무너뜨리는 역할을 한다.

남북한 정보 환류체계 구축을 위해 북한으로 유입되는 정보는 안전성과 신뢰성, 전문성과 지속성이 담보되어야 하며, 유입되는 정보는 유통과정에서 위험성에 때라 구분해야 한다. 그리고 전달매체도 정보의 종류에 따라 유입정보를 차별하는 것이 필요하다. 그리고 유입되는 정보도 계층별, 지역별, 세대별로 차별화하여 접근해서 북한정보화의 효과를 극대화하는 것이 요구된다.

정보 환류체계 구축을 위한 대북정책방안은 남북한 방송통신의 표준화와 남북한 방송개방, 북한주민의 TV 시청 확대를 위한 TV 수상기 지원을 통한 정보인프라를 구축하는 것이 필요하다. 그리고 대북방송을 북한판 시민혁명의 촉매제로 활용하기 위한 방안으로 KBS 한민족방송을 통일방송으로 전환, 민간대북방송과 KBS의 역할분담 DMZ 대북방송의 내용과 기능의 확대가 요구된다.

전체주의체제의 본질과
북한의 전체주의성

🟣 전체주의의 본질

정치제제(political system)는 다양하게 정의될 수 있다. 그러나 정치체제는 한 사회의 가치, 규범, 제도의 총체[1]라는 점에서 국가권력행사의 제도적 장치로 기능한다. 이때 권력행사는 권위(authority), 권력(power), 정통성(legitimacy) 등과 같은 요소를 기반으로 한다. 여기서 국가의 권력행사의 기반요소가 국민으로부터 나오는가, 독재자 1인으로부터 나오는가에 따라 민주주의국가와 독재국가로 구별한다. 독재는 독재의 수단으로 악용하는 테러의 목적에 따라 일반독재 -전통적 군주독재자와 현대적 권위주의- 와 전체주의(totalitarianism)로 구별된다. 일반독재는 권력유지에 필요한 경찰, 군대, 언론 등 권력기관을 장악하는데 만족하며 독재에 필요한 이데올로기의 자생적 재생산은 발견되지 않는다. 반면 전체주의는 19세기 유럽 사회에 주도세력으로 등장한 대중사회(mass society)를 이용하여 국민의 완전한 통제를 목적으로 하는 정치체제이다. 따라서 전체주

---

1) Easton, David. The Analysis of Political Structure, Routledge(New York), 1990, p. 17.

의는 제도적으로 자유민주주의에 대한 극단적 반대명제로 나타난 체제라 할 수 있다.[2]

전체주의는 테러와는 분리할 수 없는 하나의 체제이다. 물론 전체주의 이전의 독재자도 테러라는 정치적 폭력을 사용했다. 하지만 이들은 정권유지를 위해 정치적 반대자를 제거하는 데 테러를 악용했다. 그러나 전체주의체제에서 테러는 정치적 반대자뿐만 아니라 숙청과 인간청소, 강제수용소 등에서 정권유지에 전혀 해롭지 않은 무고한 사람들을 대량으로 학살하는 도구였다. 이들에게 테러는 정치적 목적을 달성하기 위한 수단이 아니라 테러 자체가 목적이라는 점에서 차이가 있다. 그리고 전체주의는 테러의 정당성을 '계급 없는 사회의 필연적 승리' 또는 '선택된 인종과 몰락하는 인종 간의 필연적 전쟁'으로 합리화한다.[3] 즉 전체주의는 "시민의 자유를 축소하거나 기본적인 자유를 말살한 것만이 아니다. 인간의 행위를 불가능하게 함으로써 인간의 자유를 총체적으로 폐지하려고 했다"는 점[4]에서 전체주의는 인간의 본질을 근원적으로 파괴하기 때문에 절대 악(惡, evil)이다.[5]

그리고 전체주의는 대중을 선동하여 권력유지를 시도하지만 권력에 대한 대중의 집단적 도전을 차단하기 위하여 대중을 철저히 원자화(原子化)시킨다. 전체주의에서 무오류의 신성화된 지도자는 대중들의 비참

---

2) 정천구, "전체주의와 강제수용소", 『통일전략』제11권 제1호, 한국통일전략학회, 2011, p. 57.
3) 정천구, "전체주의와 강제수용소", 『통일전략』제11권 제1호, 한국통일전략학회, 2011, p. 54.
4) 한나 아렌트(이진우··박미애 역), 『전체주의의 기원 1』, 한길사, 2011, p. 14.
5) 한나 아렌트(이진우··박미애 역), 『전체주의의 기원 1』, 한길사, 2011, p. 35.

함의 원인이 외부에 있음을 명쾌하게 설명하면서 모든 문제에 대한 해법을 제시하고, 원자화된 대중을 어떤 목표를 향해 운동하는 폭민(暴民, mob)으로 전환하여 대중을 대중의 폭력에 의해[6] 사적 영역이 제거된 상태에서 완전히 지배당할 수 있는 새로운 인간유형으로 변형시킨다. 이처럼 전체주의는 정권유지를 위해 대중을 통솔하고 끝까지 대중의 지지에 의존한다. 따라서 전체주의의 핵심적 목표는 대중의 운동을 끊임없이 유지하는 것이다. 이때 전체주의 정권은 개인을 쓸모없는 '잉여존재'인 폭민(暴民, mob)으로 전화시켜 정치적 도구와 장치로 활용한다. 따라서 전체주의는 잉여인간의 조직인 폭민의 정권이다. 즉 전체주의에서 인간을 무용지물로 만들기 위해 개인의 정체성을 부여하는 대신 역사의식에 대한 허위의식을 심어줌으로써 다양한 인간을 하나의 개인인 것처럼 조직한다. 마치 개인들은 전체주의 운동의 도구가 되어 '한 사람'(One Man)인 것처럼 행동한다.[7] 이처럼 개인을 '잉여존재'인 폭민으로 전화시키는 것은 대중이 집단적 도전을 하는 것을 차단하기 위해 대중을 철저히 원자화시키는 것이며, 대중을 원자화하는 방법 중의 하나는 연좌제(連坐制, implicative system)이다.

그리고 전체주의를 유지하는 근간은 비밀경찰과 강제수용소이다. 일반독재의 경우 비밀경찰의 역할은 정치적 반대자를 제압·제거하는데 국한한다. 하지만 전체주의의 경우 비밀경찰은 반대자가 다 사라진 이후에도 이념에 의해 규정된 '객관적 적(敵)'에 속하는 인간 모두에게 테러

---

[6] '대중에 의한 대중의 폭력'의 사례는 자아비판(自我批判)이다.

[7] 한나 아렌트(이진우··박미애 역), 『전체주의의 기원 1』, 한길사, 2011, pp. 24-26.

를 가하게 된다. 그리고 강제수용소는 전체주의가 요구하는 '총체적 지배'를 완벽하게 실현하기 위한 공간이다. 강제수용소에서 인간은 어떤 사적 영역도 지배당하고 인간의 모든 자발성, 개성, 자유도 박탈당한다.

또한 전체주의는 허구에서 출발했기 때문에 '현재의 세계'에서는 정당성을 확보할 수 없어 항상 '미래의 세계'에서만 그들의 주장을 예언적으로 이상향의 추구로 포장해서 정당화하려고 한다.[8] 전제주의는 현실과의 충돌을 피하기 위해 동심원 구조를 창조했다. 동심원의 외곽은 전체주의의 동조자들이 띠를 두르면서 권력 내부에 속한 당원들과 접촉하며, 이들의 기능은 권력조직 내부의 당원들에게 허구가 사실이라는 착각을 주어 외부의 충격으로부터 전체주의를 방어하며 전체주의가 외부세계에 정상적인 사회인 것처럼 착각하도록 만든다. 그리고 동심원 내부는 하급당원으로 구성되며, 이들은 동심원 밖의 대중과 접촉함과 동시에 핵심계층에 접근하기 위해 엘리트와 접촉하면서 권력의 최하위층을 형성하고 중간, 고급, 핵심계층으로 연결된다. 동심원의 핵심계층은 수령과 그를 둘러싼 측근그룹이 존재하며, 핵심권력의 분점은 가족이나 친지 간에도 불가능하다. 동심원 구조에서 상대적으로 하층계층은 상부계층을 무조건 믿는 맹신(盲信)과 쉽게 믿는 경신(輕信)의 경향이 있다. 또한 상위계층은 하위계층을 불신하는 냉소(冷笑)가 강해지며 이런 냉소주의로 인해 지도자가 큰 허구를 창작해서 비전체주의 세계를 속이는데 성공하면 지도자는 더욱 경외(敬畏)의 대상이 된다.

---

8) 한반도선진화재단, 『북한주민의 집단행동 유도방안』(미발간·도서), 2015, p. 16.

1〉전체주의의 동심원 구조

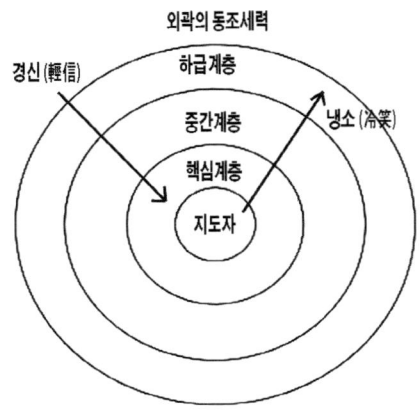

　전체주의는 개인의 이익을 우선시하는 개인주의와 대립된다는 점에서 부분에 대한 전체의 선행성과 우월성이 강조되며, 이런 점에서 전체주의는 개인의 이익보다 집단의 이익을 강조함으로써 집권자의 정치권력이 정치 · 경제 · 사회 · 문화 등의 모든 영역에서 국민의 일거수일투족에 직접적 실질적 통제를 가하는 정치체제이다. 물론 사회체제에 대한 일반적 정의가 없는 것처럼 전체주의에 대한 정의나 속성에 관해서도 확정된 정설(定說)이 존재하는 것은 아니다. 그러나 전체주의는 이데올로기와 테러, 구조, 제도 및 지배 조직 등에서 특성을 보여주고 있다. 그 특징은 ①인류의 완벽하고 최종적인 사회를 제시하고 기존사회를 과격하게 배척하며 세계정복을 계획하는 공적(公的)인 단일 이데올로기, ②권력을 독점하고 있는 국가 관료제에 입각하거나 국가관료제와 융합된 과두적이고 계서적(階序的)인 단일(대중)정당, ③사회 국가 및 정당을 통제하

는 비밀경찰의 통제에 의한 테러 체계, ④여론의 조작을 위한 모든 매스미디어의 독점, ⑤무장된 저항의 가능성을 배제하는 무기의 독점, ⑥경제의 중앙집권적인 통제는 물론 모든 경제단체와 결사들의 관료주의적인 획일화라고 규정하였다.[9] 이런 특성들은 서로 연계되어 있고 상호의존적인 하나의 그룹을 형성하기 때문에 유기체적 체제에서는 통상적으로 나타나는 현상이다.

북한의 전체주의 성

전체주의의 핵심은 이데올로기와 테러이다. 즉 하나의 절대적 이데올로기에 기반 한 국가가 모든 국민들이 이 이데올로기에서 벗어나지 않도록 폭력을 행사한다.[10] 이런 폭력정치의 대표적인 사례는 히틀러와 스탈린 정권이며, 북한의 수령체제도 예외는 아니다. 왜냐하면 북한은 정치체제를 "일정한 계급과 집단의 리익을 실현하기 위한 지배체계와 그 실현방식의 총체"로 정의[11]하고 정치체제의 '근본 핵은 수령'이라고 주장하고 있다.[12] 이는 수령이 체제의 정점에 위치해 가치체계를 구축하고 권위와 권력의 기반이 된다는 점이다. 따라서 북한에서 '수령'은 정치의 핵

---

9) Zbigniew Brzezinski, "Totalitarianism and Rationality," The American Political Science Review, Vol. 50, No. 3(Sep.1956), p.754.

10) 한나 아렌트(이진우 · 박미애 역), 『전체주의의 기원 1』, 한길사, 2011, p. 21.

11) 과학 · 백과사전출판사, 『정치사전 2』, 과학 · 백과사전출판사(평양), 1985, p. 29.

12) 안천훈, "우리의 국가정치체제는 불패의 정치체제이며 가장 위력한 정치체제, 『정치 법률연구』1호, 2004, p. 5.

심 키워드가 된다. 또한 전체주의 북한의 테러는 엘리트층에 대한 숙청이다. 집권 5년차인 김정은은 100여 명의 간부를 처형하는 등 공포정치를 이어가고 있다.[13] 그리고 김정은은 2017년 신년사에서 '만성적인 경제위기와 무리한 동원'에 대한 자아비판은 간부들의 책임성 자아비판을 유도하고 이를 통해 대대적인 숙청과 물갈이를 해나겠다는 의지를 보인 것으로 판단된다.[14] 이런 북한의 이데올로기와 테러는 북한의 정치적 권리와 자유 보장수준이 44년째 '최악 중의 최악'으로 평가받는 요인이다.[15]

전체주의 사회에서 강제수용소의 기능은 사회의 총체적 지배[16]를 위해 모든 것이 가능하다는 전체주의의 기본 신념을 증명해주는 실험실이다. 강제수용소는 전체주의 폭력의 표본으로 기능함으로서 주민의 잠재적 불만을 잠재우고 자발적 복종을 이끌어내는 유효한 공간으로 작용한다는 점이다. 나치독일의 유태인 집단수용소와 소련의 강제수용소 굴락(Gulag)도 이런 기능을 충실히 수행했다. 북한 정치범수용소는 소련의 굴락이 모델이다. 북한의 정치범 수용소는 북한주민을 정치적으로 통제하는 데 있어서 '공포감'을 조성하는 핵심적인 역할을 수행하고 있다는 점에서 북한의 정치범수용소도 전체주의의 강제수용소 기능을 충실히 수

---

13) 김정은이 숙청한 북한고위층 인사는 2012년 군부실세 리영호 인민군총참모장, 2013년 고모부 장성택, 2016년 현영철 인민무력부장, 최영건 내각 부총리 등이다.(YTN뉴스, "북 김정은의 숙청일지"(http://www.ytn.co.kr/_ln/0101_201610122205218507, 검색일: 2017.1.31)

14) 국가안보전략연구원, 『2017년 김정은 신년사 특징과 전망』, 이슈브리핑17-01, 2017, p. 3.

15) 연합뉴스(2017.2.1) "북 정치권리 시민자유 최악 평가"http://www.yonhapnews.co.kr/northkorea/2017/02/01/1801000000AKR20170201060700014.HTML(검색일: 2017.2.1)

16) 총체적 지배란 '공존이 불가능한 유일한 통치형태'를 의미한다.(한나 아렌트(이진우··박미애 역), 『전체주의의 기원 1』, 한길사, 2011, p. 64.)

행하고 있다. 북한의 국가보위성과 인민보안성은 정치 사찰과 정치범 색출을 담당한다. 말단 행정 단위와 기업소 조직 곳곳에 배치되어 주민들의 일상생활을 철저히 감시한다. 그리고 이 부서를 통해 색출된 정치범은 '어디론가' 끌려가고 가족들은 정치범 수용소에 수감된다. 이는 바로 북한에서 행해지고 있는 '정치적 인민통제'의 모습이다.

북한의 사회정책의 목적은 '온 사회를 정치적으로 단합된 하나의 집단으로 만드는 것'이다. 그러나 주민들을 효과적으로 관리·통제하기 위해 각 개인의 출신성분과 사회적 활동을 기준으로 주민의 성분분류 작업을 여러 차례 해왔다.[17] 이런 성분분류작업에 따라 주민들을 핵심계층, 동요계층, 적대계층의 3계층 51개 부류로 분류하여 관리하다 1990년대 경제위기 이후에 핵심계층, 기본계층, 복잡계층의 3계층 45개 부류로 재분류하고 있다.[18] 북한에서 부모의 성분은 자녀의 성분을 결정하는 기준이며, 출신성분에 따라 노동당 입당, 일정 직위 이상의 진급 등에 영향을 미친다. 또한 북한이 출신성분을 분류하는 목적은 연좌제를 통해 주민을 원자화하는 것이다. 사실 북한 정치범 수용소 수감자 중 3분의 1 정도는 연좌제의 적용을 받아 수감된 것으로 알려지고 있다.[19] 한편 북한주민의 원자화 현상은 연좌제의 일반적 적용, 3인 이상의 모임금지, 5호 담당제[20]

---

17) 북한은 1958년 중앙당 집중지도사업의 일환으로 주민성분조사사업을 처음 실시한 이래 지금까지 주민성분조사사업과 주민통제조치를 계속하고 있다. (통일연구원, 『2009 북한개요』, 2009, p. 332.)

18) 통일연구원, 『2009 북한개요』 2009, pp. 330-331.

19) 연합뉴스TV(2016.8.1), "북한 정치범수용소 수감자 중 29%는 연좌제", http://www.yonhapnewstv.co.kr/MYH20160801012400038/?did=1825m, 검색일: 2017.7.31)

20) '5호 담당제'는 조선시대의 조세 징수를 위한 오가작통법(五家作統法)이 '5호 담당제'의 모델이다. '5호

를 통한 주민의 감시 및 통제, 해외파견 노동자 및 출장자와 외화벌이 일꾼에 대한 국가안전보위부원의 감시 등의 요인에 의해 지속되고 있다.

한편 전체주의는 대중을 한 방향으로 몰고 가기 위해 허구에 바탕을 둔 거대한 증오가 필요하며, 대중을 선동하고 세뇌시켜야 한다. 이를 위해 가상(假想)의 적을 만들고 이를 단순·명쾌한 어휘로 선전선동을 반복함으로써 대중은 허위를 진실인 것처럼 착각하도록 한다. 스탈린은 미국과 영국을 계급의 적으로 규정하고 제국주의에 반대하는 계급투쟁을 필연적 역사법칙으로 규정하였다. 또한 히틀러는 유대인을 적으로 규정하고 반(反)유대주의(반(反)볼세비즘(Bolshevism)과 반(反)금융자본주의의 합성품)라는 인종주의를 자연법칙인 것처럼 포장했다. 북한은 미국과 일본을 적(敵)으로 설정하고 주체사상을 일상화함으로써 수령주의를 정당화했다. 또한 김일성·김정일·김정은 우상화를 위한 광범위한 신화 날조 및 교육을 통해 무오류의 지도자상을 만들었다. 특히 북한에서 수령은 '자연발생적으로 출현한 초인간적인 유시무종(有始無終)의 존재'로 신격화하고,[21] 수령으로서 김일성은 영생하며 시대를 초월해 북한 사회에 절대적 영향력을 행사하고 있다.

담당제'는 "유급간부 한 사람(5호 담당선전원)이 5호씩 책임지고 사상교양사업과 경제사업 등 일체 생활을 지도하도록 하고 리(里)당 위원회에서 그 집행을 감독"하는 제도이다.(북한연구소, 「북한대사전」, 1999, p. 1107)

21) 황장엽, 「북한의 진실과 허위」, 시대정신, 2006, p. 153.

🔵 북한 전체주의의 '동심원' 속성

앞에서 살펴본 것처럼 북한의 정치체제는 수령주의, 정치범수용소에 의한 테러, 주민의 원자화 등과 같은 요소를 구비한 전체주의사회이다. 그리고 전체주의사회가 유지될 수 있도록 지도자를 중심으로 한 동심원 형태의 계층구조가 확실하게 정립되어 있다. 동심원 형태의 계층구조는 '백두혈통'의 수령, 수령의 현지지도에 동참하는 최측근 세력과 당·정·군의 측근집단이 수령체제의 핵심계층이다. 그리고 핵심계층의 외곽은 당·정·군의 중간간부가 중간계층을 구성하고, 중간계층의 외곽에는 하급당원이나 당·정·군의 하급간부가 하층계층이 형성하고 있다.[22] 그리고 평양주민은 북한수령체제가 유지될 수 있도록 외곽에서 지원하는 동조계층이다.[23] 물론 동조자 계층과 핵심계층 사이에는 여러 단계의 중간 계층이 다수 존재한다. 다수의 북한주민은 생활총화 등과 같은 활동을 통해 전체주의 동심원의 하부 구성원과 접촉선에 있고 (미약한) 동조계층을 이루고 있다.

외곽의 동조세력은 외부충격으로부터 내부체제를 방어하는 기능을 담당한다. 수령과 핵심측근은 지도자의 거짓말을 통해 스스로를 경외(敬畏)의 대상으로 만들고 정치에서 거짓말이 기본이라는 냉소주의(冷笑主義)를 정당화한다. 즉 김일성의 지상낙원, 김정일의 강성대국건설, 김정은의 사

---

22) 제7차 당대회(2016.5)에 참석한 대의원은 3,667명이고 당원수는 3백4십만 명인 것으로 알려지고 있다.
23) 2008년 UN의 인구계획이 조사한 결과에 따르면 평양시 인구는 3,255,288이다.(통계청 국가통계포털의 북한 인구통계 자료 참고)

회주의 강성국가건설과 같은 구호는 더 큰 거짓말일 뿐 실현가능성이 없다는 것을 알고 있지만 이를 통해 아래의 계층을 통치하는 수단으로 활용한다. 허구를 사실로 착각하는 대다수의 하층계층은 선전선동에 의해 상부계층의 거짓말을 무조건 믿고(盲信), 또한 쉽게 믿는다(輕信). 상부계층은 하층계층의 충성심을 유도하기 위해 권력에 대한 공포심을 조성하며 권력을 분산시키지 않는다. 북한 노동당의 조직운영은 상의하달의 중앙집권제 원칙을 우선시하는 것은 수령의 영도를 실천하는 조직으로서의 역할을 하고 있기 때문이며, 이를 위해 당은 '생활총화'와 당 세포비서의 세포조직 활동을 통해 간부 동향을 파악·통제함으로써 수령 절대주의 체제 및 김정일 지도체제 확립에 필수적인 당·정·군의 권력기관을 장악해 나갈 수 있었던 것이다.

북한 전체주의 동심원의 기능은 기본적으로 북한주민을 총체적으로 지배하기 위한 구조이자 동시에 엘리트가 핵심측근으로 출세하기 위한 구조이다. 이런 동심원 구조가 제대로 작동하기 위해서는 비밀경찰과 정치범수용소도 주민을 지배하기 위한 불가결한 요소이다. 북한정권은 동조계층 및 광범위한 북한주민의 경제활동에 대하여 배급제를 통해 의식주를 보장하며 체제유지를 위한 재정자원을 동조계층 및 외부원조로 조달하였다. 현재 북한에서 수령주의의 자발적 재생산 구조는 와해된 것으로 판단된다. 왜냐하면 1990년대 초반 경제난 이후 권력계층의 경계선을 따라 뇌물이 수수됨으로써 총체적 지배가 와해되고 있기 때문이다.

2012년 3대 세습에 성공한 김정은의 체제유지전략은 평양을 중심으로 하는 핵심(충성)계층과 여타 북한주민들을 분리하여 체제를 유지하고 있다. 즉 핵심계층에 대해서는 평양 10만호 건설, 만수대 물놀이공사, 김일성·김정일 동상 제막 등 욕망충족사업으로 회유하고 지방주민에 대해서는 착취와 억압으로 전환하였다. 김정은이 평양과 비평양을 구분한 배경을 2012년 강성대국의 문을 여는데 실패했고, 한류확산, 북한정권에 대한 암묵적 관심부재 등과 함께 주민생활향상을 위한 투자재원이 절대적으로 부족하였기 때문이다. 또한 1990년대 초반 경제위기 이후 이념보다 돈과 권력을 우선시하는 풍조가 확산되었기 때문이다.

북한체제의 지속가능성과 체제전환 조건

 **북한체제의 지속가능성**

북한의 전체주의 체제는 정교하게 설계된 사고와 행동이 타율적·자율적 제도 내에서 유지되고 있다. 이런 제도의 틀은 그 속에서 살아가는 사람들에게 생각과 행동의 틀을 제공하고 사람들이 동일한 생각과 행동을 규제하도록 제약한다. 즉 현재 북한 주민들에게서 볼 수 있는 무저항과 복종의 모습이 전체주의에 길들여진 주민들의 단면이다. 이처럼 현재 북한사회에서 관측되고 있는 전체주의적 양상은 외부세계의 눈으로 보면 '비정상적' 제도이다. 하지만 북한사회 내에서는 극히 '정상적'인 행동으로 기능하고 있다. 물론 1990년대 경제위기 이후 한국거주 탈북자가 북한의 가족과 직접 통화하고 상품유통을 통해 북한주민들이 외부세계의 정보를 직간접적으로 접촉할 수 있는 기회를 확대한 것도 사실이다. 이런 현상들이 시장화의 진전과 국가통제와 집단주의의 약화, 주민들의 의식변화를 초래해 체제전환의 구조적 압력으로 작용할 것으로 판단된다. 그러나 이런 변화가 북한이 '아래로부터의 변화'를 초래할 가능성은 낮아 보인다. 왜냐하면 북한체제를 지탱해온 주체사상, 지도자에 대한

충성심, 유일사상 10대원칙 등이 북한주민들의 의식과 행동 속에 깊이 침전되어 있기 때문이다.

　북한에서 개인적 차원의 불평등과 불만이 집단적으로 조직화되지 않은 이유는 다음과 같다. 첫째, 집단행동에 참여해서 얻는 혜택을 향유하려는 사람들보다 집단행동에 참여하지 않고 혜택을 향유하려는 사람들이 보다 상대적으로 많은 무임 승차자(free-rider) 현상 때문이다. 북한주민들은 당 조직의 감시와 연령별·직업별 조직생활 등을 통해 모든 면을 통제받고 있기 때문에 불만 표출의 기회가 적을 뿐만 아니라 불만의 조직화가 이루어진다고 해도 집단행동의 실패에 따른 처벌 -구금, 고문, 정치범 수용소 수용, 가족에 대한 연좌제 처벌 및 처형 등- 로 지불해야 할 비용이 크기 때문에 무임승차자의 가능성은 더 높다. 둘째, 왜 주민이 집단행동에 참여해야 하는지에 대해 객관적으로 비교할 수 있는 정보가 부족하기 때문이다. 정보부족의 문제는 북한주민들이 표출하여야 할 불만인지 평범한 일상적 불만인지를 평가할 기준이 없다는 점이다. 셋째, 무임승차, 정보부족은 결국 북한주민들이 집단행동에 참여할 스스로의 역량 또는 참여를 유도할 세력이 부재하는 것을 의미한다. 즉 김일성과 김정일이 사망했을 때 그들의 업적에 대한 조직적 비판이 없었다는 점과 경제위기에서도 조직적 저항이 없었다는 점은 조직적 저항을 유도할 세력이 부재하는 것을 의미한다.[24]

---

24) 1990년대 경제위기, 김정일의 사망, 2009년 화폐개혁 당시 북한주민들은 개인적인 불평과 불만이 정권과 지도자에 대한 집단적 비판행위로 이어지지 않았다는 점을 상기할 필요가 있다. 즉 북한에서 불평과 불만이 조직적 저항으로 표출된 것이 아니라 개인적 차원에서 소극적 저항에 머물러왔다는 점이다.

따라서 북한에서의 집단행동은 주민들이 지닌 불만, 분노, 좌절감 등 개인적·심리적 차원의 요인을 서로 공유할 수 있는 조건을 북한외부에서 지속적으로 제공하는 것이 절실하다. 북한이라는 전대미문의 폭력을 동원하고 있는 전체주의 사회에서는 집단행동 이전에 우선 절대적 권위에 대한 무관심, 냉소, 경멸이 가능한 사회구조로 전환하는 것이 필요하다. 즉 전체주의적 폭력은 매우 강고한 타율적-자율적 억압기제를 형성하고 강고성이 높은 수준의 열광(?)을 부추기지만 오히려 강고한 억압기제에 의한 열광이 외부정보 유입으로 무관심, 냉소, 경멸을 부추길 수도 있다는 점이다. 이를 최대한 이용하면 '아래로부터의 저항'의 가능성을 높여 준다.

북한은 통제경제, 우상화, 내부폭력 및 정보폐쇄를 통해 전체주의체제를 유지하고 있다. 장마당 시장경제는 통제경제를 대체하고 있고 통제경제의 와해는 무오류 지도자에 대한 우상화를 근본적으로 뒤흔들고 있고, 정보폐쇄는 한류의 유입으로 상당부분 구멍이 난 상태이다. 따라서 현 상태에서 북한체제를 유지하는 수단은 핵심계층에 대한 숙청과 북한주민에 대해서는 국가안전보위부와 정치범수용소에 의해 내부폭력에 의해 억압되고 있기 때문이다. 즉 북한은 파편화된 내부폭력 수단을 일상에 입체적으로 배치함으로서 체제의 지속과 안정의 기반을 확보하고 있다. 또한 일상에서의 사적인 경험과 학교, 사회에서 집단교육을 통해 지속적으로 재현함으로써 내부폭력의 유효성을 후세대로 이전하고 있다.[25]

---

25) 한반도선진화재단, 『북한 주민의 집단행동 유도방안』(미발간 도서), 2015, pp. 24-26.

북한전체주의체제의 전환조건

전체주의의 지속은 인간성의 파괴가 지속되는 것을 허용하기 때문이며, 전체주의가 지배하는 곳에서 강제수용소를 통해 인간성이 파괴가 일상화되기 때문이다.[26] 나치독일의 유태인 수용소와 스탈린 시대의 굴락(Gulag)에서 자행된 잔혹행위와 대량학살(holocaust)에 대해 목격한 것처럼 북한전체주의에 의한 잔혹행위는 현재도 진행되고 있다. 또한 국가안전보위부에 의한 감시가 일상화되었을 뿐만 아니라 당적 지도라는 명목으로 '5호 담당제'가 작동하여 가족생활 전반이 간섭·통제·감시가 일상화되었다. 이런 환경에서 북한주민의 일상생활은 빅브라더(Big Brother) 수령에게 노출될 수 밖에 없고, 개인은 수령의 지령에 의해 작동하는 소모품에 불과하다. 이처럼 수령에 의한 총체적 지배가 가능한 북한은 주민들의 매일 매일의 생활을 규정하고 모든 것을 지배하는 전체주의사회임이 분명하다. 따라서 북한 전체주의체제가 변화되어야 하는 것은 인간성을 회복하기 위한 필수조건이다.

체제전환은 국가사회의 변동을 의미한다. 사회변동은 사회구조와 사회관계에서 의미있는 변화로 사회질서와 제도, 체제, 정신 및 물질문화 그리고 가치체계의 부분적 또는 전체적 변화를 포함한다.[27] 그리고 사회변동의 원인은 사회적 갈등이나 통합의 실패, 새로운 이념의 등장, 기술

---

26) 한나 아렌트(이진우··박미애 역), 『전체주의의 기원 1』, 한길사, 2011, p. 35.

27) 조한범·황선영, 「북한사회 위기구조와 사회변동 전망: 비교사회론적 관점」, 통일연구원, KINU연구총서 13-06, 2013, p. 9.

의 발전과 적응, 생산력과 생산관계의 모순 등 다양한 요인을 포함한다. 한편 독재국가의 경우 급격한 사회·정치적 변화(혁명)를 통한 변동의 가능성이 더 높다고 할 수 있다.[28] 북한의 전체주의체제는 자유민주주의 체제로 변화되는 것은 역사의 순리이다. 문제는 어떤 상황에서 북한 스스로 체제전환 -개혁·개방- 을 선택하는가이다. 즉 북한이 체제전환을 선택할 수밖에 없는 상황을 조성하는 것이 중요한 문제이다. 동구권과 중국, 구소련이 체제전환을 선택한 상황의 공통점은 경제의 구조적 위기, 시민사회와 종교단체의 역할, 불평등의 확산, 외부정보의 유입, 체제에 대한 불신 등이다.[29] 이런 상황이 북한의 체제전환의 조건이라는 점에서 예외일 수 없다.

북한경제의 위기는 사회주의통제경제와 잘못된 경제정책기조[30]에서 비롯되었다. 특히 김정은의 '핵·경제발전병진노선'은 '핵 발전'에 중점을 둔 정책이기 때문에 국제사회의 제제로 인해 경제위기가 지속된다는 점이다. 그러나 국제사회의 대북제재는 미국의 제3국 제재(secondary boycott)에 대한 미온적 태도와 중국의 북한에 대한 암묵적 지원으로 구조적 공백(structural hole)이 있는 것이 사실이다. 이는 북한의 경제위기를 심화시키는 주동적 역할은 한국이 아니라는 점을 반증한다. 한편 경제위기의

---

28) 조한범·황선영, 『북한사회 위기구조와 사회변동 전망; 비교사회론적 관점』, 통일연구원, KINU연구총서 13-06, 2013, p. 11.
29) 조한범·황선영, 『북한사회 위기구조와 사회변동 전망; 비교사회론적 관점』, 통일연구원, KINU연구총서 13-06, 2013, pp. 49-69.
30) 북한의 경제정책기조는 '자립적 민족경제건설', '중공업우선정책', '군·산병진정책'이다. 김일성의 '군·산병진정책'은 김정일의 '선군정치·경제', 김정은의 '핵·경제발전병진정책'으로 이어졌다.

지속은 분배의 몫이 제한을 초래해 체제내부의 불평등을 확산시키는 요인이다. 결국 북한경제위기는 평양과 비평양에 대한 배분 몫에서 불평등을 초래하는 요인으로 작용하고 있다. 그리고 외부정보 유입은 북한 주민의 사고와 의식을 바꿀 수 있다는 점에서 체제전환의 중요한 촉매제이며, 또한 북한의 정보화 -정보환류체계 구축- 는 한국이 국제사회의 도움 없이 독자적으로 수행할 수 있는 정책수단이라는 점이다. 한편 북한의 정보화를 위한 인프라도 일정부분 구축된 상태이기 때문에 외부정보유입에 유리한 환경이 조성되었다고 할 수 있다.

남북한의 정보 환류체계 구축

🌀 남북한 환류체계 구축의 의의

북한의 수령 독재체제가 유지될 수 있었던 기반은 주민에 대한 사상통제와 조직통제가 가능했기 때문이다. 그리고 외부정보유입이 차단되었기 때문에 사상통제와 조직통제도 가능했다. 결국 북한의 수령 독재체제의 기반을 와해시키는 핵심적 요인은 북한주민들이 '외부정보에 대한 접촉면'을 확대하는 것이다. 이때 외부정보는 외부세계의 정보뿐만 아니라 북한내부의 정보도 포함한다. 따라서 북한이 정보를 통제하는 형태는 주민들과 외부세계의 정보를 차단하는 것과 북한 내에서 지역 간 정보가 소통 되는 것을 차단하는 형태로 이루어지고 있다. 물론 북한은 외부세계와의 접촉을 통해 북한사회로 유입되는 정보차단에 더 주력하고 있다. 왜냐하면 북한은 외부세계의 정보유입의 폐해가 수령 독재의 기반을 허물 가능성이 더 높다고 판단하기 때문이다.

북한 정보화는 북한에 외부세계의 정보가 유입되어 북한주민이 외부세계의 정보에 대한 접촉면을 확대하는 것을 의미한다. 북한 정보화는 일차적으로 외부세계의 정보유입을 통해 사상통제와 조직통제의 근간을 허물어 북한주민이 세계시민의 초석을 다지고, 이를 기반으로 북한의 정상화 -개혁·개방·민주화- 의 동력을 마련할 수 있다. 특히 북한 정보화는 외부세계의 가치판단의 기준을 북한주민들에게 제공해준다는 점에서 정신적 지원(spiritual assistance)이며, 이는 북한 변화를 위해 중요한 역할을 할 것이다. 또한 북한의 정보화는 북한 정상화의 기반을 마련하고 통일지향의 적극적 대북정책을 수행하기 위한 인프라를 구축하는 과정이라는 점도 간과할 수 없다. 즉 북한의 정보화는 '북한주민의 마음 얻기 → 사상해방의 단초제공 → 북한의 민주화·산업화 → 자유민주주의의 통일기반 구축'이라는 과정의 첫 단추라는 점에서 의미가 있다.

그러나 북한 정보화는 북한으로 일방적 정보유입에 중점을 둔 개념이기 때문에 유입정보가 북한주민들에게 어떤 영향을 미쳤는지를 진단할 수 없다는 한계가 있다. 따라서 유입정보의 영향과 파장을 점검할 수 있는 새로운 체계가 요구된다. 이 체계를 '남북한 정보 환류체계'라고 한다. '남북한 정보 환류체계'란 외부세계 정보의 북한유입 → 전달된 외부정보의 북한 내 유통 → 북한내부 유통정보의 외부세계로 전달·평가 → 외부정보의 북한재유입'의 형태로 순환하는 구조이다. 정보 환류체계 구축이 필요한 이유는 북한에 유입된 정보가 북한주민들에게 어떤 영향을 미쳤는지를 진단·평가하고, 이 결과를 대북정책 및 통일정책의 수단으로 활용하기 위한 것이다. 결국 남북한 정보 환류체계의 구축은 북한 정보화의 효과를 극대화하기 위한 방편이다.

북한 정보화의 관건은 유입되는 정보에 대한 신뢰성과 직결되는 문제이다. 물론 유입되는 정보는 사실에 근거해야 하지만 왜곡된 정보가 유입되는 경우에도 북한주민들이 신뢰할 수 있도록 하는 것이 중요하다. 이때 유입정보는 유입 목적과 한계에 대해서는 전문가의 판단을 거쳐야

하며, 정보등급과 소스에 따라 유입체계를 달리하는 것이 요구된다.

- 북한소스가 제공하는 정보는 한국에서 북한으로 역(逆)투입
- 북한주민에게 안전을 위협하는 내용은 한국에서 북한으로 직접투입
- 북한사회의 취약점을 노린 정보의 유입과 그 반응을 재투입

한편 한국과 북한과의 양방향 정보소통체재의 구축을 통해 북한사회에 외부세계의 정보를 유입시키는 목적은 북한 전체주의 동심원의 여러 계층 간의 경계선을 균열시키고, 또한 경계선 간의 소통 경로를 확대하는 것이다. 즉 정보 환류체계 구축은 계층 간 경계선의 균열과 계층 간 소통경로의 확대를 통해 체제변화의 기초를 마련하는 것이다. 정보 환류체계의 구축을 통해 우선 동심원의 외곽선인 체제와 주민간의 경계의 균열을 초래하는 것이다. 이 경우에는 인민반장과 주민, 보위부와 정보원 간의 균열이 여기에 해당한다. 그리고 사회적 경계인 평양과 비(非)평양 간의 균열을 초래하는 것이며, 지리적 경계인 압록강, 두만강 및 휴전선 상의 소통 경로 확대하는 것이다. 북한체제의 특성을 감안할 때 핵심계층보다는 적대계층, 평양지역보다는 비평양지역이 외부정보에 대한 흡수력이 높다. 또한 외부정보유입은 전체주의 동심원의 중앙(핵심계층)에서 외곽선(하층계층)으로 향하던 냉소(冷笑)는 불변이지만 외곽선(하층계층)에서 중앙(핵심계층)으로 향하는 맹신(盲信)과 경신(輕信)이 냉소(冷笑)로 변화한다. 결국 '핵심계층의 냉소와 하층계층의 냉소'의 대결구조가 형성됨으로써 총체적 지배를 목적으로 하는 전체주의의 통치목적을 좌절시킨다. 따라서 하층계층의 냉소를 확대시키기 위해 적극적으로 외부세계의 정보를 유입시키는 것이

중요한 과제이다.

남북한 정보 환류체계 구축 방향 및 방법

북한의 정보 환류체계의 인프라 현황

　남북한 정보 환류체계의 원활하게 작동하기 위해서는 북한으로 유입된 외부정보가 북한 내에서 유통될 수 있는 인프라가 있어야 한다. 정보유통의 기반은 370만대의 휴대전화와 내부 인트라 넷(intra-net)이다. 휴대전화를 외부세계의 정보전달 및 확산의 매개체로 활용할 수 있는 방안을 강구하여 정보의 신뢰성을 높이는 것이 필요하다. 초기에는 정보의 신뢰성을 높이기 위해 날씨 및 농사정보, 시장정보 등과 같은 생활 밀착형 정보를 유통시키고, 정보의 신뢰성이 확인된 이후에 고위험정보를 유통시켜야 한다. 또한 북한의 이동통신사업자인 오라스콤(OTMT)과의 협조체계를 구축하여 정보의 신뢰성을 높일 수 있는 방안도 강구해야 한다.

　현재 북한은 극히 제한된 범위에서만 인터넷을 활용하고 있기 때문에 사실상 인터넷을 통한 외부정보유입은 차단된 상태이다. 그러나 북한 내에는 인트라 넷 망이 구축되어 있기 때문에 약간의 기술적 문제를 해결하면 인트라 넷을 인터 넷으로 전환할 수 있는 방법이 있다. 예를 들면 구글이 인터넷 접속을 확대하기 위해 지원하는 프로젝트 룬(Loon), 또는 인터넷 위성 수신기인 아우터 넷(outer-net)[31]을 적극 활용하거나 와이파

---

31) 연합뉴스(2016.9.30) "아우터넷으로 北 인터넷 통제 두력화시킬 수 있어"

이가 가능하도록 인프라를 구축하는 방안을 강구해야 한다. 특히 아우터 넷은 "인터넷이 없는 오지에 위성을 통해 정보 콘텐츠와 프로그램을 보급하기 위한 목적으로 개발된 제품"이다. 따라서 아우터 넷은 북한 같은 독재정권에 의해 인터넷을 포함한 유무선 통신을 차단하고 있는 국가에도 외부 소식을 전할 수 있는 효과적인 해법이 될 수 있다는 점에서 북한의 인트라넷을 인터넷으로 전환할 수 있는 유용한 장치이다. 또한 인터넷 게임을 통해 북한 내 자생적 해킹그룹을 육성하는 것도 하나의 대안이 될 수 있다.

정보 환류체계의 원칙과 방법

북한으로 유입되는 정보는 안전성과 신뢰성, 전문성과 지속성이 담보되어야만 정보의 신뢰성을 높일 수 있다. 이때 정보 수취와 전달의 주체인 북한 주민들의 안전성을 최우선적으로 고려하여 정보를 유입하는 것이 요구된다. 또한 북한사회에 정보유입은 한국의 정권변화와 무관하게 지속가능해야 할 뿐만 아니라 유입된 정보가 전문성과 활용성도 보장되어야 한다. 북한이 정보 폐쇄정책을 지속하는 한 북한의 정보화 -정보환류체계- 가 대북정책의 가장 중요한 정책수단으로 활용돼야 한다.

북한에 유입되는 정보는 정보유통과정에서 위험성이 매우 높은 '고위험성 정보'(intolerable information)와 북한사회 내부에서 별다른 저항 없이 통용될 수 있는 '통용 가능한 정보'(tolerable information)로 구분할 수 있다. '고위험성 정보'와 '통용 가능한 정보'는 다음과 같다.

고위험성 정보
- 북한 내부에서 유통과 구전을 통한 재생산이 극히 위험
- 북한체제의 균열을 목적으로 하는 공격적 정보
- 북한 수령체제 동심원의 중심부를 겨냥한 정보
- 자본주의(황색)문화와 관련된 정보
- 북한체제에 의해 전복세력의 허구 날조로 간주될 수 있는 정보
- 장기적으로 북한 주민의 신뢰 획득 시에 'High Risk High Return'

북한사회에서 통용 가능한 정보
- 북한체제 내부에서 재생산 가능한 정보
- 생활에 밀착된 불만으로 관심을 끌 수 있는 정보
- 뇌물수수의 만연으로 적발되어도 처벌 회피 수단이 존재하는 정보
- 전체주의 동심원의 각 계층의 필요에 맞춘 심리전 전개 가능한 정보
- 북한 내부에서 생성 가능한 정보로서 충격이 적은 정보
- 단기적으로 북한 주민의 신뢰 획득 시에도 'Low Risk Low Return'

한편 북한 주민들에게 유입되는 정보는 위험성의 정도에 따라 전달매체를 달리하여야 한다. 정보의 종류에 따라 정보매체는 백색 방송, 회색 방송, 흑색 방송으로 구별해서 유입정보를 차별하는 것이 요구된다. 이때 정보 유입의 목적과 한계에 대해서는 전문적 판단을 거쳐 정보 유입의 효과를 검증해야 한다. 백색(White) 방송은 송신지와 송신자를 밝히고 공개적으로 하는 비정치적 내용과 사실(fact) 중심의 저급 심리전 방송이다. 방송은 자유민주주의 통일을 위한 북한이탈주민 지원 정책, 탈북민

정착 성공 사례, 한국 및 국제사회 뉴스 전달, 북한 주민의 '남조선'에 대한 부정적 인식 교정 등과 같은 비정치적 소극적 저항의 정보를 유입하는 것이다. 그리고 회색(Grey) 방송은 송신지와 송신자를 밝히지 않고 하는 비공개 형태의 방송으로 탈북민을 방송원으로 활용하여 주로 북한 내부 소식을 사실관계를 바탕으로 뉴스 형태로 전달한다. 종국적으로 회색방송이 조선중앙방송 조선중앙통신 노동신문 등 관영선전 매체를 대체하는 가교역할을 담당하도록 한다. 또한 흑색(Black) 방송은 송신지와 송신자를 북한으로 위장하여 적극적 저항을 유도하기 위한 방송이다. 흑색방송의 목적은 훈련된 방송원과 고도의 심리전 프로그램 활용하여 정치적 심리전을 전개함으로써 북한민주화를 유도위한 방송이다.

정보환류체계 구축을 위한 분야별 접근 방향

북한체제변화를 위한 여건이 조성되기 위해서는 북한 내부에서 스스로 동요(저항)가 발생할 수 있는 반북친한(反北親韓)환경을 조성하는 것이 필요하다. 따라서 유입되는 정보는 '김정은 정권에 대한 불만의식의 확산', '북한지도부 부패와 비리에 대한 인식 제고', '개혁개방의 불가피성에 대한 공감대 확산', '북한주민의 대남 적대감 및 경계심 완화', '한류유입 등 북한주민의 친(親)한국화 의식 강화' 등을 내용으로 한다. 그리고 유입된 정보가 북한체제의 변화가능성을 제고하기 위해 계층별, 지역별, 세대별로 접근하는 것이 필요하다.

계층별 접근방향

북한사회의 내부 민심은 2009년 11월 화폐개혁 이후로 상당히 나빠졌다. 하지만 김정은의 인민생활향상을 위한 민생행보가 이어지면서 최근에는 민심이 다소 개선된 상황이다. 한편 경제위기 이후 시장화가 진전되면서 당·정·군의 간부와 시장세력 간에 뇌물을 매개로 부패의 공생관계가 형성되었다. 이런 공생관계는 북한이 정치제도와 경제제도의 '통제의 강화와 이완'을 반복하는 과정에서 더욱 확산되었고,[32] 공생관계는 부정·부패와 정경유착을 더욱 강화하는 계기가 되었다. 상위계층은 당·정·군의 고위간부와 연합기업소 지배인과 당 비서들과 연계하여 불법행위를 하는 집단이다. 이 계층은 마약, 휘발유, 대부업 등과 같은 사업을 통해 사적 부를 축적하고 있어 김정은 정권을 붕괴시킬 물리적 능력은 있다고 판단된다. 하지만 전체주의 폭력적 체제 하에서 숙청과 처형의 위협으로 인해 자신과 친지의 운명을 예측하기 힘들기 때문에 김정은과 공동운명체라는 인식을 가지고 있다. 중간계층은 당·정·군의 중간간부와 결탁하여 불법행위를 하는 중간규모의 집단으로 주로 자전거 장사, 가전제품 장사, 구리 장사 등을 한다. 이 집단은 70여 년 동안 고정된 계층으로 살아왔고, 김정은 체제에서도 미래가 보장되지 않는다는 점을 인식할 수 있는 능력이 있는 집단으로 한국과의 교류 혹은 한국의 지원이 필요하다는 점도 인식하고 있다. 그리고 하위계층은 기업소의 노동자, 농촌의 농민, 하루벌이 생계형 장사와 품팔이꾼 등으로 구성되어 있으며, 이 계층은 능력과 자질이 부족하기 때문에 향후 북한정권의

---

32) 이근영, 「북한의 부패에 관한 연구」, 고려대학교 박사학위 논문, 2013, pp. 214-215

변화주도세력이 될 가능성은 낮다.

북한주민들은 출신성분이 사회적 지위를 결정하는 사회에서 오랫동안 살아왔다. 따라서 이들은 통치체제에 기회주의적으로 적응하면서 일상의 의식주를 해결하는 생활에 주력해 왔기 때문에 불만은 있지만 김정은 정권 교체의 필요성에 둔감한 것도 사실이다. 따라서 김정은 정권의 비도덕성과 허위 선전, 사치스럽고 타락한 생활 등을 폭로하여 반감을 증대시키는 한편 김정은 정권이 붕괴될 경우 신분 상승의 가능성과 혜택과 이익을 정확히 인식시키도록 노력해야 한다. 그리고 권력 엘리트 내부에서 균열이 발생할 경우 김정은 정권이 영구불멸의 정권이 아님을 의식시키는 적극적 홍보전략도 필요하다. 또한 하위계층의 친한 성향을 증대하기 위해서 한국정부가 북한의 천재지변, 피해지원 영유아 취약계층에 대한 인도적 지원을 공개적으로 지속적으로 표명하는 것이 필요하다. 물론 북한이 인도적 지원을 거부하더라도 공개적으로 표명함으로써 한국은 명분을 축적하고 이를 북한지역에 전파함으로써 김정은 체제의 근간을 허물 수 있는 요인이 될 수 있다.

지역별 접근방향

평양과 비평양 간에는 소득뿐만 아니라 사회환경 등 모든 분야에서 격차가 현저하며, 도시와 농촌 간에도 격차가 심화되고 있는 것이 현실이다. 평양지역은 김정은 정권에서 상대적으로 혜택을 입고 있는 동조계층이 거주 지역으로 정권 교체의 필요성을 느끼지 못하며, 체제와 운명을 동일시하는 운명공동체 의식이 높다. 그러나 평양지역도 계층이 다양하게 분화되어 있어 정보 유입을 활용할 수 있는 가능성은 존재하며, 평양의 일반시민은 비평양의 주민과 비교하면 상대적으로 수혜계층이지만 중간계층은 핵심 지배계층과는 확연히 구별되는 계층이다. 따라서 평양의 중간계층의 상대적 박탈감을 인식시키고, 김정은 정권 붕괴 시 평양시민은 피해를 보지 않는다는 '안심전략'을 전파할 필요가 있다. 또한 김정은 집권 이후 '숙청·처형 달력', '오늘의 숙청' 등에 대한 정보를 적극적으로 유입·전파하야 한다.

북한의 변경지역은 잠재적으로 김정은 정권에 대한 불만이 높은 지역으로 친중(親中)성향이 강한 지역이며, 개혁개방이나 체제변화에 대한 요구도 강한 지역이다. 한국의 탈북자 대부분이 변경지역 출신이라는 점을 활용하여 가족과 친지들에게 탈북자들의 서신·송금활동·사진 전달 등과 같은 활동을 활성화하고, 탈북자에 대한 교육 및 지원을 강화하여 한국사회에서의 적응력을 지속적으로 높여야 한다. 그리고 탈북 청년들이 남한의 남녀와 결혼하여 잘사는 사례를 발굴하여 이들 지역을 통해 전파하고, 한국사회에 대한 동경을 유도하는 것이 요구된다.

한편 지방의 대중소도시 지역은 반(反)김정은 의식을 고양하기 위해 평양지역과의 차별내용을 전달하여 차별을 받고 있는 현실을 인식시키고, 김정은 정권이 붕괴할 경우 이익과 혜택을 집중적으로 수혜할 지역이라는 사실을 적극적으로 홍보해야 한다. 뿐만 아니라 흑색선전도 강화할 필요가 있다. 예를 들면 평양사람들이나 평양 내 귀족계층은 핵실험을 한 함경도 지역에서 생산된 물품이나 어류를 사용하지 않는다는 흑색선전을 유포해 평양과 비평양 지역의 갈등을 부추기는 것도 필요하다.

그리고 공업지역은 김정은 정권에 대한 불만이 상대적으로 높은 계층이 모여 있는 지역이다. 하지만 인구밀집도가 높다는 점에서 김정은 정권 붕괴가 오히려 삶을 불안정하게 만들 수 있다고 생각할 가능성이 있다. 이런 의식을 차단하기 위해 한국의 공업지역이 경제 발전과정에서 노동자들이 더 많은 혜택을 받은 지역이라는 사실을 홍보해야 한다. 그리고 북한의 공업지역의 낙후의 원인은 김정은의 경제발전전략이 잘못과 무능 때문이라는 점을 논리적 정보를 유입시키는 것이 요구된다.

세대별 접근방향

일반적으로 세대는 성장환경에 따라 특성이 있다. 북한의 세대는 이런 특성에 따라 5개의 세대로 구분할 수 있다. 북한의 1세대는 '항일빨치산혁명세대'이다. 이 세대는 김일성과 함께 항일활동을 한 세대로 사상성이 강하지만 대다수가 사망했거나 연로해 실질적 영향력을 행사하는 것은 어렵다. 북한의 2세대는 '천리마운동세대'이다. 이 세대는 1950~1960년대 전쟁 및 전후복구와 천리마 운동을 경험했기 때문에 사회주의이념에 투철하고 말년에 시장경제를 수용하지 못해 고생한 경험이 있지만 북한변화를 주도하기에는 노년층에 해당된다. 북한의 3세대는 '3대혁명 세대'이다. 이 세대는 1950년대에서 1970년대에 태어나 1970~1980년대 3대혁명소조운동과 3대혁명 붉은기 쟁취운동을 주도하면서 성장한 세대이다. 북한의 3세대는 국가사회주의 경제가 비교적 잘 운영되는 시기에 사회화를 경험했고 국가사회주의 체제에 의지하고 이를 위해 일해 온 세대로 1990년대 경제위기(소위 '고난의 행군') 이후 장마당을 개척하였으나 사회주의 배급경제를 그리워하는 측면도 있다. 그러나 북한의 3세대는 1990년대 배급체제의 붕괴와 국가의 사회통제 수준의 축소, 불법적으로 유인된 외국의 정보와 미디어의 영향을 받아 국가에 대한 반발심을 있지만 영향력은 제한적이다. 북한의 4세대는 '고난의 행군세대(식량난 세대)'이다. 이 세대는 1970년대에서 1980년대까지 태어난 사람들로 전쟁을 경험하지 않았지만 정규교육의 수혜자들이다. 이 세대는 김정일이 후계자로 확정된 이후에 태어났고 세뇌교육을 철저히 받았으며 성장기 물질적 혜택을 받았고, 10대에서 20대 중반에 김일성의 사망과 함께 고난의 행군을 경험한 세대들로 제한적으로 사회주의에 대한 의구심을 가진 세대이다. 북한의 5세대는 '장마당 세대'이다. 이 세대는 1980년대와 1990년대 초반에 태어난 현재 18~35살 사이의 젊은 청년들로 2010년대 들어서면서 1990년대 이후 고난의 행군 및 시장 확대기에 성년에 접어들었거나 출생한 세대로 북한 인구의 25%를 차지하고 있다. 이 세대는 국가로부터 혜택을 거의 받지 못한 세대로 체제에 대한 불만이 가장 높은 집단이다.

특히 '장마당 세대'는 북한이 가장 어려웠던 1990년대 출생자로 2010년대 20대가 되었다. 이들은 사회주의 체제를 경험하지 못하고 제대로 교육도 받지 못했으며, 장마당에서 주요한 생활 경험을 쌓은 세대라는 특징이 있다. 또한 장마당 세대는 북한체제와 선행(先行)세대에 대해 반항적이며, 시장 경제에 의존하면서 사실상 자본주의를 체험한 세대이며, 이들은 과시적 소비활동에 참여하고 한류와 같은 외래 문물을 쉽게 수용하는 특징이 있다. 그러나 '장마당 세대'는 자신들의 변화를 공공연히 드러내지 못하지만, 생활패턴은 중국 영화와 한국 드라마와 같은 불법미디어의 영향을 받고 그 경계를 넓히고 있다. 반면에 이 세대는 사회주의 생활방식을 전혀 경험하지 못하였다. 한편 이 세대는 2009년 화폐개혁을 통해 정권의 막강한 힘을 경험함으로서 반(反)김정은에 대한 행동을 주도하는데 일정한 한계가 있을 것으로 판단된다. 그러나 이들이 반(反) 김정은 정권의 주도세력으로 부상할 가능성은 선행 세대보다 높다는 점에서 이들에 대한 맞춤 정보를 유입하는 것이 필요하다.

북한의 정보 환류체계 구축을 위한 대북정책 방안

● 남북한 방송통신의 표준화

　남북한 방송 통신 표준화는 기술적 측면에서 방송 통신기기, 서비스 장치, 서비스망, 주파수 등의 시스템이 남북한 간에 단일의 표준으로 일치시켜 유무선 통신망에 연결되어 서비스 제공이 가능해지는 것을 의미한다. 현재 한국의 컬러TV 주사방식은 NTSC(The United States National Television Systems Committee)방식이고, 북한은 PAL(Phase Alternation by Line)방식을 채택하고 있기 때문에 상호 서버스제공이 불가능한 상태이다. 물론 NTSC방식과 PAL방식 신호를 동시에 시청할 수 있는 중국산 멀티 TV가 북한에 보급되어서, 남북한 방송 모두 시청할 수 있는 가능성이 있다. 한편 방송표준화를 위한 간단한 방법을 북한에 TV 수상기를 지원해줌으로써 북한주민이 방송표준화 이전에 방송을 시청하게 하는 것이다.[33]

　정부가 남북한 방송통신 표준화를 추진하는 목적은 통일준비를 위

---

33) 현재 북한의 TV 보급률은 4가구 중 1가구인 것으로 파악되고 있다.

해 북한 내 정보를 유입하는 것이며, 북한 내 '정보 자유화'는 기본적으로 정부가 나서야 할 영역이다. 북한 내 정보 유입 방안은 크게 정부 추진 과제와 민간 추진 과제로 나눌 수 있다.[34] 과거 동서독 주민은 분단 시기에도 쌍방 간 TV 시청이 가능했기 때문에 정보접근이 용이했던 것처럼 남북한도 방송통신을 표준화하여 쌍방 간 TV 시청이 가능하도록 '남북한 방송개방'을 북한에 제안하는 것이 필요하다. 그리고 장기적으로는 인터넷 전화 휴대폰 SNS 등도 남북이 쌍방 교류 가능하도록 추진하는 것이 요구된다. 따라서 남북 방송통신 당국자 회담을 통해 방송통신 협정 체결 등 표준화를 위한 의제를 북한에 과감하게 제의하고 추진할 필요가 있다. 물론 북한은 방송통신 교류를 절대로 받아들이지 않을 것이나, 금강산관광 재개 등 북한의 요구와 연계하고 평화공세의 일환으로 추진하는 것이 바람직하다.

그리고 방송통신 설비와 기술을 북한에 제공하면서 표준화를 점진적으로 추진하겠다는 의사를 지속적으로 제안하고 한국 정부 일방의 TV 및 라디오를 통한 정보유입의 근거를 마련해야 한다. 남북 방송 통신표준화 사업은 남북간 TV방송 송출방식 등을 표준화하여, 북한 주민들도 KBS MBC SBS 종합편성방송 등을 시청할 수 있게 하고, 한국 시청자들도 조선중앙TV를 볼 수 있도록 한다. 동유럽의 체제전환 시기와 중동 민주화 시기의 상황을 종합해 보면 라디오 TV, SNS가 '아래로부터의 혁명'의 사회적 인프라로 작용했다는 점이 방송표준화의 중요성을 반증

---

[34] 정부(국방부)의 북한 정보화는 대북 심리전과 같은 특수 영역을 포함하고 있다. 따라서 민간영역에서 신문 방송 인터넷 SNS 등을 이용한 북한 정보화는 정보 유입과 수준에서 차이가 있다.

한다. 따라서 한반도에서 동일한 상황이 발생할 수 있도록 최대한의 정보유입 인프라와 콘텐츠를 미리 구축해 놓는 것이 요구된다. 남북한 방송·통신표준화의 의의는 북한의 비행동(non-action)에 대한 대북정책의 딜레마를 극복할 대안이다. 방송·통신표준화는 북한의 크고 작은 도발 시에 최대한 정보유입이 가능한 인프라를 구축하는 것으로 대북정책 및 통일정책의 자산임이 분명하다. 2015년 북한의 목함지뢰도발에 대해 한국이 대북확성기 방송으로 대응하자 북한은 남북회담에 즉각 응했다. 바로 대북확성기 방송이 북한이 회담에 응하도록 하는 강제하는 수단이었다. 따라서 정보인프라 구축은 북한의 비행동을 행동으로 강제하는 강력한 정책수단이며, 북한의 변화를 유도하기 위해 정보유입 인프라를 구축하는 것을 중요한 과제이다.

● 대북방송의 활성화

대북방송의 역할은 북한판 '시민사회' 형성과 북한주민에게 한반도 정세전달과 통일준비에 대한 교육이다. 시민사회의 존재여부는 북한에서 '아래로부터의 혁명'을 위한 필수조건이라는 점에서 시민사회를 형성하는 것은 매우 중요하다. 북한체제의 특성 상 시민사회 자체가 존재할 수 없으며 주민들 속에서 '시민사회'라는 개념도 존재하지 않는 것이 현실이다. 그러나 1990년대 극심한 경제위기 이후 직업의 안정성이 약화되고 배급체제가 일부 와해되면서 사회관계망은 공적 위주에서 사적 위주로 변화되었다. 이는 공적 관계망의 기능이 약화되면서 주민들은 개인적 차원에서 사적 관계망이 확대되었기 때문이다. 현재 북한에서 나타난 사적 담론은 이념보다 물질적 이해관계와 일상생활, 한류 등 한국과 관련된 다양한 주제와 소재의 담론이 형성되고 있다. 사적 담론이 시민사회형성의 가능성을 보여주는 것이지만 아직은 저항의 수준으로 발전하기에는 한계가 있다.[35] 따라서 현재 북한에서 진행되는 사적 담론은 잠재적 갈등의 요소를 내포하고 있다는 점에서 북한정보를 다양한 형태와 수단으로 유입하는 것이 중요하다. 향후 '북한판 시민사회'로 성장할 수 있는 맹아는 시장(장마당)과 대학가로 예상된다. 시장(장마당) 세력은 1990년대 이후 북한 주민들이 스스로 굶어죽지 않기 위해 장마당을 개척한 경험이 있고, 사회주의 체제에서 시장 확대의 의미는 국가의 통제가 약화되는 독자적 틈새가 생겼다는 것을 의미한다. 그리고 김일성대학을 비롯한 대학가는 1980년대부터 간헐적으로 '벽보사건'이 발생했고, 향후 민주화 혁명을 준비할 수 있는 진원지라는 점을 주목해야 한다. 역사적으로도 민주화 혁명의 선두 세력은 청년학생이었다는 점에서 김일성대학 김책공과대학 평양외국어대학 등 대학가에 정보를 유입하는 것이 중요하다.

   김정은의 전쟁명령에도 불구하고 북한 군인과 주민들이 스스로 전쟁을 포기할 수 있는 한반도 정세를 정확히 전달하는 것이 필요하다.[36] 이런 전쟁예방조치를 강구하기 위해 평상시에 대북방송을 통해 한반도 정

---

35) 장세훈, "북한 도시 주민의 사회적 관계망 변화: 창진 신의주 해산 지역을 중심으로," 『한국사회학』, 제39집 2호 (한국사회학회, 2005), pp. 106~107.

36) 2002년 미국의 이라크 전쟁 시기 미군이 바그다드에 진입하기 전 평소 "후세인 결사옹위"를 외친 '공화국 수비대'들이 모두 총을 버리고 도망친 사례는 대북방송의 전쟁예방 효과를 반증한다.

세를 북한주민들에게 알려줘 김정은의 전쟁명령에 따르지 않고 전쟁을 포기하도록 유도하는 것이다. 이를 위해 대북방송이 북한 주민들에게 자유민주주의, 시장경제, 세계화 등과 같은 동질성 회복을 위한 교양 방송을 지속적으로 시행함으로써 실질적인 통일준비에 활용할 수 있다. 또한 한국 국민들의 사회생활을 북한 주민들에게 사실 그대로 알려줌으로써 반(反)김정은 인식을 높이도록 하는 것이 중요하다. 한국의 대북방송에 대해 북한은 전력난으로 인해 적극적인 대응이 곤란한 것도 한국의 입장에서는 유리한 환경이다. 따라서 북한 전역을 대상으로 방송을 송출하고 있는 대북방송의 역할이 더 중요하다. 현재 북한에 라디오가 100만대~300만대 보급돼 있어서 대북방송은 가장 빠르고 확실한 정보 접근 수단이며, 탈북자 중 북한에서 외부 라디오 방송을 들어본 경험이 있는 사람은 15.5% ~ 22.8% 정도인 것으로 확인되고 있다.[37]

한편 대북방송의 효율성을 제고하기 위해서는 KBS 한민족방송 기능을 통일방송으로 조정하고 KBS 한민족방송과 민간대북방송의 역할분담도 이루어져야 한다. KBS 한민족방송은 재외동포방송을 표방하고 있다. 하지만 대부분의 재외동포들은 KBS, MBC, SBS의 공중파방송과 각종 케이블TV 등 다양한 채널을 통해 방송을 시청하고 있다. 따라서 재외동포방송으로서의 경쟁력이 낮은 한민족방송을 '통일방송'으로 전환한다면 북한 민주화를 추동하는 데 중요한 역할을 할 수 있을 것으로 판단된다. 이를 위해 단기적으로 북한 주민을 대상으로 한 프로그램 비중을 높이고, 중장기적으로 재외동포방송에서 대북통일방송으로 전환하는

---

37) '2013 대북방송 백서

것이 필요하다. 한편 민간대북방송은 북한주민의 대안미디어로 전환해 KBS 한민족방송과 역할을 분담해야 한다. 사실 KBS 한민족방송은 공영방송이라는 특성 때문에 '김정은 정권 타도', '청년학생 궐기' 등과 같은 민감한 내용을 방송하기 어렵다. 따라서 공영방송의 제한성을 민간대북방송이 보완하는 협력체제를 구축해야 한다. 즉 정부의 대북정책을 알리는 것은 KBS통일방송이 맡고, 북한 주민의 인권문제, 북한정권 공격, 북한민주화 운동 같은 내용은 민간대북방송이 담당하도록 한다. 그리고 민간대북방송의 영향력을 제고하기 위해 탈북자 방송원의 비중을 높이고 북한 용어를 사용해 북한 주민의 의식과 정서에 부합하도록 해야 한다. 또한 민간대북방송이 대안방송의 역할을 제대로 수행할 수 있도록 당면과제인 주파수와 출력 문제를 해결해주어야 한다.

그리고 DMZ 대북방송 기능이 적극적 방향으로 개편되어야 한다. DMZ 대북확성기 방송은 북한의 도발과 정전협정 위반에 적절히 대응함으로써 북한 군인을 위무·회유하고, 정전협정을 준수하도록 강제하는 역할을 해왔다. 이런 점에서 대북확성기방송은 대북정책의 중요한 자산임이 분명하다. 현재의 확성기에 의존하는 방송뿐만 아니라 대형전광판을 DMZ 지역에 설치하여 방송함으로써 DMZ에서 방송효과를 극대화하기 위한 준비를 해야 한다. 이때 방송(송출)은 한국관련 소식, 아이돌 그룹의 노래, Sports 중계, 국내외 뉴스, 드라마, 북한 장마당의 현황, 북한 고향소식 등의 소식뿐만 아니라, 해외스포츠 및 세계정세 등의 해외 뉴스를 포함해 방송의 효과를 높이는 정책전환이 요구된다.

| 참고문헌 |

- 국내문헌

- 국가안보전략연구원, 『2017년 김정은 신년사 특징과 전망』, 이슈브리핑17-01, 2017.
- 북한연구소, 『북한대사전』, 1999.
- 열린북한방송, 『2013 대북방송 백서』, 2014.
- 이근영, 『북한의 부패에 관한 연구』, 고려대학교 박사학위 논문, 2013.
- 장세훈, "북한 도시 주민의 사회적 관계망 변화: 창진·신의주·허산 지역을 중심으로," 한국사회학, 제39집 2호 (한국사회학회, 2005).
- 정천구, "전체주의와 강제수용소," 『통일전략』제11권 제1호, 한국통일전략학회, 201
- 조한범·황선영, 『북한사회 위기구조와 사회변동 전망: 비교사회론적 관점』, 통일연구원, KINU연구총서13-06, 2013.
- 통계청, 국가통계포털
- 통일연구원, 『2009 북한개요』, 200.
- 통일연구원, 『2009 북한개요』, 2009.
- 한나 아렌트(이진우, 박미애 역), 『전체주의의 기원 1』, 한길사, 201
- 한반도선진화재단, 『북한주민의 집단행동 유도방안』(미발간 도서), 2015.
- 황장엽, 『북한의 진실과 허위』, 시대정신, 2006.

- 북한문헌

- 과학·백과사전출판사, 『정치사전 2』, 과학·백과사전출판사(평양), 1985.

- 안천훈, "우리의 국가정치체제는 불패의 정치체제이며 가장 위력한 정치체제", 『정치 법률연구』1호, 2004.

- 언론자료

- 연합뉴스(2016.9.30) "아우터넷으로 北 인터넷 통제 무력화시킬 수 있어"
- 연합뉴스(2017.2.1) "북 정치권리 시민자유 최악 평가"
- 연합뉴스TV(2016.8.1), "북한 정치범수용소 수감자 중 29%는 연좌제",
- YTN뉴스(2016.10.12), "북 김정은의 숙청일지"

- 외국문헌

- Easton, David. The Analysis of Political Structure, Routledge(New York), 1990.
- Zbigniew Brzezinski, "Totalitarianism and Rationality," The American Political Science Review, Vol. 50, No. 3(Sep.1956).